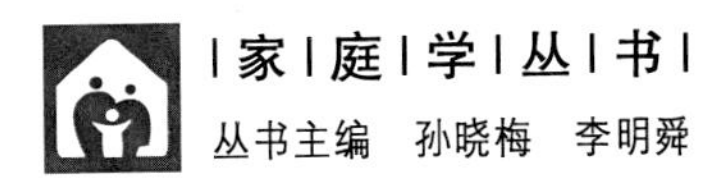

家庭理财实务

——基于生命周期理论视角

汪连新　编著

Family Studies

图书在版编目(CIP)数据

家庭理财实务:基于生命周期理论视角/汪连新编著.—武汉:武汉大学出版社,2019.6(2024.12重印)
家庭学丛书
ISBN 978-7-307-20429-4

Ⅰ.家… Ⅱ.汪… Ⅲ.家庭管理—财务管理 Ⅳ.TS976.15

中国版本图书馆CIP数据核字(2018)第167803号

责任编辑:田红恩　　责任校对:李孟潇　　版式设计:汪冰滢

出版发行:**武汉大学出版社**　(430072 武昌 珞珈山)
(电子邮箱:cbs22@whu.edu.cn 网址:www.wdp.whu.edu.cn)
印刷:武汉邮科印务有限公司
开本:720×1000 1/16　印张:18.25　字数:316千字　插页:1
版次:2019年6月第1版　2024年12月第2次印刷
ISBN 978-7-307-20429-4　定价:58.00元

丛书序

家庭学科是研究以家庭为中心的生活方式及其表现形式的交叉学科，融合了家庭育儿、衣食住行、家庭关系和生活技术在内的综合知识，目的是提高国民的家庭生活质量，为家庭全体成员提供科学的生活指引。

家庭学科的教学已有四百多年的历史了。20 世纪初，在美国城市化、工业化以及大量移民涌入的背景下，专家开始将目光转向家庭生活领域。二战后，日本在大学设立家政学或生活科学系，规定从小学到大学的男女生都必须学习家庭学科。开设家庭管理、房屋布置、家庭关系、婚姻教育、家庭卫生、婴儿教育、食物营养、园艺、家庭工艺、饲养等。1923 年，中国燕京大学设立了家政系，强调家事教育是高等教育中的一部分。1940 年金陵女子大学家政教育专业成立，注重家庭管理与家庭经济，注重食物营养与卫生。1949 年以后中国的家政学消失，到改革开放后才开始恢复。目前我国有关家庭学科研究的成果主要是家庭教育和家庭服务。

家庭学科的特点：典型的交叉学科，围绕提高家庭生活质量，将多种学科知识聚焦于家庭这个领域，跨学科的视角有助于带动新知识的发现和推广应用。从多个相关学科汲取知识，如教育学、心理学、社会学、营养学、经济学、医学、金融学、工学、艺术、文学等，分析夫妻的生活与健康、老年人的身心发展特点、儿童的保育方法与安全事项、家庭的权利与福利保护；探讨当前家庭面临的问题，如儿童受虐待、独生子女、留守儿童、妇幼保健、失独家庭和家庭暴力等，形成以家庭为中心的多学科交叉知识体系。这种知识建构方式带来的是原有知识融合和新知识生成，而非简单的知识罗列，这也是家庭学科存在的独特价值。建设我国的家庭学科，提高家庭学科的社会认知程度。

相对于西方国家，我国家庭学科教育起步晚，出版《家庭学丛书》可建立一个比较完整的家庭学科体系，弥补我国在家庭生活理念、思维方式与科学知识传递方面的缺位状态。为了中国家庭学科的建设与发展，2013 年中华女子学院设立了“中国高校家庭学科的建立与发展研究”重点课题，以家庭学科课程建设研究为重点，探索各种课程体系。2014 年组建了全校范围内跨学科的科研团队，老师的学术背景涵盖女性学、学前教育、金融、法律、社会工作、音乐、服装、传播学、艺术、体育和建筑等领域，全校各教学领域的老师以性别发展模块博雅课程的方式向学生们讲授家庭学科的知识。2015 年成立中华女子学院家庭学科研究中心，围绕习近平总书记提出的“注重家庭、注重家教、注重家风”的重要指示，举办了首届中国家庭学科研讨会；撰写中国家庭教育专业简明教程、大纲和教案、课程进度表等。2017 年召开了第二届家庭学科研讨会，联合全国各大学研究家庭学科的专家和教师，对家庭学科的主要内容进行了科学分析，准备出版《家庭学丛书》并组织编写队伍，启动北京市社会科学基金“基于北京市家庭精神文明的家庭学科发展研究 ”项目。2018 年开始论证家庭学专业在中华女子学院建立的必要性，建立家庭学科网络体系，召开第三届中国家庭学科研讨会。目前参与《家庭学丛书》编写有二十多名学者和专家，第一批出版的家庭学科专著有 12 部，这些书籍将以崭新的思维构想向读者展现。

《家庭学丛书》的内容：家庭学科的建立与发展、家庭伦理道德、家庭中的儿童成长、家庭教育与性教育、家庭与法律、家庭的礼仪、家庭的健康管理、家庭居住与环境、家庭服饰文化、家庭食品营养、家庭理财与消费、家庭中的老年人照顾、家庭中的男性角色、家庭经典颂读等。

《家庭学丛书》是促进家庭和睦、构建和谐社会的需要。人的一生有三分之二的时间是在家里度过，家庭是生活幸福的关键，人们掌握了家庭学科的知识，会促进社会有序和谐地发展。从家庭科学兴起和发展的历史来看，男女两性掌握家庭学科的知识，男女平等基本国策方能落实到实处。丛书为家庭工作理论收集了丰富的资料。

《家庭学丛书》将深刻的道德教育寓于熟悉的现实生活，以最具体的方式教学做人，学做事。培养人们对社会的责任感，培养作为一个普通人的家庭责任意识。一个人一辈子离不开家庭，家庭知识伴随人们的一生。丛书为社区家长学校提供良好的教材。

《家庭学丛书》有利于完善中华优秀传统文化。在传统的家庭治理中，有家风、家教、家规，家庭成员之间有夫妻、婆媳、祖孙、父子、兄弟、闺媛之礼等。家庭既是一个独立经济体也是一个功能齐全的社会单位，因此家庭也承载着教育的功能，家庭学科的传播是最重要的教育之一，也是立德树人的标志。丛书为创建中国家庭学科专业奠定了坚实的基础。

孙晓梅

2018. 8. 8

前　　言

改革开放40年来，中国社会经济发展创造了令世人瞩目的奇迹。中国实现了从富起来向强起来的伟大转变，普通家庭从解决基本温饱到有了更多结余和储蓄，有投资理财的需求，全民进入了财富管理的新时代。家庭理财成为了社会关注的焦点，提升理财技能，接受专业化的理财知识学习成为千万家庭的必修课。

本书突出理财的实用性和通俗性，基于家庭全生命周期理论视角，从家庭财富管理的理念、原则、目标入手，分别从家庭生命周期理论、家庭财务管理、家庭理财工具、家庭投资规划、家庭风险管理与保险规划、家庭储蓄及现金规划、家庭住房消费信贷规划、家庭退休养老规划、家庭子女教育金规划、家庭遗产规划、家庭税收筹划、家庭婚姻与理财规划，以及家庭理财综合方案或专项理财方案定制策略等内容展开，全面深入探析家庭理财的全面规划。

本书为家庭的投资者提供借鉴和参考，理性认识投资风险，了解家庭税收，做到合法合理节税，对家庭风险管理及保险规划有明确认识，通过投保将家庭投资风险转嫁给保险公司；认识家庭理财的工具，选择适合家庭风险偏好的投资组合；认识家庭现金规划的重要性，遵从“开源节流”的基本原则，对家庭持有现金额度有明确认知，对持有现金的机会成本有深刻理解；家庭子女高等教育金储备、家庭养老金储备以及家庭遗产规划都是具有刚性需求的理财规划，需要根据目标和达成目标的时间长度，理性选择相应的规划工具；幸福的婚姻是家庭最大的财富，因此，婚姻与家庭财富管理之间具有很强的关联性；依据家庭生命周期的不断变化，理财目标的侧重点也需要不断调整，家庭理财方案包括专项目标的方案和家庭整体规划的方案，是理财过程必要的法律文书，需要专业理财师通过与客户反复沟通交流完成并随时跟踪调整。

本书由汪连新（第1、4章）、黄秀莲（第2章）、杨洋（第3章）、白贵萍（第6章）、张群（第8章）、李鑫（第5章）、马燕舞（第7章）、荣成敏（第10章）、杨金秋和张智良（第9章）、董瑶（第13章）、王伟男（第11

章)、秦艺轩（第 12 章)、雀飞飞（第 14 章）等执笔或提供相关案例资料。全书由汪连新统稿完成，对各位亲友的支持深表感谢！同时感谢在编写过程中，中国人民大学财政金融学院的庞红教授、中华女子学院女性学系孙晓梅教授、金融系张瑞芝党总支书记和国晓丽副教授给予了大力支持和有益指导，在此表示衷心感谢！

感谢武汉大学出版社的田红恩编辑，书稿经过他多次的修改才得以完成，书中也引用了大量的案例材料和文献，参考了诸多相关的书目，在此对原作者表示诚挚的谢意！书中存在的问题和不足，敬请广大读者提出修正意见。

编 者

2018 年 7 月

目　录

第一章　家庭理财概论

提高理财技能，理解家庭理财概念及理财的内容，理解财富管理对家庭幸福生活的重要意义，熟悉家庭理财基本原则，家庭理财在国外和国内的产生及发展情况，了解家庭理财服务流程及理财师职业概况。

第一节　家庭理财概述

一、家庭理财的含义

家庭理财是指通过客观分析家庭的财务状况，并结合宏观经济形势，从家庭财务现状出发，为家庭设计合理的资产组合和财务目标。家庭理财同时也是管理家庭财富，进而提高财富效能的经济活动。理财是对资本金和负债资产科学合理的运作。通俗来说，家庭理财的含义包括“一个中心”、“三个基本点”，即以“家庭财富管理”为中心，以“攒钱”（储蓄）为起点、“生钱”（投资）为重点、“护钱”（保险）为要点，最终实现家庭财务自由目标，见图 1-1 。

家庭财务自由，即家庭投资理财收入能够满足家庭全部支出需求，假设你现年 25 岁，每月开支 1000 块钱，你的资产每月产生 1001 块钱的被动收入，你就财务自由了，你可以选择你想做的事情，而不必担心下一顿吃什么或者住哪里。假设你现年 50 岁，每年收入百万元，但每年开销超过百万元，那你仍然没能达到财务自由，见图 1-2 所示。

家庭理财的内涵强调以下几个方面：

一是，家庭理财满足家庭成员不同生命阶段达成目标的资金管理和服务，是全方位、动态化、多层次的金融服务过程。

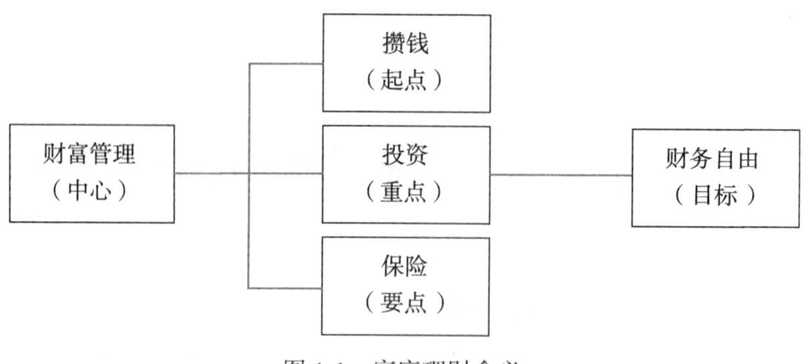

图 1-1 家庭理财含义

二是家庭理财强调满足家庭成员的个性化发展。如子女高等教育金规划、退休养老规划、风险管理与保险规划等，都体现不同年龄阶段的理财规划需求。

三是家庭理性强调借助理财专业人员的服务，是理财师依据家庭理财目标为家庭量身定制方案，并监控理财方案执行效果，不断调整理财方案。

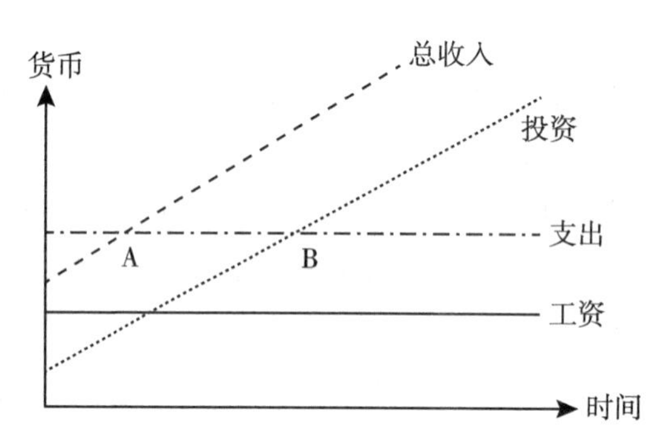

图 1-2 家庭财务自由（在 B 点之后）

二、家庭理财与个人理财

个人和家庭都是理财的主体，每一个体基本是其家庭的成员，通常的个人理财与家庭理财可视为同一个概念，但个人理财与家庭理财也不是完全等同，个人理财是以生命周期不同阶段理财需求为主要出发点，如子女教育金规划、退休养老规划、保险规划等，如果基于家庭理财，则以婚姻问题、遗产继承、投资问题等为视角。我国以家庭为主体进行理财的行为比较普遍，家庭理财的概念更符合国情。国际理财协会对理财规划的定义也将家庭理财和个人理财合并同类。认为“理财师通过收集客户家庭（个人）的收入、资产、负债等数据，倾听顾客的希望、要求、目标等，为顾客进行储蓄策略、投资策划、保险策划、税收策划、财产事业继承策划、经营策略等生活设计方案，并为顾客进行具体的实施提供合理的建议”。①

笔者认为，家庭理财是专业理财人员根据家庭所处的生命周期阶段的特征及目标、依据家庭的资产负债和收入支出情况，结合家庭成员的预期目标、风险承受能力、风险偏好等情况，家庭财富在保值基础上实现平稳增值，遵从家庭资产效益最大化，实现家庭在青年期、中年期、老年期的财务安排，并提供有针对性、综合性、差异性的理财服务。

第二节 家庭理财内容

一、家庭理财规划内容强调家庭财富管理的整体性

家庭理财是家庭财务管理的有效手段，涵盖家庭现金规划、消费支出规划、子女教育规划、风险管理与保险规划、税收筹划、投资规划、退休养老规划、财产分配与传承规划，从理财优先顺序来看，家庭理财依次从实现家庭财务健康、家庭财务安全、家庭财务自主到最终实现家庭财务自由，具体见图1-3。

二、家庭理财规划的具体内容

（一）现金规划

现金规划是对家庭现金及现金等价物等流动资产的管理。遵循“现金为

---

① 张颖编著：《个人理财教程》，对外经济贸易大学出版社2007年版。

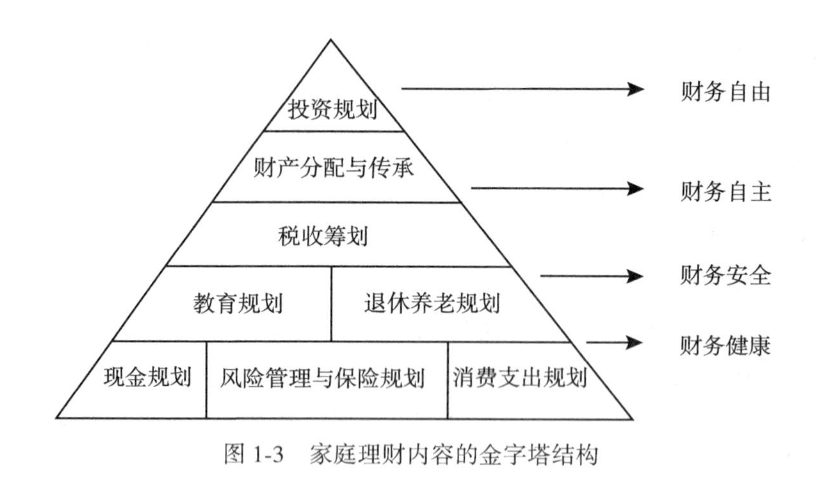

图 1-3 家庭理财内容的金字塔结构

王”的理念，任何理财目标的完成，都开始于充裕的现金储蓄，因此现金规划是家庭理财的基础。现金规划的内容一方面要让家庭有应急基金，满足成员突发失业、疾病等意外时有资金应对；另一方面，现金的收益性相对较低，不能将可投资资产过多闲置在现金账户里“睡大觉”，而被通货膨胀腐蚀，影响家庭资产收益性。

（二）风险管理与保险规划

家庭的风险无处无时不在，诸如家庭成员的疾病、意外伤害，家庭财产的火灾、地震等风险，家庭机动车辆的意外事故等，降低风险对家庭人身及财产的损失程度，保险是家庭财富风险管理的有效手段。理财规划师通过对家庭成员面临风险的评估，配置适合家庭成员的商业保险，同时对家庭的汽车、家庭居家设施等财产配置火灾、盗窃等保险，为农村家庭的养殖种植物农房投保灾害损失险，医生、会计师可以通过职业责任保险规避职业风险。

（三）消费支出规划

家庭消费支出规划主要包括住房消费支出、汽车消费支出、个人信贷消费规划等，理财规划师根据家庭的财务资源和支付水平，对家庭的消费水平和消费结构进行规划，遵循“开原节流”的基本原则，达到适度消费，稳步提升家庭生活水平，避免恶意透支信用卡，不能盲目追求超支付能力的消费，如住房信贷额度太高，还贷压力太大，可能对家庭其他目标造成影响。

（四）子女教育规划

对大多家庭来说，子女教育是家庭一项重要任务，教育费用是家庭一项长期的、高数额的支出，对家庭来说，提前为女子高等教育或出国留学规划储蓄学费，是家庭财务安全安心的一项必要规划。理财规划师根据客户对子女教育的期望，结合家庭的资产增值能力，考虑学费的增长和生活费用增长趋势，估算子女在高等教育费用的额度并指导客户采用教育储蓄保险或基金定投等方式，为女子教育专项规划。

（五）退休养老规划

要实现“老有所养、老有所医、老有所乐”的有尊严的退休生活，有足额的退休金是前提条件。因此，中年家庭在养育子女、敬孝双亲的同时，就要着手自己退休金的专项规划，退休金规划可以借助商业保险公司的两全保险或基金定投等方式，要考虑漫长的退休期生活和医疗支出，还要考虑通货膨胀对已有退休金的影响，保障退休生活质量。

（六）税收筹划

缴纳税收是每个公民的责任和义务，理财规划师结合家庭缴纳税收的项目和性质，依据国家税收法律法律，通过对家庭经营、投资及理财活动应纳税收项目的分析，提出节税的筹划和安排，达到在法律允许的前提下，尽量减轻税负，增加税后收入的财务安排。

（七）遗产分配与传承规划

遗产分配与传承规划是家庭当事人在年老时安排遗产的分配，选择遗产管理方式，在理财规划师的协助下制定遗产分配方案，将现有或离世前的各种资产和负债做合理安排，避免在当事人去世后家庭成员财务分配纠纷，实现财产的代际相传和平安让渡。理财师依据法律规定，尊重当事人的意愿，合理选择遗嘱方式，有必要时帮助客户管理遗产，并协助相关人员将遗嘱顺利实施。

（八）投资规划

投资规划是家庭理财最核心的内容，子女教育金规划和养老保险规划等目标需要借助投资工具得以实现。理财规划师需要评判客户的投资风险承受度和偏好，依据客户的理财目标的期限，选择适宜的投资产品组合，不同期限和性质的理财目标，需要配置不同的投资产品。同时，要根据投资市场变化，及时与客户沟通，应对市场变化调整投资产品，以达到客户短期、中期或长期的理财目标。

理财规划的内容，充分体现以下理财具体目标：

1. 必要的资产流动性

个人持有现金主要是为了满足日常开支需要、预防突发事件需要以及投资需要。个人要保证有足够的资金来支付计划中和计划外的费用，所以理财规划师在现金规划中既要保证客户资金的流动性，又要考虑现金的持有成本，通过现金规划使短期需求可用手头现金来满足，预期的现金支出通过各种储蓄和短期投资工具来满足。

2. 合理的消费支出

个人理财目标的首要目的并非个人价值最大化，而是使个人财务状况稳健合理。在实际生活中，减少个人开支有时比寻求高投资收益更容易达到理财目标。通过消费支出规划，使个人消费支出合理，使家庭收支结构大体平衡。

3. 实现教育期望

教育为人生之本，互联网新时代，人们对受教育程度要求越来越高，再加上教育费用持续上升，教育开支的比重越来越大。家庭需要较早对教育费用进行储备规划，通过合理的财务计划，确保将来有能力合理支出子女的高等教育及出国深造费用，充分达到个人（家庭）的教育期望。

4. 完备的风险保障

在人的一生中，风险无处不在，理财规划师通过风险管理与保险规划做到适当的财务安排，将意外风险和重大疾病带来的损失降到最低限度，使家庭更好地规避风险，保障生活。

5. 合理的纳税安排

纳税是每一个人的法定义务，但纳税人往往希望将自己的税负减到最小。为达到这一目标，理财规划师通过对纳税主体的经营、投资、理财等经济活动的事先筹划和安排，充分利用税法提供的优惠和差别待遇，适当减少或延缓税负支出。

6. 积累财富

个人财富的积累可以通过减少支出相对实现，但个人财富的绝对增加最终要通过增加收入来实现。薪金类收入相对有限，投资则完全具有主动争取更高收益的特质，个人财富的快速积累主要靠投资实现。根据理财目标、个人可投资额以及风险承受能力，理财规划师可以确定有效的投资方案，使投资带给个人或家庭的收入越来越多，并逐步成为个人或家庭收入的主要来源，最终达到财务自由的目标。

7. 安享晚年

人到老年，获得收入的能力必然有所下降，所以有必要在青壮年时期进行财务规划，达到晚年有一个“老有所养，老有所终，老有所乐”的有尊严且自立的老年生活的目标。

8. 财产分配与传承

财产分配与传承是个人理财规划中不可回避的部分，理财规划师指导客户通过遗嘱等工具尽量减少财产分配与传承过程中发生的风险，协助客户对财产进行合理分配，以实现逝者生前遗愿，要选择遗产管理工具和制定遗产分配方案，确保在客户去世或丧失行为能力时能够实现家庭财产的代际相传。

第三节 家庭理财基本原则

家庭理财基本原则，是家庭成员在理财活动时，遵循的准则和规范要求，使得理财活动符合社会经济规律，理财活动达到预期目标。理财规划目的在于能够使客户不断提高生活品质，即使到年老体弱或收入锐减的时候，也能保持自己一生的生活水平。理财规划的目标有两个层次，即财务安全和财务自由。理财规划是评估个人或家庭各方面财务需求的综合过程，它是由专业理财人员通过明确客户理财目标，分析客户的生活、财务现状，从而帮助客户制定出可行的理财方案的一种综合性金融服务。

（一）家庭类型与家庭投资策略匹配原则

根据家庭主要收入者生理年龄划分，家庭有分别为青年家庭、中年家庭和老年家庭，不同类型的家庭，理财策略不同。简单说，青年家庭的理财策略应该激进型，将可投资的资金选择股票、期货等，积累投资经验；中年家庭的理财策略宜攻守兼备，因为中年家庭虽然有了一定的资产积累，但是面临养育子女、照顾双亲的重任，承担繁重的工作任务，投资产品宜不同风险组合，既有风险较高追逐高收益的理财产品，也需要保本型投资产品，如债券型基金、国债等；老年家庭投资策略需稳健型，以保本金安全，资产保值，不被通货膨胀腐蚀为目标，不能追逐高收益投资高风险产品，具体见图 1-4。

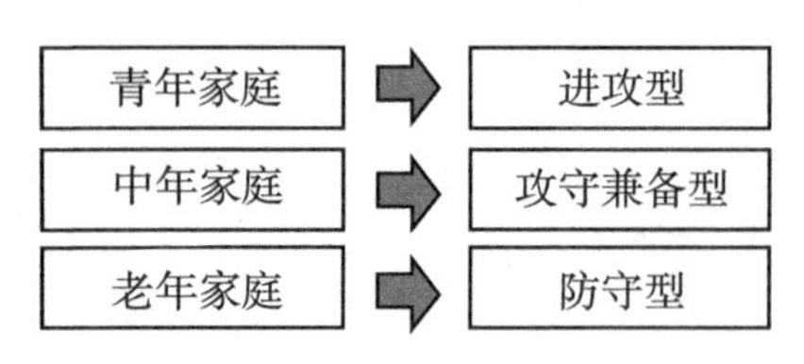

图 1-4 家庭理财类型①

（二）量入为出原则

家庭理财的目标，是实现家庭财富的保值增值，实现家庭成员职业提升，保持身心安康。任何理财方案的制订，都要遵循量入为出的原则，根据自身的收支财产状况设计理财目标，不能好高骛远盲目投资，或超出家庭支付能力超前消费，超出家庭经济承受能力的投资，可能会影响家庭后期的生活和职业提升。根据家庭的实际收入水平，选择各类消费品，分清轻重缓急，确保家庭收入支出大体平衡，避免高额债务负担，寅吃卯粮，有规划地添置家庭资产，对生活必需品优先购买，家庭耐用品按计划购买。

（三）长期规划原则

爱因斯坦把货币的复利效果称为世界伟大的第八大奇迹，是因为货币“钱生钱”功效是依靠长期的时间段为前提的。家庭子女教育金规划、退休养老规划等需要一定时间的长期储备，才有实际效果。举例来说，如果小张 20 岁大学毕业参加工作后，每月月末用 100 元定期购买某股票型基金或某指数型基金，坚持 40 年，如果平均年化收益率 10%，那么小张 60 岁时，他的投资账户达到 63.5 万元，如果小张投资时间只有 5 年，则账户余额只有 6.2 万元，这就是货币长期投资的功能效果，但需要有一定的投资年限。因此，对子女教育金和退休养老的规划，提早开始，保持长期投资，才能有更神奇的投资效果。

---

① 青年家庭：家庭主要收入主导者生理年龄 35 岁以下；中年家庭：家庭主要收入主导者生理年龄 35~55 岁，老年家庭：家庭主要收入主导者生理年龄 55 岁以上。

（四）现金优先原则

家庭有了足够的现金，才能财务安全。其目的有两方面：一是为家庭日常生活消费储备；二是家庭意外现金储备。家庭的主要经济支柱一旦因为失业或其他原因失去劳动力，会对家庭日常生活消费造成影响；家庭成员遭遇重大疾病、意外灾难、突发不测事件等，家庭急需现金支付，家族亲友出现生产、生活、教育、疾病等也需要紧急支援储备。

（五）因家而宜原则

每个家庭都有不同的财务状况和理财需求，家庭理财也要坚持因家而宜的基本原则，依据家庭所处的生命周期阶段以及家庭人口、收入、工作性质，甚至考虑家庭成员的健康状况，设计理财目标，从而采取不同的理财策略，没有完全复制的理财策略，这也是理财的基本原则。

（六）风险优于收益原则

在家庭理财投资市场，风险与收益是正相关的，高收益一定会面临高风险的，家庭理财不能盲目追求高收益而忽略风险。一方面优先考虑投资风险，另一方面，尽量做到分散化投资，在选择投资产品时，结合家庭主要收入者的风险偏好和收入支出情况，选择适宜的投资产品，既要控制投资风险，还考虑家庭理财目标的达成程度。

（七）消费、投资与收入匹配原则

家庭理财要坚持消费、投资与收入水平匹配原则，消费支出一般是满足家庭短期需求，如衣食住行等，而投资支出目标是满足家庭资产增值需求。家庭收入水平一般呈现稳步增长趋势，消费支出和投资支出要依据家庭的收入水平测定，实现消费水平和投资水平同步提升、收入和消费的总体动态平衡。比如住房消费贷款，遵循年度偿还本金利息额不能超过年度收入的30%原则，即所谓的“房贷不过三”原则，考虑月供的负担，谨防成为“房奴”，信用卡具有先消费后还款的理财功能，但不能恶意透支，享受“双十一”购物节的打折优惠刷爆信用卡，月底如果不能偿还账单，要承担高额利息和被记录诚信黑名单的风险。

（八）整体规划原则

理财涵盖家庭现金规划、消费支出规划、子女教育规划、风险管理与保险规划、税收筹划、投资规划、退休养老规划、财产分配与传承规划的内容，体现家庭财富管理的整体性，家庭理财规划服务往往不是单一性的，而是同时考虑诸多规划目标的综合性规划，家庭的收入是定额的，而理财目标有短期、中期和长期之分，具有多样性，要实现客户家庭资产保值增值，制定全面综合理财规划，综合考虑家庭风险管理以及合理合法规避税收的前提下，提早考虑子女高等教育金和养老金专项储蓄规划，依照标准普尔家庭资产象限图，划分花的钱、保命钱、钱生钱、保值钱，在风险管控的前提下，实现稳步保值增值目标，见图 1-5。

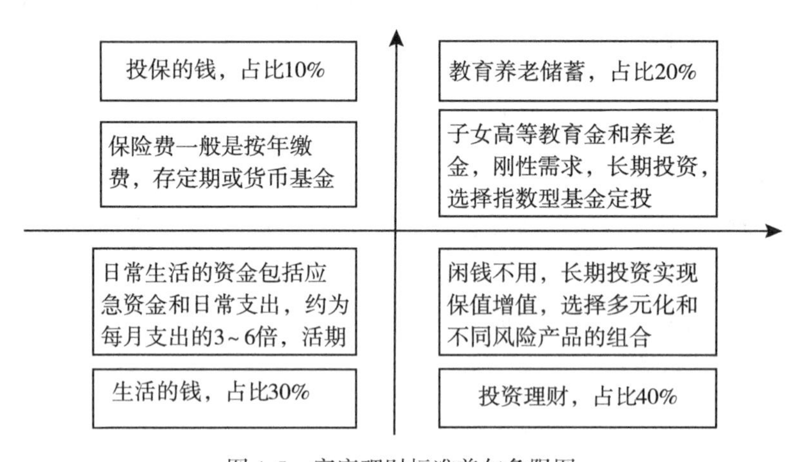

图 1-5 家庭理财标准普尔象限图

第四节 家庭理财流程

一、家庭理财的基本流程

家庭理财的基本流程，对规范理财服务，保证理财服务质量，为客户提出持续、专业化的理财服务具有重要意义。家庭理财包括以下六个步骤：建立客户关系、收集客户数据及确定理财目标和期望、分析客户先行财务状况、整合家庭理财目标及制定理财计划、执行家庭理财计划并监控调控理财计划，见图1-6。

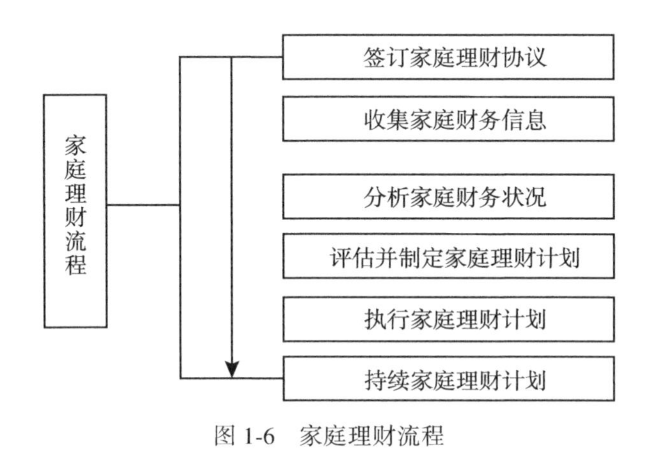

图 1-6 家庭理财流程

二、家庭理财流程的要点

（一）签订家庭理财服务协议

在家庭理财服务领域，与客户达成服务意向，是理财服务的开始。与客户沟通并评判理财目标的合理性，设定理财目标；理财开始的第一步就是设定理财目标；开始前，我们需区别目标与愿望的差别；第一，列举所有愿望与目标；第二，筛选并确立基本理财目标；第三，目标分解和细化，使其具有实现的方向性；当然理财目标的设定还须与家庭的经济状况与风险承受匹配；审视财务状况就是整理家庭的所有资产与负债，统计家庭理财资产负债的数据，与客户签订理财服务协议，约定服务内容，明确责任和义务。

（二）了解个人财务现状

在制作理财规划之前，需要了解一下家庭的财务现状，包括收入、支出、资产、负债以及对未来收入和支出的预期，这是理财的基础工作。此外，需要合理假设部分理财参数信息，如通货膨胀率、预计退休年龄、预计未来收支涨跌情况等。家庭财务信息对理财目标的达成很关键，财务信息包括工资奖金、支出、存款等可量化信息，也包括年龄、客户风险喜好、工作性质等非量化信息。

（三）设定和分析理财目标

设置理财目标时需要注意两点：一是理财目标必须量化，其次是要有预计实现目标的时间。理财目标的设定必须有可行性，完全脱离现状设置理财目标是没有意义的。未来家庭可能一些支出计划，或者是新增一些投资计划，可以选择使用理财规划软件实现理财目标细化、完整化。

（四）明白客户的风险偏好类型

使用风险偏好测试问卷来了解个人的风险偏好，但要注意的是，网站上的风险偏好测试只能反映个人主观对风险的态度，它不能完整反映个人的风险承受能力。比如说很多客户把钱全部都放在股市里，并没有考虑到父母养老、子女教育，没有考虑到家庭责任，测试风险偏好需要与理财目标结合。

（五）进行资产配置

首先要进行战略性资产的分配，对所有的资产进行配置，了解不同风险类型的投资品种的投入比例，投资品种、投资时机的选择。通过前期对家庭财务状况和理财目标进行分析和评估后，需要对家庭的资产进行相应的调整和配置，以期能达成未来的理财目标。理财规划的核心内容目标是实现资产和负债相匹配。资产就是以前的存量资产和收入的能力，即未来的资产。负债是家庭责任，赡养父母、抚养子女以及子女教育等。未来想要有高品质的生活，就得让家庭的资产和负债实现动态的、适宜的匹配，这是理财规划的核心理念。

（六）计划执行和跟踪评估

再完美的计划不行动都没有任何意义，理财规划是一个长期规划，需要坚持不懈、持之以恒才能达到最终的目标。

第五节　理财规划师职业

理财规划师（Financial Planner）是为客户提供全面理财规划的专业人士。按照中华人民共和国人力资源和社会保障部制定的《理财规划师国家职业标准》，理财规划师是指运用理财规划的原理、技术和方法，针对个人、家庭以及中小企业、机构的理财目标，提供综合性理财咨询服务的人员。理财规划要为家庭提供全方位的服务，因此要求理财规划师全面掌握各种金融工具及相关法律法规，为客户提供量身定制的、切实可行的理财方案，同时在对方案的不断修正中，满足客户长期的、不断变化的财务需求。

理财规划师有多元化发展方向。既可以服务于金融机构，如商业银行、保险公司、第三方理财公司，也要为个人提供理财服务。

专业的理财规划师是站在中立的角度帮客户配置资产或理财产品。而越来越多的理财规划师选择进入正规第三方理财公司或者持有从业资格的专业人士独立执业（私人理财顾问）。私人理财顾问也可通过，收取咨询费、理财规划书制作费、每年定期服务费、客户盈利分成、产品方佣金等方式来进一步提高收入。

一名合格的理财师必须具备以下七方面知识领域：（1）理财的基础知识；（2）金融资产运用的基础知识；（3）有关人生职业设计的基础知识；（4）房地产运用的基础知识；（5）风险与保险管理的理财设计知识；（6）节税理财设计的基础知识；（7）财产及财产传承设计的基础知识等。

理财是一项中长期的财务规划，强调对风险的有效控制。真正意义上的理财不仅限于人们平常所讲的省吃俭用、勤俭持家，也不简单地等同于投资。理财是人们对于生活的目标的中长期财务规划，通过对资产、负债的合理安排和运用，达到预期目标。个人理财更强调对风险的承受、把握和规避，其根本目的是为了构建客户的安心生活系统。个人的消费行动是由个人的生活质量决定的。理财师根据客户的人生计划和需求而提供的规划方案，以及在此基础上进行个人资产的合理安排和运作，是为了帮助客户达到或接近他想要的生活质量，从而获得终身消费效用的最大化。这就决定了理财活动是一项中长期的规划，而不是短期行为。

理财活动应该遵循稳健的基本原则，理财包含投资，但不等同于投资，资产增值是理财的重要目标之一，但更重要的是对风险的控制以及对财产或债务的管理。由于预期收入和支出存在不确定性，将对人生目标的实现产生影响，理财师的任务之一就是帮助客户分析资产运作中可能存在的风险，并通过多元化的操作规避和降低风险，提高收益。那些不切实际的过高期望都是理财的大忌。

每个家庭都有意外支出、收入减少等经济风险。例如，家庭成员的生老病死，意外事故的发生，主要经济收入者下岗失业等。对于这些风险必须在经济上有充分准备。因而采用保险方式回避和转移风险时必不可少的。而社会保险种类很多，有些人因为对保险不够了解，往往拒绝商业保险。理财师必须明确各种保险类型的特点，要能够为客户进行妥善的保险设计。

理财规划师不但要具备常规的基础知识和工作经验，遵守实务操作守则，还应遵守职业道德准则。一般来说，职业道德准则主要包括两部分：一般原则和具体规范。一般原则包括：正直诚信原则、客观公正原则、勤勉谨慎原则、专业尽责原则、严守秘密原则、团队合作原则，这些原则体现了理财规划师对公众、客户、同行以及雇主的责任。具体规范则是一般原则的具体化。

（一）正直诚信原则

理财规划师应当以正直和诚实信用的精神提供理财规划专业服务。因此，理财规划师职业操守的核心原则就是个人诚信。

“正直诚信”要求理财规划师诚实不欺，不能为个人的利益而损害委托人的利益。如果理财规划师并非由于主观故意而导致错误，或者与客户存在意见分歧，且该分歧并不违反法律，则此种情形与正直诚信的职业道德准则并不违背。但是，正直诚信的原则绝不容忍欺诈或对做人理念的歪曲。正直诚信原则要求理财规划师不仅要遵循职业道德准则，更重要的是把握职业道德准则的理念和灵魂。

（二）客观公正原则

理财规划师在向客户提供专业服务时，应秉承客观公正的原则。所谓“客观”，是指理财规划师以自己的专业知识进行判断，坚持客观性，不带感情色彩。当然，客观是任何专业人士均应具备的、不可或缺的品质。无论理财规划师在具体业务中提供何种服务，或以何种身份行事，均应确保公正，坚持客观性，避免自己的判断受到人为因素左右。

所谓“公正”，是指理财规划师在执业过程中应对客户、委托人、合伙人或所在机构持公正合理的态度，对于执业过程中发生的或可能发生的利益冲突应随时向有关各方进行披露。因此，理财规划师应摒弃个人情感、偏见和欲望，以确保在存在利益冲突时做到公正合理。理财规划师在处理客户、委托人和所在机构之间关系时，应以自己期望别人对待自己的方式对待有关各方，这也是任何提供专业服务的行业对从业人员的基本要求。

（三）勤勉谨慎原则

理财规划师在执业过程中，应恪尽职守，勤勉谨慎、全心全意为客户提供专业服务。勤勉谨慎原则，要求理财规划师在提供专业服务时，工作要及时、彻底、不拖拖拉拉，在理财规划业务中务必保持谨慎的工作态度。勤勉谨慎，是对理财规划师工作全过程的要求，不仅包括理财计划的制订过程，还包括理财计划的执行及其调整。

具体来说，勤勉就是理财规划师在工作中要做到干练与细心，对于提供的专业服务，在事前要进行充分的准备与计划，在事后要进行合理的跟踪与监控；谨慎就是要在提供理财规划服务过程中，从委托人的角度出发，始终保持严谨、审慎、注意细节，忠于职守，在合法的前提下最大限度地维护客户的利益。

（四）专业尽责原则

理财规划是一个需要较高专业背景及资深经验的职业。作为一名合格尽责的理财规划师，必须具备资深的专业素养，每年保证一定时间接受继续教育，及时储备知识，以保持最佳的知识结构。由于理财规划师提供服务的重要性，理财规划师有义务在提供服务的过程中，既要做到专业，同时又要尽责，秉承严谨、诚实、信用、有效的职业素养，用专业的眼光和方法去帮助委托人实现理财目标。具体来说，在与客户沟通过程中，要对客户及相关职业者保持尊严与礼貌；在实务操作中，必须保持严谨的工作态度，谨守业内规章，从专业的角度进行审慎判断；理财规划师要与客户充分沟通，以尽责敬业的职业态度，维护和提高理财规划师的声誉和公众形象。

（五）严守秘密原则

理财规划师不得泄露在执业过程中知悉的客户信息，除非取得客户明确同意，或在适当的司法程序中，理财规划师被司法机关要求必须提供所知悉的相关信息。这里的信息主要是指客户的个人隐私和商业秘密。

具体规范包括客户为取得理财规划专业服务，愿意与理财规划师建立个人信任关系，这种个人信任关系的建立，是基于客户相信提供给理财规划师的个人信息不会被理财规划师随意披露。所以，理财规划师必须恪守严守秘密的职业道德准则，确保客户信息的保密性和安全性。

（六）团队合作原则

理财规划业务涉及客户的现金规划、消费支出规划、风险管理规划、教育规划、税务筹划、投资规划、退休养老规划及家庭财产分配与传承规划等，贯穿个人与家庭的一生，因此，理财规划业务是一个系统的过程。对理财规划师来说，所掌握的知识、经验有限，必须要与各个领域的专业人士合作，这样才能为客户制定最佳的理财规划方案，实现最终的理财规划目标。所谓团队，就是由具有互补技能组成的，为达成共同的目标，愿意在认同的程序下工作的团体。团队合作，就是理财规划师要及时认识到自身所掌握知识和技能的局限，对于自己不熟悉的领域，理财规划师请教咨询该领域的专业机构，或及时将业务交给自己所在机构的其他具备该专业知识的理财规划师办理。理财规划师要集思广益，融合保险、投资、税收、法律、财务等各领域专家的建议，针对客户的理财规划目标，制定最合适的理财规划方案。反过来，理财规划师也要积极协助其他同行开展相关的业务，这是一个相互合作的过程。

理财规划师的基本素质有以下内容：

良好的人品及职业操守。理财规划师应以客户的利益为服务中心，时时刻刻为客户着想。此外，保守客户的个人秘密也是重要方面。

丰富的金融、投资、经济、法律知识。理财规划师应是“全才+专才”。这就是说理财规划师应系统掌握经济、金融、投资、法律知识，同时在某些方面又是专才，如保险、证券等方面有特长。

丰富的实践经验。只讲理论是不能帮助客户达成理财目标的，因此，实践经验是否丰富是客户选择理财规划师的一个重要标准。

相对的独立性。在银行、证券、保险公司工作的理财规划师，在为客户进行理财规划的同时，或多或少都会有推销产品的目的，这是客观存在的问题，但推销产品应以客户的利益为出发点，不应是“为推销而理财”。今后社会上会出现很多“独立理财公司”，这些理财公司的独立性较强，不依附于某些金融机构，他们是从客户的角度出发，帮助客户选择投资产品，实现客户的理财目标。

良好的个人品牌。今后社会上一定会出现一批具有良好口碑的“名牌理财规划师”。客户选择这些名牌理财规划师应该会得到更优质的服务，“信誉”是理财规划师赖以生存的重要基础。理财师有良好的心理素质，遇到很多被拒绝的情况，跟客户良好的沟通能力，也是理财师的职业素养。

第二章　家庭生命周期理论与家庭理财

家庭生命周期是家庭理财的理论基础，针对不同生命阶段家庭的财务特征和风险，设计相应的理财方案和内容。

第一节　家庭生命周期理论

一、家庭生命周期理论的提出

20 世纪 30 年代，希尔和汉森最早提出家庭生命周期理论。杜瓦尔认为就像人的生命一样，家庭也有生命周期和不同发展阶段上的任务。该理论认为：人的一生应该根据现在的收入以及未来各时期预期的全部收入来合理分配各阶段的消费，使每个阶段的消费均等。也就是说，为了使我们以后的消费支出平均，特别是在退休养老收入减少时期，能有一个良好的生活水平，我们应该将退休前所获得的全部收入按照我们寿命期平均分配到每年当中，这样才可以使得收入和消费保持一生的均衡稳定。

二、家庭生命周期理论

（一）家庭生命周期理论的内容

在生命周期理论基础上，学者们提出了家庭生命周期概念。家庭生命周期理论是家庭从形成到解体呈循环运动过程，在家庭生命周期的各个阶段有不同的家庭角色要扮演，不同的角色扮演有着不同的角色期待，而随着时光流逝，年岁渐增，个人观念因受外在环境影响亦不断改变。家庭随着家庭组成者的年龄增长，而表现出明显的阶段性，并随着家庭组成者的寿命终止而消亡。

（二）家庭生命周期的阶段划分

家庭生命周期指的是大多家庭从结婚、子女出生到子女独立与终老凋谢的全过程，家庭人数的变化是划分家庭生命周期不同阶段最重要的标志。因此，家庭生命周期可分为形成期、成长期、成熟期、衰老期。对于不同世代的家庭，其生命周期会出现交集，比如自己的家庭处于成长期时，父母的家庭可能已经进入了成熟期。家庭处于生命周期的不同阶段，其资产、负债状况会有很大不同，理财需求和理财重点也将随之出现差异。因此，了解一个家庭正处于怎样的生命周期阶段，对于理财方法与策略的制定具有重要意义。

家庭生命周期阶段的划分是依据格利克的划分方法，他根据标志着每一阶段的起始与结束的人口事件，将家庭生命周期划分为形成、扩展、稳定、收缩、空巢与解体6个阶段，如表2-1所示。

表2-1 家庭生命周期阶段的划分

阶　段	起　始	结　束
形成	结婚	第一个孩子的出生
扩展	第一个孩子的出生	最后一个孩子的出生
稳定	最后一个孩子的出生	第一个孩子离开父母亲
收缩	第一个孩子离开父母亲	最后一个孩子离开父母亲
空巢	最后一个孩子离开父母亲	配偶一方死亡
解体	配偶一方死亡	配偶另一方死亡

三、家庭财务生命周期

（一）家庭财务生命周期的内容

家庭财务生命周期是在家庭生命周期理论的基础上提出来的，且家庭财务生命周期只关心人生生命周期中那些与财务有关的阶段和事项。每个家庭在不同的家庭阶段其财务状况有所不同，承受风险的能力也不同，理财目标也就不同。由此，可充分运用家庭财务生命周期，根据不同的家庭特征了解相应的财务需求，进行高效的理财规划。

（二）家庭财务生命周期的划分

根据生命周期理论，对于大多数人来说，其财务生命周期中必须经过单身期、家庭形成期、家庭成长期、家庭成熟期、家庭衰老期五个阶段。本书对于家庭生命周期的划分也是遵循家庭财务生命周期的划分，见表 2-2 所示。

表 2-2 家庭财务生命周期阶段的划分

周期	定义	年龄	特征
单身期	起点：参加工作 终点：结婚	一般为 18~30 岁	自己尚未成家，在父母组建的家庭中。从工作和经济的独立中建立自我
家庭形成期	起点：结婚 终点：子女出生	一般为 25~35 岁	婚姻系统形成，家庭成员数随子女出生而增长（因而经常被称为筑巢期）
家庭成长期	起点：子女出生 终点：子女独立	一般为 30~55 岁	孩子来临，加入教养孩子、经济和家务工作，与大家庭关系的重组，包括养育下一代和照顾上一代的角色。 家庭成员数固定（因而经常被形象地称为满巢期）
家庭成熟期	起点：子女独立 终点：夫妻退休	一般为 50~65 岁	重新关心中年婚姻和生涯的议题。 开始转移到照顾更老的一代。 家庭成员数随子女独立而减少（因而经常被称为离巢期）
家庭衰老期	起点：夫妻退休 终点：夫妻身故	一般为 60~90 岁	家庭成员只有夫妻两人（因而经常被称为空巢期）

四、生命周期理论在家庭理财中的应用

生命周期理论是家庭理财的核心理论之一，该理论从整个家庭生命周期出发将家庭分为五个不同阶段，通过对每个阶段类型的家庭特点、收支状况、储蓄情况等分析，从而得出相应的家庭理财目标，并提出科学合理的理财建议。

根据家庭生命周期理论，不同阶段类型的家庭，其家庭结构不同，承担的责任不同，面临的风险不同，所以对家庭理财的需求也不相同。因此基于家庭

生命周期理论的家庭理财研究具有非常强的针对性和可操作性，且随着家庭理财市场的快速发展被广泛应用到家庭理财领域。在家庭生命周期中不同阶段家庭理财目标也不同，如表 2-3。

表 2-3 不同阶段家庭的理财目标

家庭阶段	青年期	家庭形成期	家庭成长期	家庭成熟期	家庭衰老期
家庭类型	个体型	新成立型	成长型	成熟型	老年型
特点	参加工作到结婚阶段，工作不稳定	结婚到子女出生阶段，家庭成员逐渐增加，家庭负担慢慢增长	子女出生到子女参加工作阶段，家庭成员及工作相对稳定	子女参加工作到家长退休前阶段，家庭非常稳定	家长退休后阶段，家庭成员面临减少，生活相对稳定
收支情况	家庭收入开始较少随后有所提升，主要来源为工资收入，家庭支出为个人消费	家庭收入逐渐增加，主要来源为工资，家庭支出随着小孩出生逐渐增加	家庭收入迅速增加，主要来源为工资，家庭支出迅速增加	家庭收入稳步增长，主要来源为工资，家庭支出逐渐减少	家庭收入迅速减少，主要来源为转移性收入，随着年龄增长支出逐渐增加
储蓄状况	储蓄水平低	储蓄水平较低	储蓄水平稳步增长	储蓄达到最高水平	储蓄水平逐渐减少
理财目标	家庭理财方式以激进型为主，理财目标主要以将来结婚和家庭资产增值为主，风险承受能力强，家庭资产较低	家庭理财方式以偏激进取型为主，理财目标主要以将来子女教育金和家庭资产增值为主，风险承受能力较强，家庭资产偏低	家庭理财方式以偏激型和稳健型相结合；理财目标主要以将来子女创业金、自身家庭退休养老金以及家庭资产增值为主，风险承受能力强，家庭资产稳步增长	家庭理财方式主要以稳健型为主，理财目标主要以自身家庭退休养老金和家庭资产保值增值为主，风险承受能力弱，家庭资产达到最高	家庭理财方式以保守型为主，理财目标主要以家庭资产的保全与传承为主，风险承受能力较弱，家庭资产逐渐减少

从家庭生命周期五个不同阶段的家庭情况可以看出，家庭理财不是静态的而是依据自身阶段的不同而变化的，家庭理财必须根据家庭所处生命周期而采取不同的理财方式和策略。同时，因为现实中每个家庭的基本情况是不同的，因此家庭理财还必须依据家庭的实际情况、结合自身所处阶段的特点设定。

在不同的家庭阶段，家庭的需求特点、收入、支出、风险承受能力与理财目标各不相同，家庭理财也各有侧重。家庭理财应根据不同家庭阶段的特点，风险收益匹配，对家庭资产进行合理配置，以满足家庭阶段性目标。当然，在结合家庭生命周期理论分析各个家庭阶段特征的同时，其理财目标也要依据各个家庭自身具体情况分析，不可一概而论。针对不同的家庭阶段，本章也分别设计了不同的理财规划方案，将分五大阶段来展开。

第二节　单身期理财

单身期是指参加工作到结婚前的一段时期，一般为 2~5 年。这一时期家庭的特点是只有 1 人，收入只需维持个人生活需要。刚参加工作，该时期经济收入比较低且花销大，是家庭未来资金积累期，开始为结婚进行储蓄计划。

一、单身期的特点

单身期表现为收入不多但开支较大，有着比较强的风险承受能力。这类人群大部分是刚从校园走向社会的年轻人，他们充满活力、激情，有很强的冒险精神，对新事物具有强烈的好奇心，思维敏捷、头脑灵活，善于学习。但是由于才刚刚踏入社会，收入较低，工作不稳定，开支却较大，常常是俗称的“月光族”，财务结构失衡。这个时期的人群可做一些高风险高收益的投资，主要目的是为了学习更多的投资知识，积累投资经验。总体来说这个时候应该是尽量节约储蓄，再考虑投资理财。

二、单身期理财规划

单身期，开始步入工作，属于提升自我、进行自我投资的一个阶段，同时在这个阶段也会通过自己的努力积累人生的第一桶金，所以为了促进自身发展，个人健康、教育、结婚、寻求更好的事业发展都会成为他们的主要理财目标。与此同时，父母会在财务上给予一定的支持，总体来说单身期人群具有较高的风险承受能力，属于积极性理财投资者，理财需求的先后顺序应为：应急储备→风险投资→节财计划→资产增值计划→购置住房。

三、单身期理财实务

案例导读：单身期理财规划

钱女士，27 岁，在某企业工作 5 年，活期存款 15 万元，金融投资还有市值 16 000 元股票和 9 000 元的基金，汽车价值 80 000 元。钱女士每月税后收入约为 12 000 元/月，年终奖约为 12 000 元/年。每月房租 3 500 元/月，养车费用 900 元/月，基本生活开支 1 500 元/月，其他生活开支（如游玩费用等）1 000 元/月，钱女士每个月给父母 750 元左右的赡养费用。钱女士还希望在学历上有所突破，打算一两年后在国内某知名大学攻读硕士学位，花费大约 10 000元，同时她有买房规划，预算首付 50 000 元。在高消费和多需求的双重压力下，白领女性们应该如何做好自己的财务规划，以达到在消费水平不受重大影响的情况下，同时实现多种理财需求的目标呢？下面我们来看看钱女士是如何通过合理的理财规划达到目标的。

我们将通过资产负债情况和收入支出情况两方面来对钱女士的财务状况做具体分析。

（一）资产负债情况分析

钱女士的资产负债表，可以看出，目前其有活期存款 15 万元，股票 1. 6 万元，基金 0. 9 万元，汽车价值 8 万元，家庭总资产为 25. 5 万元，无负债，家庭净资产为 25. 5 万元。零负债虽会大大降低家庭的财务风险，但是并不利于家庭资产的增值，不利于家庭理财目标的实现，见表 2-4 所示。

表 2-4 **钱女士的资产负债表（2015 年 12 月 31 日）**

家庭资产	金额/万元	占比（%）	家庭负债	金额/万元	占比（%）
现金与活期存款	15.0	58.82	房屋贷款	0.00	0.00
股票	1.6	6.27	汽车贷款	0.00	0.00
基金	0.9	3.53	其他贷款	0.00	0.00
汽车等其他资产	8.0	31.37	其他债务	0.00	0.00
合计	25.5	100	合计	0.00	0.00
家庭净资产	25.5				

（二）收入支出情况分析

从表 2-5 可以看出，钱女士的收入主要来源于个人工资收入和奖金收入，每月固定工资收入 12 000 元，平摊到每月年终奖收入 1 000 元，月总收入为 13 000 元。

表 2-5 **钱女士收入支出表（2015 年 1 月 1 日至 2015 年 12 月 31 日）**

月收入	金额/元	占比	月支出	金额/元	占比
固定工资	12 000	92.31%	基本生活开支	1 500	19.61%
			其他生活开支	1 000	13.07%
			养车费用	900	11.76%
年终奖（平摊到每月）	1 000	7.69%	房租	3 500	45.75%
			父母赡养费（平摊到每月）	750	9.80%
合计	13 000	100%	合计	7 650	100%
月结余	5 350				

从支出方面来看，钱女士月总支出为 7 650 元，月总支出占月总收入的 59%，在月支出中，钱女士个人生活开支共为 2 500 元，占 32.68%；养车费用为 900 元，占 11.76%；平摊到每月的父母赡养费为 750 元，占 9.8%；3500 元/月房租占月总支出的 45.75%，房租较其他支出项目占比较高，建议进行

调整，钱女士自己也有搬去便宜地段的想法，可将房租降到2 000元/月。

理财诊断：钱女士月支出占月收入的59%，比例较高，说明钱女士消费水平较高，控制开支的能力不强。房租由3 500元/月降低为2 000元/月后，可计算出家庭结余为6 850元/月（82 200元/年），这样每年就可以有一笔不小的收入，再通过适宜负债和投资来实现理财目标，如储存学费以及买房首付款等。同时，钱女士现有资产也应进行合理的资产配置，从而获得较大的资产增值。

单身期理财特征总结：钱女士为白领工作者，收入来源主要来自于个人固定工资，家庭消费主要是个人生活开支、养车费用和赡养费用，月结余5 350元，储蓄水平偏低。钱女士在股票基金上投资约占家庭总资产的10%，当前的理财方式以激进型为主，风险承担能力强，家庭资产相对于较低。在这一家庭阶段，理财规划可选择按以下顺序进行：应急基金→风险投资→节财计划→资产增值计划→购置住房。

第三节　家庭形成期理财

家庭形成期是指从结婚组建家庭到新生儿诞生时期，一般为1~5年。这一时期家庭经济的特点是家庭初建期，产生很多新的需求，如住房、汽车等。家庭收入较单身期有所提高，由于家庭的形成，部分家庭财产的共有共用，使得新家庭的日常消费需求较之单身期两人之和有所减少，家庭需为生养小孩进行必要的储蓄。因而，这一时期是家庭的主要消费期，经济收入增加而且生活稳定，家庭已经有一定的财力和基本生活用品，为提高生活质量往往需要较大的家庭支出，如购买一些较高档的家庭用品。

一、家庭形成期的特点

在家庭形成期阶段的家庭成员，家庭和事业均处于成长期，处于这个年龄阶段的人群家庭和事业都开始慢慢成长，事业上通过几年的努力渐渐有了升职的机会，因此收入增加，逐渐呈现稳定状态，生活也逐渐趋于稳定。这个时候的理财目标开始考虑买房，买车和生孩子。因此，开始建立买房基金和教育基金。另外，此时已经具备了一些投资经验，对市场的风险能有一些把握能力，形成一套自己的投资风格和投资策略，因此，可以适当加大高风险产品的投资，赚取的额外收益应该尽快转移到自己的买房基金和教育基金。

二、家庭形成期理财规划

家庭形成期，这一阶段需要对新的家庭进行各方面的建设，因此会产生较多的花费。同时需要对未来进行打算，留足子女的教育费用，同时还需要购买房屋，也是一笔巨大的支出。这一阶段父母一般不需要他们负担，总体来说，这个阶段的风险承受能力较高，理财策略侧重于风险资产的理财组合，理财需求的先后顺序应为：应急储备→购置住房规划→购置耐用品规划→节财计划→教育基金储备→风险投资。

三、家庭形成期理财实务

案例导读：家庭形成期职场新人买房规划

欧阳女士现年 25 岁，在某市做体育健身相关工作。夏先生，26 岁，在一家互联网电商公司工作，欧阳女士和夏先生是高中同学，高中毕业后恋爱，目前他俩大学毕业后工作了一年半，两人工作稳定决定步入人生的新阶段——结婚，想要建立一个幸福的小家庭，近期他们希望买一套婚房。其中，欧阳女士和夏先生的收入主要来自于工资和奖金，欧阳女士每月平均工资 6 000 元，夏先生 5 000 元，两人每年年终奖共 30 000 元，房租每月 1 500 元，除此之外生活费用 4 000 元，旅游费用为 5 000 元，两人都有五险一金，目前尚有 100 000 元存款，面对居高不下的房价和两人经济实力有限的现状，购买一套房子的梦想是否能实现呢？理财师根据欧阳女士的家庭情况开展以下分析和规划：

（一）家庭资产状况分析

欧阳女士一家的家庭资产负债表，由表中可以看出，欧阳女士的家庭资产负债情况比较简单。资产方面是 10 万元的活期存款，目前没有负债，因此不存在还款压力，资产负债情况比较稳健，但是活期存款的资本增值能力很弱，尤其受通货膨胀影响的情况下，容易造成资产缩水，考虑到近期买房的计划，理财师建议把活期存款中的大部分投资于货币市场基金、七天通知存款等，这些投资方式变现能力强，且利率高于活期存款，见表 2-6。

表 2-6　　**家庭资产负债表（2013 年 12 月 31 日）**

家庭资产	金额/万元	占比（%）	家庭负债	金额/万元	占比（%）
现金定活期储蓄	10.00	100	房屋贷款	0.00	0.00
			汽车贷款	0.00	0.00
			其他贷款	0.00	0.00
汽车等其他资产	0.00	0.00	其他债务	0.00	0.00
合计	10.00	100.00	合计	0.00	0.00
家庭净资产	10.00				

假设欧阳女士选择了一套面积 80 平方米，两室一厅的房子，每平方米均价为 1.2 万元，那么房子总价为 96 万元，如果买房的首付比例三成为 28.8 万元，由自己的存款和向双方父母借款完成，其余 67.2 万元用商业贷款。根据目前商业贷款的基准利率为 6.6%，贷款年限设为 30 年，每月需要还房贷 4 292元。每月还贷额占月均收入的比例为 31.8%，低于 40%的安全线。

（二）收入支出分析

欧阳女士一家的收入支出表。欧阳女士一家月总收入为 13 500 元。其中欧阳女士每月收入 6000 元，占 44.44%；夏先生每月收入 5 000 元，占 37.04%，两个人奖金收入月均 2 500 元，占 18.52%。在家庭收入构成中，夫妻收入相差不大，属于共同奋斗型。从家庭收入构成来看，来源较为单一，可以尝试通过各种途径获得兼职、投资等其他收入。见表 2-7。

表 2-7　　**家庭收入支出表（2013 年 1 月 1 日至 2013 年 12 月 31 日）**

收入	金额/元	占比（%）	支出	金额/元	占比（%）
本人月收入	6 000	44.44%	家庭月支出	5 500	92.95
配偶月收入	5 000	37.04%	贷款月供	0	0.00
家庭月其他收入	2 500	18.52%	其他月支出	417	7.05
月均收入合计	13 500	100.00	月均支出合计	5 917	100.00
月结余	7 583				

目前欧阳女士家庭的月总支出为 5 917 元。其中，日常生活支出为 5 500

元，包括房租1 500元以及其他生活开支4 000元，占92.95%；其他支出主要是旅游花费，每年约5 000元。家庭支出中，日常支出和其他支出占月总收入的43.83%。目前家庭月度结余资金7 583元，年度结余资金90 996元，占家庭年总收入的56.17%，显示欧阳女士家庭控制开支的储蓄能力不强，还存在提升空间。

根据上文的假设，如果加上买房的支出，则每月贷款月供增加4 292元，但同时减少了1 500元的房租费，相当于每月增加了279元的支出。每月结余资金为4 791元，年度结余资金约为57 492元，这一部分资金除了还父母借给的买房首付款之外，可通过合理的投资来帮助其实现家庭未来各项财务目标。

理财师建议欧阳女士开源节流，在收入方面，由于目前收入来源比较单一，可以尝试其他途径，如做一些投资等；从开支方面可以看出，日常开支费用是比较大的，对于目前正准备投资买房的他们来说，可以适当缩减每月花费，比如尽量使用公共交通、减少外出吃饭的次数等。

理财诊断：欧阳女士和夏先生的收入并不低，但家庭的收入来源单一，无法防范失业风险；由于平时消费较高，开支不太合理，可以做进一步缩减。为了尽快实现买房的目标，一方面需要开源增加收入利益方面需要节流减少开支，同时，要建立综合理财的观念，即在做好保障的情况下取得财务资源的财富增值。

家庭形成期理财特征总结：欧阳女士和夏先生参加工作两年，近期有结婚的打算，也有买房规划。两人收入来源于个人工资和奖金，刚建立的新婚家庭储蓄水平较低，理财目标主要以结婚买房和家庭资产增值为主，风险承受能力较强，家庭资产偏低。在这一家庭阶段，理财规划可选择按以下顺序进行：应急储备→购置住房规划→购置耐用品规划→节财计划→教育基金储备→风险投资。

第四节　家庭成长期理财

家庭成长期指小孩出世到小孩长大、完成教育，参加工作的这一段时期，一般为9~12年。在这一阶段，家庭成员不再增加，家庭成员的年龄都在增长，家庭的最大开支是保健医疗费、学前教育、智力开发费用。同时，随着子女的自理能力增强，父母又积累了一定的工作和投资经验，投资能力大大增强。子女大学教育期：指小孩上大学的这段时期，一般为 4~7 年。这一阶段子女的教育费用和生活费用猛增，财务上的负担通常比较繁重。因而，这一时期在整个家庭生命周期中，持续时间较长，也是五个家庭生命周期阶段中最为重要的时期，财富积累的主要时期。这一时期家庭的主要经济特点有家庭抚养小孩的生活、教育开支较大家庭收入不断增加有了一定的节余用于储蓄和投资。

一、家庭成长期的特点

处于这个年龄阶段的人群已具有较为丰富人生经历和阅历，做事稳重而理性，收入较为稳定，基本不会有太多的波动，会出现较长一段时间的均衡发展。此时的收入和支出都会出现同比增长，主要的生活开支一方面是孩子的教育支出以及各类贷款的还本付息。因此，此时的理财策略首先应该为保留足够应急钱，其次尽快地还清各类贷款，最后剩余的资金要开始为自己建立养老基金。理财的重点是稳妥投资、积少成多。

二、家庭成长期理财规划

家庭成长期，家庭的整个状态属于一个稳定的阶段，收入增加，也会促进自己的消费需求。家庭成长期需要赡养父辈，同时抚养子女。这个阶段家庭的风险承受能力低于单身阶段和家庭形成期阶段，风险承受能力适中，属于稳健偏积极理财投资者，选择无风险资产和风险资产并重的投资组合。理财需求的先后顺序应为：应急储备→教育资金→资产增值管理→特殊目标规划。

三、家庭成长期理财实务

案例导读：家庭形成期理财规划

康先生，32 岁，是某一文化传播公司的艺术总监，平均每月收入 1.8 万元左右。康先生妻子，27 岁，为某广告公司市场部总经理，平均每月收入 1 万元左右，康先生夫妇工作多年，凭借专业的知识和独特的视角，为公司创造了很大的经济利润，两人相应获得了较高的收入。两人结婚三年，尚未生小孩，有车有房，可是总的家庭支出比较大，还有 90 万元的房贷，房贷再加上每个月的养车费用，每个月支出为 6 000 元左右，除此之外还有 8 000元左右的日常用品和社会交际。到目前为止，经计算，康先生夫妇有 30 万元存款，每年需要给父母 1 万多元的赡养费用。康先生夫妇关于保险方面的配置仅为单位给其购买的社保，还想添置一些商业保险方面的保障，父母的保险规划也在其整体保险规划之中，再过一两年也打算要一个小孩。对于家庭资产的配置以及家庭所需要达到的一些目标，康先生表示很困惑，不知从何下手。

理财师先从康先生夫妇的家庭财务状况着手，分析其资产负债情况和收入支出情况。

（一）家庭资产状况分析

资产是指拥有所有权的财富，包括金融资产、实物资产等。债务是指由过去的经济活动而产生的，将会引起家庭现有的经济资源流出的责任，一般而言，按照期限长短债务可分为短期负债（1 年以下）、中期负债（1~5 年）和长期负债（5 年以上）。净资产是指家庭的资产，减去债务后剩下的那一部分财富，它代表了在某个时点上家庭偿还了所有债务后能够支配的财富价值。

康先生家庭的资产负债表，家庭总资产 192 万元，由于已经还贷几年，家庭房屋贷款，还剩下 90 万元，总资产减去总负债后的家庭净资产为 102 万元，见表 2-8。

表 2-8 **家庭资产负债表（2016 年 12 月 31 日）**

家庭资产	金额/万元	占比（%）	家庭负债	金额/万元	占比（%）
现金定活期储蓄	30.0	15.6	房屋贷款	90.0	100.0
			汽车贷款	0.0	0.0
自有房产	150.0	78.1	其他贷款	0.0	0.0
汽车等其他资产	12.0	6.3	其他债务	0.0	0.0
合计	192.0	100.00	合计	90.0	100.0
家庭净资产	102.0				

根据表2-8计算，康先生家庭总负债占总资产的比例为46.9%，低于50%的安全水平，说明康先生家庭目前的资产状况较为稳健；家庭净资产占总资产的比例为53.12%，也说明康先生家庭的资产负债状况比较稳健，即使在经济不景气时也有能力偿还所有债务。

家庭理财计划都要从储蓄开始，没有资金任何投资都将无从谈起，而结余资金正是投资资金的重要来源，运用开源节流的思想，增加收入理性消费，减少不合理的开支，都将增加家庭可用于投资的资金，尤其是在家庭消费方面做好预算，通过记账等方式进行家庭，财务管理都是有效的手段。

（二）收入支出分析

如表2-9所示，康先生家庭的月度支出当中，家庭月总收入为28 000元。其中，康先生的月收入为18 000元，占64.3；配偶的月收入为1万元，占35.7%，无其他收入。家庭收入中，康先生收入较高。

表2-9 **家庭收入支出表（2016年1月1日至2016年12月31日）**

收入	金额/元	支出	金额/元
本人月收入	18 000	家庭日常月支出	10 500
配偶月收入	10 000	贷款月供	3 500
家庭月其他收入	0	其他月支出	1 000
月均收入合计	28 000	月均支出合计	15 000
月结余	13 000		

从家庭收入构成来看，工资收入占总收入的百分之百，显示其家庭的收入来源较为单一，可尝试通过各种途径获得兼职收入、租金收入等其他收入。

目前家庭的月总支出为15 000元，其中，月日常支出为10 500元，包括生活支出和养车支出，占70%；父母赡养费为1 000元，占6.7%；房贷月供支出为3 500元，占23.3%。在家庭支出构成中，按揭还款占总收入的12.5%，负担并不大；日常支出和其他支出占月收入的41.07%，还可以进一步对支出进行控制，增加可储蓄金额。

理财诊断：目前家庭月度结余资金13 000元，年度结余资金156 000元，占家庭年总收入的46.4%。这一比率称为储蓄比例，反映了家庭控制开支和能够增加净资产的能力。对于这些结余资金，家庭可通过合理的投资来实现未来家庭各项财务目标地积累。

家庭成长期理财特征总结：康先生夫妇在某公司担任高层，有较高的收入和社会地位，近期有生小孩的规划，准备储蓄教育金。夫妇两人收入主要来源于工资收入，依两人的职位判断收入水平较高，当前储蓄水平也处于较高层次，而未来新成员的加入会使得家庭支出迅速增加。家庭理财方式以偏激型和稳健型相结合，理财目标主要以将来子女创业金、自身家庭退休养老金以及家庭资产增值为主，风险承受能力强，家庭资产稳步增长。在这一家庭阶段，理财规划可选择按以下顺序进行：应急储备→教育资金→资产增值管理→特殊目标规划。

第五节 家庭成熟期理财

家庭成熟期，是指子女参加工作脱离家庭到家庭成员退休的这段时期，一般为 15 年左右。这一时期的经济特点是子女已参加工作，家庭经济负担明显减轻，该时期家庭成员可能正处于事业的高峰期，收入较高，积累较多。在这一时期，家庭往往会为子女成婚储备必要的财富，这一时期的财富积累是退休时期的主要经济来源。因而，在这一阶段，收入从不稳定也慢慢趋于平稳，家庭财富慢慢完成了原始积累，具有一定的规模并且具备一定的人生经验。总的来说，这一阶段里自身的工作能力、工作经验、经济状况都达到高峰状态，子女已完全自立，债务已逐渐减轻或还清，理财的重点是扩大投资，储备养老基金。

一、家庭成熟期的特点

家庭到达这个阶段，随着孩子已经踏入社会工作，开始自己的独立生活，并且各项贷款也已经还清，家庭里的各类负债减少，并且通过前期的积累，家庭财富已经有了一定的规模，基本上达到整个生命周期的最大值。这个时候应该开始规划自己的老年生活，财富积累更多的是为自己的养老做准备。因此，根据自己的风险承受能力的降低，高风险产品的投资应该不断减少，将其转移到更多的安全性投资上面，同时开始不断增加养老基金储备并建立医疗基金。

二、家庭成熟期理财规划

家庭成熟期，这是一个更加平稳的时期，没有了抚养子女和父辈的负担，同时消费也随之减少，家庭可支配收入较高。重点是扩大理财规模，主要关注稳健型风险较小的理财产品。家庭成熟期的家庭风险承受能力较前期下降，属于稳健型理财投资者，理财需求的先后顺序应为：应急储备→养老规划→资产增值管理→特殊目标规划。

三、家庭成熟期理财实务

案例导读：家庭成熟期换房规划

41 岁的周先生，40 岁的周太太，在安庆市区工作，结婚 18 年，二人育有一子，在上高一，是典型的三口之家。周先生是该市事业单位编制人员，平均每月收入 3 300 元；周太太是某医院护士，平均每月收入 2 500 元。工作相对稳定的夫妻俩，年终奖加起来 8 000 元左右。周先生和太太两人有一套 80 平方米的住房，市场价值约为 20 万元，一辆小轿车约为 10 万元。目前，家庭总负债为 0，总资产有 1 万元的活期存款，5 万元的定期存款，2 万元投资与基金和 3 万元的银行理财产品。家庭总支出主要有每月日常支出 2 000 元，每年教育费用 3 000 元。由于之前家庭条件有限，只买了一个一居室的小房子，随着生活质量的提升，希望可以换个大点的房子，再加上考虑到儿子的教育费用，周先生应该如何规划家庭资产呢?

（一）家庭资产状况分析

周先生一家的家庭资产负债表见表 2-10。由资产负债表可看到，家庭拥有固定资产和流动资产总值 41 万元，无负债，不存在还款压力。资产负债情况比较稳健，固定资产为一套价值 20 万元的房产和一辆价值 10 万元的轿车，流动资产方面是 6 万元的活、定期存款，2 万元的股票型基金和 3 万元的保险理财产品。家庭资产的 73. 17%为固定资产，如果不变卖折现的话，则可用于达成理财目标的部分仅有流动资产的 11 万元，见表 2-10。

表 2-10 **家庭资产负债表（2014 年 12 月 31 日）**

家庭资产	金额/万元	占比（%）	家庭负债	金额/万元	占比
现金定活期储蓄	6	14.63	房屋贷款	0.0	0.0
股票、基金及理财产品	5	12.20	汽车贷款	0.0	0.0
自有房产	20	48.78	其他贷款	0.0	0.0
汽车等其他资产	10	24.39	其他债务	0.0	0.0
合计	41	100.00	合计	0.0	0.0
家庭净资产	41				

根据周先生的购房意愿，假设购买一套面积 130 平方米四室二厅的房子，每平方米均价为 2 500 元，那么房子总价值为 32.5 万元。鉴于周先生之前买房并无贷款记录，因此可按首套房来向银行贷款。如果买房的首付比例按三成计算约为 10 万元，可用存款和从理财产品中赎回的资金来支付，其余 22.5 万元可用公积金贷款，根据 5 年以上个人住房公积金贷款的基准利率为 4.7%计算，贷款年限设为 20 年，每月需要还房贷 1 448 元，每月还贷额占月均收入的比例为 38.11%，低于 40%的安全性。

（二）收入支出分析

周先生一家的收入支出表显示，周先生一家月总收入为 5 800 元。其中，周先生每月收入 3 300 元，占 56.9%；李太太每月收入 2 500 元，占 43.1%。另外，家庭年终奖金收入约 8 000 元。家庭收入构成中，夫妻收入相差不大。从家庭收入构成来看，来源较为单一，可以尝试通过各种途径获得兼职、租金等其他收入，见表 2-11。

表 2-11 **家庭收入支出表（2014 年 1 月 1 日至 2014 年 12 月 31 日）**

收入	金额/元	占比（%）	支出	金额/元	占比（%）
本人月收入	3 300	56.9	家庭日常月支出	2 000	100
配偶月收入	2 500	43.1	贷款月供	0	0
家庭月其他收入	0	0	其他月支出	0	0
月均收入合计	5 800	100	月均支出合计	2 000	100
月结余	3 800				

目前周先生家庭的平均月总支出为 2 000 元，主要为日常生活支出 2 000 元，包括衣、食、行等方面，占 100%；其他支出主要是孩子的学杂费等，每年约 3 000 元，家庭支出中，日常支出占总支出收入的 34. 48%。目前家庭月度结 余资金 3 800 元，年度结余资金 50 600 元（3800×12+8 000-3 000），占家庭年总收入的 65. 21%。显示周先生家庭控制开支的储蓄能力较强，可以为投资买房提供一定保障。

根据上文假设，如果周先生一家执行了买房的计划，那么加上买房的贷款月供，则支出每月增加 1 448 元。在新房入住后可以把目前所住的房屋出租，每月可以获得一定的资金收入来减轻还贷负担，例如每月房租 700 元。这样相当于每月只需增加 748 元的支出。贷款月供支付后每月结余资金为 3 052 元，年度结余资金约为 41 624 元，这一部分资金可以通过合理的投资来为孩子未来的大学学费做储备以及达到其他家庭财务目标。

理财师建议周先生开源节流：在收入方面，由于目前收入来源比较单一，可以尝试其他途径，如做一些投资或租金收入等；从开支方面可以看出，目前日常开支费用控制得比较好，但对于未来赡养老人可能会增加一定的花费，这一部分的可能支出应尽可能早的做打算，如通过购买医疗保险等，以免出现财务困境。

理财诊断：周先生夫妇的收入在当地属于中等水平，但家庭的收入来源单一，且存在失业风险；由于平时消费安排比较合理多年的财富积累为投资买房提供了坚实基础，但同时也要注意夫妻双方已处于中年，日后的收入应该不会有更大的增长空间，赡养老人以及孩子读书花费将会是未来数年内的重要开支项目，所以应提早做好理财规划。

家庭成熟期理财特征总结：周先生和妻子都有一份稳定的工作，近期有换房和储蓄教育金的规划。夫妇二人的收入主要来源于个人工资和奖金，收入水平稳定，储蓄水平也达到最高。家庭理财方式主要以稳健型为主，理财目标主要以自身家庭退休养老金和家庭资产保值增值为主，风险承受能力弱，家庭资产达到最高。在这一家庭阶段，理财规划可选择按以下顺序进行：应急储备→换房规划→教育金储备→养老规划→资产增值管理→特殊目标规划。

第六节 家庭衰老期理财

家庭衰老期是指家庭成员不再参与工作到去世的这一段时期。这一时期家庭经济特点是家庭成员不再参与工作，仅有退休金收入，子女会在一定程度上予以贴补，家庭成员由于年老多病在医疗方面的开支有所增加。因而，这一阶段的主要内容是安度晚年，投资和花费通常都趋于保守。

一、家庭衰老期的特点

当人退休之后，基本上没有更多的后顾之忧，尽情地享受自己的晚年生活。这时候的理财以稳妥为主，不再追求财富规模的快速扩大，强调稳妥，保持身体健康以及精神愉快。资产应该首先强调安全性和流动性再考虑收益性，不应该再去做高风险投资，留够充足的生活支出以及应急支出以后的剩余资金就可以进行定期储蓄或购买国债等保本型投资。

二、家庭衰老期理财规划

这一阶段，家庭收入减少，各种赡养责任消失，子女长大成人补贴家用，承受风险能力较弱。医疗保健、养老等成为这个阶段家庭的主要理财目标。处于衰老期阶段的家庭风险承受能力最小，属于保守型理财投资，理财需求的先后顺序应为：应急储备→养老规划→遗产规划→特殊目标规划。

三、家庭衰老期理财实务

案例导读：家庭退休期理财规划

何先生已年过60，老伴今年也60岁了，何先生刚从某一医药公司高级领导人职位退下来，老伴也退休几年，两人每月可以领退休工资分别为2 000元、1 600元。何先生夫妇俩很注重保险保障，不光有社保，还购买过住院医疗保险和重大疾病保险。何先生的家庭总资产有目前市值约70万元的房子，保留有10万元的股票，无负债。二老生活简朴，注重养生，经常在小区公园锻炼，身体一直都不错。为了提升父母的生活质量，女儿每个月会给二老1 000元的赡养费，两人每月生活支出为3 000元左右。女儿和女婿育有一女，由二老带着，在上小学4年级，活泼可爱，小外孙女特别招二老喜欢，也为了减轻女儿的负担，何先生希望为小外孙女筹措一笔上大学用的教育基金。面对这样的家庭情况，理财规划师应该如何进行综合性理财规划呢？

（一）家庭资产状况分析

何先生家庭净资产80万元，无负债风险。但资产主要由固定资产房产和金融资产股票构成，虽说资金利用效率高，但家庭所有资产难以及时兑现，流动性配置不足，蕴含较高的风险。步入晚年，创造财富的机会越来越少，老年人主要的生财之道就是利用手中积累的钱再生钱，通过投资使财富增值。但退休后家庭收入锐减，承担风险的能力大不如从前，老年人投资理财应将本金安全放在第一位，在风险得到防范的情况下再去追求更高的收益，投资工具以稳健型为主。何先生投资的10万元股票属于高风险资产，本金安全难以保障，应当大幅度削减这种高风险的投资，退出的资金可用于购买国债、货币市场基金或保本型基金等较稳妥又高于银行利息收益的理财产品，如表2-12所示。

表2-12 **家庭资产负债表（2016年12月31日）**

家庭资产	金额/万元	占比（%）	家庭负债	金额/万元	占比
现金、活期储蓄	6	14.63	房屋贷款	0.0	0.0
股票	10	12.20	汽车贷款	0.0	0.0
自有房产	70	48.78	其他贷款	0.0	0.0
汽车等其他资产	0	24.39	其他债务	0.0	0.0
合计	80	100.00	合计	0.0	0.0
家庭净资产	80				

（二）收入支出分析

从表2-13来看，退休后何先生夫妇每月收入4 600元，年总收入55 200

元，若保持退休前的生活水平每月除去生活开支 3 000 元后可结余 1 600 元，年度结余资金达 19 200 元。

表 2-13 **收入支出表（2016 年 1 月 1 日至 2016 年 12 月 31 日）**

收入	金额/元	支出	金额/元
本人月收入	2 000	家庭日常月支出	3 000
配偶月收入	1 600	其他月支出	0
家庭月其他收入	1 000		
月均收入合计	4 600	月均支出合计	3 000
月结余	1 600		

理财诊断：何先生二老有一定的退休工资以及赡养费用使得其基本生活得以保障，由于二老年龄较大，不适宜做风险较大的投资，如股票，再加上二老想为小外孙女筹措一部分教育金，所以更应该注重稳健投资。

家庭衰退期理财特征总结：何先生和老伴已退休，目前有为外孙女上学储备教育金的规划。处于衰退期的家庭，家庭收入迅速减少，主要来源为转移性收入，如退休工资、女儿赡养费，当然老股民何先生家庭也有一部分投资收入，随着年龄增长支出逐渐增加，储蓄水平逐渐减少。家庭理财方式以保守型为主，理财目标主要以家庭资产的保全与传承为主，风险承受能力较弱，家庭资产逐渐减少。结合何先生家庭具体情况，在这一家庭阶段，理财规划可选择按以下顺序进行：应急储备→养老规划→教育金储备→遗产规划→特殊目标规划。

如果通货膨胀持续高涨，即使央行加息，但难逃银行储蓄缩水的尴尬局面，老年人群渐渐感觉到钱放在银行并不是最放心的。日益高涨的物价和相对稳定的收入催生了“银发一族”保值增值的理财需求。但老年人应特别注意自己的风险承受能力在退休后逐步降低，不再适合进行高风险的投资，通过合理的资产配置，相信老年朋友在退休后能颐养天年，过上幸福的晚年生活。

第三章 家庭理财工具

家庭理财工具有很多种，从理财工具风险的程度，分为保本型、收藏型、投机型以及收入型等。家庭理财的目标需要借助理财工具才能达成，配置不同的理财工具组合对家庭经济进行计划和管理，以此实现家庭财务管理，累积财富，保障财富，增强家庭经济实力，提高抗风险能力，达成人生不同阶段的财务目标。

第一节 保本型理财工具

一、保本型理财工具

保本理财产品特点是本金安全，投资收益适中，投资收益有保障，但流动性稍差。分保证本金保证收益及保证本金浮动收益两类，都属于低风险理财产品，保证和浮动说明了银行承担的风险不同。通过名称就可以看到保本类理财在协议中会有银行承诺，无论发生任何问题银行保证客户到期可以拿回全部本金。保本型理财工具主要包括：定期储蓄、传统寿险等。

二、保本型理财工具内容

（一）储蓄

储蓄或者说存款，是深受普通居民家庭喜爱熟知的理财方式，也是人们最常使用的一种理财方式。储蓄与其他投资方式比较，具有安全可靠（受法律保护）、手续方便（储蓄业务的网点遍布全国）、形式灵活、还具有继承性。

储蓄是银行通过信用形式，动员和吸收居民的节余货币资金的一种业务。银行吸收储蓄存款以后，再把这些钱以各种方式投入到社会生产过程，并取得利润。作为使用储蓄资金的代价，银行必须付给储户利息。因而，对储户来说，参与储蓄不仅支援了国家建设，也使自己节余的货币资金得以增值或保值，成为一种家庭投资行为。

定期储蓄是在存款时约定存储时间，一次或按期分次（在约定存期）存入本金，整笔或分期平均支取本金利息的一种储蓄。整存整取定期存款是在存款时约定存期，一次存入本金，到期时一次支取本息的一种定期储蓄。五十元起存，多存不限。存期分为三个月、半年、一年、二年、三年、五年。定期存款利率高于活期存款，可以无风险的获得较高的利息收入，是重要的传统理财工具。

优劣性：金融机构存款，安全性最强；但收益率相对较低，应对通货膨胀弱。

（二）传统寿险

传统寿险（定期寿险）：是指仅仅具有保障功能和储蓄功能的人寿保险。一般包括死亡保险，生存保险，生死两全保险，年金保险，弱体保险。定期寿险特点：保费低廉，免体检延长保险期限或可以变换。定期寿险适合人群：如家庭经济主要来源或正在偿还贷款的人。

寿险保障型产品：交费少，保障大，“四两拨千斤”；但面临中途断保的损失风险。

第二节 收藏型理财工具

一、收藏型理财工具

收藏品的固有特性决定了它成为中国“闲钱阶层”重要的家庭资产配置。收藏型理财的特点是收藏品长期投资回报要好于股票市场，其风险则远远小于股票市场。收藏品持有时间越久，价值越高，投资收益回报期间较长。收藏型理财工具主要包括邮票、纪念币、古董、书画。

二、收藏型理财工具内容

（一）邮票

邮票是世界三大收藏品之一，有着悠久的历史和众多的爱好者。邮票作为一种收藏品，决定其价格的已不再是它的面值，而是它的内在价值。邮票的方寸空间，常体现一个国家或地区的历史、科技、经济、文化、风土人情、自然风貌等特色，这让邮票除了邮政价值之外还有收藏价值。使用价值：是国家法律规定的。不论以何种价格买入，它的使用价值就是面值。收藏价值：由题材、发行量、年代等方面决定。邮票也是某些国家或地区重要的财源来源。收藏邮票的爱好叫集邮。世界上最早的邮票是英国罗兰·希尔爵士发明的黑便士，中国最早的邮票是清朝的大龙邮票。

邮票：零存整取式的轻松智慧环境中赚钱；但冷长热短的市场周期，摇摆不定的发行政策令风险较大。

（二）纪念币

纪念币是一个国家为纪念国际或本国的政治、历史、文化等方面的重大事件、杰出人物、名胜古迹、珍稀动植物、体育赛事等而发行的法定货币，它包括普通纪念币和贵金属纪念币。质量一般为精制，限量发行。

凡是中国人民银行发行的货币均可用于流通，所以贵金属纪念币理论上是可以参与流通的，具有流通手段职能。中国纪念币是具有特定主题的，是由国家授权中国人民银行指定国家造币厂而设计制造的，由中央银行统一计划发行的法定货币。纪念币通常是为了纪念我国重大政治历史事件、传统文化等有特殊意义的事物而发行的。普通纪念币与市场上流通的同面额的人民币价值相等，可以同时在市场上流通。纪念币的作用主要是用于纪念某重大节日或政治、历史、文化、杰出人物、名胜古迹、珍稀动植物等事物的可流通的法定货币，收藏只是附带功能，特定主题和限量发行是纪念币的主要特性。

流通纪念金属币：具有较强的艺术表现力和较高鉴赏价值，发行量小，好收藏；但具周期性市场的特点，不便于批量携带。

人民币连体钞：奇特新颖，发行量较小，具有稳定的自身价值；但涨跌也具有周期性，不便于大宗交易。

（三）古董

古董是为人所珍视的古代器物，是先人留给我们的文化遗产、珍奇物品。在这上面沉积着无数的历史、文化、社会信息，而这些信息是任何一件其他的器物所无法取代的。因为古董可以作为一种玩物，所以后来我们也称之为“古玩”。

经济日渐繁荣，收藏古董已不再是文人雅士的专利，已经成为了人们经济生活的一部分，金融市场变幻莫测，通货膨胀及股票证券的高风险更加凸显了古董收藏的价值和增值作用。相对较低的投入和较高的产出，低风险和高收益的文物越来越受到有识之士的青睐。

古玩：既能美化生活又能投资获利；但入行障碍较大，套现难度也较大。

（四）书画

书画是绘画和书法的统称。画，是人们生活中创造的结晶，画的起源久远，有着丰富的意思。“画中有诗，诗中有画”，中国古代，诗与画分不开。画的作品也体现了作者的情感和思想，画中常常包含着艺术家强烈的思想感情，因此艺术也深深地孕育在画中。书，一说是书法，也就是俗话说的所谓的字，另一种观点则认为书是指文化内涵。由此可知，书画是指绘画和书法，也可以理解为具有文化内涵的绘画。国内很多企业家很重视企业文化的积累，企业收藏书画本身也是一种投资、集资、融资、增值的手段。书画不但保值功能强、抗风险力强，而且升值功能也非常可观。

书画：是对优秀书法家和画家的投资，灵活便利；但行业较为沉重，投资风险较高，难以及时套现。

第三节 投机型理财工具

一、投机型理财工具

投机型投资是指利用市场出现的差价进行买卖从中获得利润的交易行为。投机型投资工具的特点是可能亏本，但也可能带来很高的投资收益。投机型理财工具主要包括：债券、股票、股票型基金（混合型基金、指数基金）、黄金、外汇、非保本型的银行理财产品、非保本型的券商理财产品、非保本型的信托产品。

二、投机型理财工具内容

（一）债券

债券是政府、企业、银行等债务人为筹集资金，按照法定程序发行并向债权人承诺于指定日期还本付息的有价证券。

债券（Bonds / debenture）是一种金融契约，是政府、金融机构、工商企业等直接向社会借债筹措资金时，向投资者发行，同时承诺按一定利率支付利息并按约定条件偿还本金的债权债务凭证。债券的本质是债的证明书，具有法律效力。债券购买者或投资者与发行者之间是一种债权债务关系，债券发行人即债务人，投资者（债券购买者）即债权人。

债券是一种有价证券。由于债券的利息通常是事先确定的，所以债券是固定利息证券（定息证券）的一种。在金融市场发达的国家和地区，债券可以上市流通。在中国，比较典型的政府债券是国库券。

债券：收益高于同期同档银行、风险小；但投资的收益率较低，长期固定利率债券的投资风险较大。

（二）股票

股票是股份制企业（上市和非上市）所有者（即股东）拥有公司资产和权益的凭证。上市的股票称流通股，可在股票交易所（即二级市场）自由买卖。非上市的股票没有进入股票交易所，因此不能自由买卖，称非上市流通股。

这种所有权为一种综合权利，如参加股东大会、投票标准、参与公司的重大决策、收取股息或分享红利等，但也要共同承担公司运作错误所带来的风险。

股票是一种有价证券，是股份公司在筹集资本时向出资人发行的股份凭证，代表着其持有者（即股东）对股份公司的所有权。股票是股份证书的简称，是股份公司为筹集资金而发行给股东作为持股凭证并借以取得股息和红利的一种有价证券。每股股票都代表股东对企业拥有一个基本单位的所有权。股票是股份公司资本的构成部分，可以转让、买卖或作价抵押，是资金市场的主要长期信用工具。

股票投资（Stock Investment）是指企业或个人用积累起来的货币购买股票，借以获得收益的行为。股票投资的收益是由“收入收益”和“资本利得”两部分构成的。收入收益是指股票投资者以股东身份，按照持股的份额，在公司盈利分配中得到的股息和红利的收益。资本利得是指投资者在股票价格的变化中所得到的收益，即将股票低价买进，高价卖出所得到的差价收益。当前，从研究范式的特征和视角来划分，股票投资的分析方法主要有如下两种：基本分析、技术分析。这两种分析方法所依赖的理论基础、前提假设、范式特征各不相同，在实际应用中它们既相互联系，又有重要区别。

由于股票具有高收益、高风险、可转让、交易灵活、方便等特点，成为支撑我国股票市场发展的强大力量。股票投资的报酬可以通过计算股票投资收益率。

$$实际收益率=\frac{年股利-年股利税率}{发行（购买）价格}\times 100\%。$$

股票：可能获得较高的风险投资收益，可以获得长期、稳定、高额的投资收益，套现容易；但需面对投资风险、政策风险、信息不对称风。

（三）证券投资

证券投资是狭义的投资，是指企业或个人购买有价证券，借以获得收益的行为。证券投资的分析方法主要有：基本分析，技术分析、演化分析，其中基本分析主要应用于投资物的选择上，技术分析和演化分析则主要应用于具体操作的时间和空间判断上，作为提高投资分析有效性和可靠性的重要手段。它们之间既相互联系，又有重要区别。

相互联系之处在于：技术分析要有基本分析的支持，才可避免缘木求鱼，而技术分析和基本分析要纳入演化分析的框架，才能真正提高可持续生存能力。其重要区别在于：技术分析派认为市场是对的，股价走势已经包含了所有有用的信息，其基本思路和策略是“顺势而为并及时纠错”；基本分析派认为他们自己的分析是对的，市场出错会经常发生，其基本思路和策略是“低价买入并长期持有”；演化分析派则认为市场和投资者的对与错，无论在时间还是空间上，都不存在绝对、统一、可量化的衡量标准，而是复杂交织并不断演化的，其基本思路和策略是“一切以市场生态环境为前提”。

证券投资：组合投资，分散风险，专家理财，套现便利；但风险对冲机制尚未建立，部分公司重投机轻投资，缺乏基本的诚信。

（四）黄金和投资金币

实物黄金投资，指的是包括金条、金币以及黄金首饰，以持有黄金实物作为投资。黄金作为国际硬通货，具有很强的保值增值作用，并且黄金的价值是自身所固有的和内在的。

自从中国银行在上海推出专门针对个人投资者的“黄金宝”业务之后，炒金一直是个人理财市场的热点，备受投资者们的关注和青睐。特别是近两年，国际黄金价格持续上涨。可以预见，随着国内黄金投资领域的逐步开放，未来黄金需求的增长潜力是巨大的。特别是在2004年以后，国内黄金饰品的标价方式将逐渐由价费合一改为价费分离，黄金饰品5%的消费税也有望取消，这些都将大大地推动黄金投资量的提升，炒金业务也必将成为个人理财领域的一大亮点，真正步入投资理财的黄金时期。

黄金和投资金币：最值得信任并可长期保存的，抵御通货膨胀的最好武器之一，套现方便；但若不形成对冲，物化特征过于明显。

（五）外汇

外汇是货币行政当局（中央银行、货币管理机构、外汇平准基金及财政部）以银行存款、财政部库券、长短期政府证券等形式保有的在国际收支逆差时可以使用的债权。

包括外国货币、外币存款、外币有价证券（政府公债、国库券、公司债券、股票等）、外币支付凭证（票据、银行存款凭证、邮政储蓄凭证等）。

截至目前，中国位居世界各国政府外汇储备排名第一。但美国、日本、德国等国有大量民间外汇储备，国家整体外汇储备远高于中国。

随着人民币对外国货币汇率的变化，使越来越多的人通过个人外汇买卖，获得了不菲的收益，也使汇市一度异常火爆。各种外汇理财品种也相继推出，如商业银行的汇市通、中国银行和农业银行的外汇宝、建设银行的速汇通等供投资者选择。2013年以来，我国政府坚持人民币汇率稳定的原则，采取人民币与外汇挂钩以及加大企业的外汇自主权等措施，以促进汇市的健康发展。因此，有关专家分析，汇市上投资获利的空间将会更大，机会也会更多。

外汇：规避单一货币的贬值和规避汇率波动的贬值风险，交易中获利；但人民币尚未实现自由兑换，普通国民还暂时无法将其作为一种风险对冲工具或风险投资工具来运用。

（六）P2P

“P2P”即“个人对个人”，是一种与互联网、小额信贷等创新技术、创新金融模式紧密相关的新生代民间借贷形式，它最大限度地为熟悉或陌生的个人提供了透明、公开、直接、安全的小额信用交易的可能，年轻、创新、谨慎、低调。

P2P 理财模式刚兴起不久，就受到不少高端人士的青睐。P2P 不仅有着收益和保障兼顾的特点，同时助个人实现社会公益价值，使得理财模式的创新达到新高度。

区别于其他理财产品的是它的普惠效应，实现理财收益的同时，通过平台的搭建，直接实现理财方对普通民众生活或工作的帮助，填补大型融资机构所不触及的社会生活方方面面的空白。

目前市场上 P2P 模式企业大致分为三种类型：（1）线上综合模式，诺诺镑客就属于这种模式，诺诺镑客已获得了权威机构的认证以及银行资金托管，借款利率相对降低，风险审核严格，是行业内较为领先的企业；（2）纯线下业务，这种属于比较传统的做法，这类公司的一般做个简单的网站进行业务展示，真正的业务是靠派大量业务员去线下拓展，宜信便是这种企业，由于债权转让合法性的不确定性，该模式目前具有一定风险；（3）纯线上的模式，平台只提供借款信息展示服务，风险度全有投资者自行承担。

P2P：年复合收益高操作简单，网贷的一切认证、记账、清算和交割等流程均通过网络完成，借贷双方足不出户即可实现借贷目的。但是与传统贷款方式相比，网贷完全是无抵押贷款，由于网贷是一种新型的融资手段，央行和银监会尚无明确的法律法规指导，因此具有高风险性。网贷平台固有资本较小，无法承担大额的担保，一旦出现大额贷款问题，很难得到解决。而且有些借款者也是出于行骗的目的进行贷款，而贷款平台创建者有些目的也并不单纯，携款逃跑的案例屡有发生。

第四节　收入型理财工具

一、收入型理财工具

收入型理财的特点是不会亏本且在投资期间有固定收入流入。属于低风险理财，收益较低。收入型理财主要包括寿险储蓄型产品、寿险投资型（分红）产品、家庭理财保险和投资连结保险。

二、收入型理财工具内容

（一）寿险储蓄型产品

储蓄型保险是保险公司设计的一种把保险功能和储蓄功能相结合，如目前常见的两全寿险、养老金、教育金保险，除了基本的保障功能外，还有储蓄功能，如果在保险期内不出事，在约定时间，保险公司会返还一笔钱给保险收益人，就好像逐年零存保费，到期后进行整取，与银行的零存整取相类似。但据理财师分析，到期后返还的这一部分的收益率是明显低于银行1年定期存款税后利率的。因此，相当于多花钱请一个人严格管理自己的收支。除非自己的财务自制能力极弱，否则可以少花这笔钱。与不温不火的保险市场相比，收益类险种一经推出，便备受人们追捧。收益类险种一般品种较多，它不仅具备保险最基本的保障功能，而且能够给投资者带来不菲的收益，可谓保障与投资双赢。因此，购买收益类险种有望成为个人的一个新的投资理财热点。

保险是一把财务保护伞，它能让家庭把风险交给保险公司，即使有意外，也能使家庭得以维持基本的生活质量。保险投资在家庭投资活动中也许并不是最重要的，但却是最必需的。老百姓投保的诱因主要有：买一颗长效定心丸（家庭生活意外的防范）、居安目前，更要思危（未来风险的防范）、养儿防老，不如投资保险等原因。我国城乡居民可供选择的保险险种多种多样，主要有财产保险和人身保险两大类。家庭财产保险是用来补偿物质及利益经济损失的一种保险。已开办的涉及个人家庭财产保险有：家庭财产保险、家庭财产盗窃险、家庭财产两全保险、各种农业种养业保险等。人身保险是对人身的生、老、病、死以及失业给付保险金的一种险种。主要有养老金保险系列、返还性系列保险、人身意外伤害保险系列等。

寿险储蓄型产品：强化家庭经济中的避险机制，个性化强；但其预定利率始终与银行利率同沉浮。

（二）寿险投资型（分红）产品

投资型保险是人寿保险的一个分支，这类保险是属于创新型寿险，最初是西方国家为防止经济波动或通货膨胀对长期寿险造成损失而设计的，之后演变为客户和保险公司风险共担，收益共享的一种金融投资工具。

投资型保险分为三类：分红险、万能寿险、投资连结险。其中分红险投资策略较保守，收益相对其他投资险为最低，但风险也最低；万能寿险设置保底收益，保险公司投资策略为中长期增长，主要投资工具为国债、企业债券、大额银行协议存款、证券投资基金，存取灵活，收益可观；投资连结险主要投资工具和万能险相同不过投资策略相对进取，无保底收益，所以存在较大风险但潜在增值性也最大。

寿险投资型（分红）产品：具有储蓄的功能，有可能获得较高的投资回报，具有一定的保障性并合理避税；但前期获利不高，交费期内退保，将遭受经济上的损失。

（三）投资连结保险

投资连结保险，简称投连保险，也称单位连结（unit-linked），证券连结（equity-linked），变额寿险（variable life），是一种融保险与投资功能于一身的新险种。投资连结保险适合于具有理性的投资理念、追求资产高收益同时又具有较高风险承受能力的投保人。

投资连结保险设有保证收益账户、发展账户和基金账户等多个账户。每个账户的投资组合不同，收益率就不同，投资风险也不同。由于投资账户不承诺投资回报，保险公司在收取资产管理费后，将所有的投资收益和投资损失由客户承担。充分利用专家理财（行内有人称之为请专家为自己打工）的优势，客户在获得高收益的同时也承担投资损失的风险。

保障主要体现在被保险人保险期间意外身故，会获取保险公司支付的身故保障金，同时通过投连附加险的形式也可以使用户获得重大疾病等其他方面的保障。投资方面是指保险公司使用投保人支付的保费进行投资，获得收益。其特点是身故保险金和现金价值是可变的。

投资连结保险：可能获得高额的投资回报，一定的保险保障，合理避税，专家服务；但有较高的投资风险，前期的投资收益并不高。

第四章　家庭财务管理

为了实现家庭财富的管理，首先要明确家庭的财务现状，对家庭的总体经济能力，即收入与支出、资产与负债等基本情况应该有清楚认识，在此基础上明确家庭财务状况的健康状况，判定家庭理财目标的合理性，理财目标的达成更具有可行性。

第一节　家庭财务要素

家庭是独立的经济体，要实现家庭财富的增值保值，必须懂得家庭财务基础知识，通过科学的财务管理手段，实现家庭理财目标。

一、家庭财务基本信息

家庭财务状况分析的前提是家庭财务信息的收集与整理，如果家庭成员有良好的消费记账习惯，财务信息就比较容易得到。

家庭信息包括财务信息和非财务信息，这些信息对理财规划方案的制定都非常重要。见表4-1。

表4-1　　家庭财务信息与非财务信息收集表

信息名称	信息类别	家庭主要经济支柱	家庭次要经济支柱	家庭其他成员
年龄	非财务信息			
职业	非财务信息			
健康	非财务信息			
个人爱好	非财务信息			

续表

信息名称	信息类别	家庭主要经济支柱	家庭次要经济支柱	家庭其他成员
收入	财务信息			
支出	财务信息			
投资	财务信息			
债务	财务信息			

这些信息都是判定家庭理财目标能否实现的基础资料，对客户家庭的信息掌握越丰富准确，就对理财方案制定过程中的影响因素有明确的判定。年龄是测定客户退休养老规划的重要指标，也是测定子女教育金的重要依据，客户子女距离读大学年限越长，准备大学费用的资金时间值就越宽裕，每期投入的本金也就越少；职业性质也是考虑客户资产稳定性和投保意外保险额度的重要因素，如果客户经常出差，考虑的航空意外保险额度适度多些；同理，如果没有健康的身体，投保重大疾病保险的体检不能通过，因此健康状况也是理财师考虑家庭成员能否有稳定持续的收入增长的因素之一；个人偏好，决定客户消费项目支出的主要去向，可以想到，一个每天都在饭店里请客买单的客户，或者一位每天抽三包烟的客户，工资的结余情况会是如何？家庭的收入与支出、资产与负债等财务信息，是最基本的数据，也是家庭财务指标计算的基础。

家庭消费记录是理财的基本信息，可以借助某款手机软件，比较便利地完成日常消费记录，并会每月看到消费支出结余表。

二、家庭财务要素

家庭财务主要包括家庭的收入、支出、资产、负债及结余等要素。

（一）家庭收入

家庭收入，是指家庭工作成员，扣除个人所得税及养老医疗等社会保险税后的实际所得。家庭收入根据收入投入时间长短，可以分为主动收入和被动收入，收入与投入时间成正比的，如工资，劳务报酬、业绩提成等。被动收入如投资收入、房租收入、分红收入等，并不与投入的时间完全成正比。

收入是衡量家庭经济能力强弱的主要标志，一般家庭收入分为两种类型，即货币性收入和实物性收入。货币性收入主要包括工作单位的工资、奖金、各类补贴；工作单位以现金形式发放福利补贴，如劳保福利费、医疗费、经济补偿金、遗嘱补贴、救济金；家庭成员在金融机构存款产生的利息、投资股票、债券、基金的红利收入、房产等租赁所得；专利或其他特许经营权所得收入；兼职收入及其他劳动的合法收入等。依据家庭所在的地域，可将家庭收入划分为城市家庭收入和农村家庭收入；依据家庭成员收入的水平与当地平均工资水平比较，可以分为高收入家庭和低收入家庭。

（二）家庭支出

家庭消费是家庭成员为满足生存和发展而产生的生活费用支出或文化教育等消费支出。家庭消费类型，按照内容分为物质消费、精神文化消费和劳务消费；按照消费目的，分为生存消费、发展消费及享受消费。家庭消费受多种因素影响，如家庭经济能力、家庭收入水平、家庭成员消费观念、家庭人口数量及教育水平等。家庭消费需要树立正确的消费观念，适度消费、反对奢侈；发扬勤俭节约的优良传统，注重精神文化层面的消费。

为满足家庭成员日常生活和发展需要付出的开支，如日常生活必需品、食品、交通费，也包括为子女教育支付的学费、偿还住房贷款支付的利息、假日旅游支出等。根据支付的频次可以分为日常生活开支和非日常生活开支，非日常开支，如购买家庭大件商品、分期支付贷款、旅游支出等。日常支出可以用消费记录表，见表4-2。

表4-2 **家庭日常消费记录表**

消费类型	物品明细	单位	金额（元）
食品	蔬菜、肉类、大米、白面等		
住房	自购房： 物业管理费、小区卫生费、暖气费、分期还款利息 租房：租金		
交通	自家车：汽油、维修、保险、路桥费、贷款利息等 租车：车辆租金 公共交通：汽车、地铁费用		

续表

消费类型	物品明细	单位	金额（元）
人际交往	婚庆礼金 朋友聚餐费		
教育	学杂费 特长学习班费用 大学学费、生活费 出国留学费用		

家庭收入与支出的恒等式：收入-支出=结余

（三）家庭资产

一般来说，家庭资产分类如下：

1. 现金及活期存款（现金、活期存折、信用卡、个人支票等）-定期存款（本外币存单）

2. 投资资产（股票、基金、外汇、债券、房地产、其他投资）-实物资产（家居物品、住房、汽车）-债权资产（债权、信托、委托贷款等）

3. 保险资产（社保中各基本保险、其他商业保险）

在许多家庭理财的方法中，把保险归为投资类资产，虽然保险也可能为家庭或个人带来一定的收益，但它是意外收入，是不常见的且完全不可预测的，在一定时期大部分是不能确定其价值的，所以我们仅把它作为一般的资产对待。

家庭资产是家庭会计核算的对象，是家庭生产经营或日常生活消费时能支配的生产生活资料的货币值。一般把家庭资产分为货币性资产和资产性资产，货币性资产包括现金、储蓄、债券、股票等，资产性资产包括房产、黄金、收藏品等以价值形态计量的实物资产。从家庭资产的来源渠道分，资产可以分为家庭消费资产和生产资产两种，家庭消费资产来源包括工资性收入、劳务报酬以及家庭接受财产传承、资助、补贴、消费信贷、储蓄利息、股票收益、房租收入等来源；家庭生产性资产来源包括家庭个体经营追加投资、向金融机构或民间借贷资产、应付税金尚未支付、家庭生产经营提取资金、分配的利润继续参与家庭经营资产等。

（四）家庭负债

家庭负债就是指家庭的借贷资金，包括所有家庭成员欠非家庭成员的所有债务、银行贷款、应付账单等。

家庭负债根据到期时间长度分为短期负债（流动负债）和长期负债。区分标准有很多，可以把一个月内到期的负债认为是短期负债，一个月以上或很多年内每个月要支付的负债认为是长期负债，如按揭贷款的每月还贷就是长期负债。另一种分法是以 1 年为限，一年内到期的负债为短期负债，一年以上的负债为长期负债。

实际上，具体区分流动负债和长期负债可以根据家庭的财务周期（付款周期）自行确定，如可以是以周、月、每两月、季、年等不同周期来区分。

家庭负债也可按负债的内容种类分类。家财通理财软件就是按以下方式分类，具体如下：-贷款（住房贷款、汽车贷款、教育贷款、消费贷款等各种银行贷款）-债务（债务、应付账款）-税务（个人所得税、遗产税、营业税等所有应纳税额）-应付款（短期应付账单，如应付房租、水电、应付利息等）

家庭资产与负债的恒等式：资产-负债=净资产

第二节 家庭财务报表

家庭财务报表根据不同用途有很多种类型，见表 4-3，其中最重要的有资产负债表和收入支出表，反映家庭财务状况和财富变动情况。

表 4-3 家庭财务报表类型

报表名称	编制依据	主要特征
收入支出表	一定期间（月度或年度）收入与支出积累额	时期指标
资产负债表	一个时间点，如年末，资产与负债的账面值	时点指标
生活费用表	一定期间，如月度积累额	时期指标
家庭经营生产状况表	农户、个体户 1 年生产经营情况	时期指标
家庭投资状况及收益表	为股票、基金、理财产品等投资的支出和收益登记账目	时点指标

续表

报表名称	编制依据	主要特征
家庭特殊事项财务表	家庭发生专门或特殊事项，记录收入支出情况，如婚庆、旅游等	时期指标

一、资产负债表

家庭资产负债表是根据家庭在某一时点的家庭负债和资产净值的基本状况编制，是静态的财务报表，反映家庭资产的规模及资产与负债的变动情况，简易内容见表4-4。

表4-4　**资产负债表**

某年某月某日

资产		金额（元）	负债		金额（元）
流动资产	现金、 活期存款 定期存款 货币市场基金		长期负债	住房贷款 汽车贷款	
投资资产	证券投资类： 股票、基金、债券、外汇		短期负债	信用卡借款 亲友借款	
	实物投资类：投资房产、收藏品、黄金、				
固定资产	自住房 家用电器 家用设备				
其他经营资产					
资产合计			负债合计		
			净资产		

家庭资产有两种类型，即家庭实物资产和金融资产，实物资产包括家庭固

定资产①、低值易耗品②及物料用品③等，也分为动产（家电、汽车）和不动产（住房）。家庭资产计量内容因家庭类型不同而有差异，有的家庭有个体经营资产和农户经营资产，也有的家庭有专利权、经营特许权、著作权等，需要在家庭财务规划时具体计量资产，一般计量使用期限1年以上的实物资产；金融投资资产既包括债券、股票、基金、期货、外汇等证券类投资，也包括黄金、收藏品、投资住房等实物投资资产。家庭资产计量的方法，一般有成本法，如农村自建房的成本即为房子资产价格；市场价值法，金融资产的当期交易价格为资产计量依据，如股票、基金当期交易后的收益视为金融资产。家庭资产计量，要依据一定的基本原则调整，流动性差的房地产、汽车、古董收藏品等资产，按照成本价计量资产；股票、基金、外汇等金融资产要考虑市场价值，按照记账时的市场价值计量资产。

家庭负债，包括流动负债和长期负债，流动负债指1个月内到期的短期债务，如信用卡还款、水电费、租金、保险金及朋友借款等；长期负债指1个月以后到期或若干年内需要每月支付的债务，如住房及汽车分期还款、质押贷款等。

家庭资产与负债计量的三个基本等式：

（1）家庭资产=家庭资产-非经济资源

（2）家庭财产=家庭资产-家庭负债

（3）家庭净资产=家庭财产+资产增值-资产折旧损耗

在整理资产负债的过程中，需对每项资产负债进行价值的记录，也就是必须评估它们的价值。评估价值是一件非常容易产生争议的事情。但作为家庭来说，可以采用相对简单的方法，因为大部分资产是不会出售的，所以只有家庭确信其价值即可。

评估价值必须依据两个原则。其一是参考市场价值。所谓市场价值就是在公平、宽松和从容的交易中别人愿意为资产支付的价格；其二是评估价值必须是确定在某个时间点上。如上个月底、去年底、或者任何一天都可，因为资产

---

① 固定资产：指使用期限在1年及1年以上，单位价值在200元以上，供家庭较长期使用的资产，如住房、汽车、家具等。

② 低值易耗品：指使用期限在1月以上，1年以内的资产，如家庭生活用品、中低档衣服等。

③ 物料用品：指使用期限在1个月以内，为家庭日常生活用品、食品等。

价值是会随着时间变化的。

按照上面介绍的资产负债分类，其中现金最容易评估其价值，直接统计家庭共用的及所有家庭成员手上的现金额即可。活期、定期存款的价值一般就是账户余额或存款额。当然这少算了部分利息，因为存款一般都存储了一段时间，产生了利息，但我们开始没必要精确这些，虽然我们可计算出利息额。股票的价值评估需参考当时的股票价格，一般就是股票数量乘以它当前的报价；其他如基金、外汇也采用类似的方法。股票、基金、外汇这些资产价值是变化最快的，在每个交易时间它实际上都在变化之中，但是我们同样没必要去计较一时的变化，只要关注它的收市盘价即可。债券的价值一般就是票面值或成本额，暂时不用关心它的利息。

实物资产中物品、汽车等的价值评估比较随意，可参考其转让价，也可使用折旧的方式计算当前的价值。房屋的价值相对来说比较难以评估，作为家庭可能最大的资产，只能参考当地同类房屋的转让价格，以此为基准进行估值。如果得不到类似的转让价格，暂时就以购进价作为其价值，到时调整，不要因为某项资产的价值不能确定而影响整理资产的进程。实际上房屋价值的评估不是最难的，最难的可能是其他投资中的部分投资项目，如珠宝、古玩、字画等收藏，因为这些资产的市场价值具有更大的弹性，如果不是这方面的专家，就可能需求助专业人员鉴定了。

保险价值的评估比较独特，需要区分两种情况进行分别处理。一种是保费作为支出是消费性的，到期是没有任何收益的，所以这种保险的价值可作为0来处理；另一种是所缴保费可到期返还的，相当于储蓄的功能，针对此种保险，我们把其已缴保费额评估为此保险的价值。

负债中贷款的价值就是到评估时间为止剩余的欠款额。如果是按揭贷款，分期还贷，且时间比较长，如10年以上，可能贷款利息所占比例相当之高。是否把这些巨额的利息也计入负债呢？一般不用，因为它是以后发生的负债（利息），不用提前计算。

税务的价值怎么计算呢？作为家庭来说，个人所得税可能是最主要的税项。在中国，作为工薪收入的人士，一般是通过单位代缴个人所得税的，所以负债中可能没有此项。如果家庭是自由职业者、小业主、店铺经营者等人士，则可能需自行纳税。这时，需以收入或利润计算出应纳税额，作为负债进行统计。

除以上提到的项目外，其他未说明的资产负债的评估，可自行确定价值。普通方法可参考以下顺序：市场参考价（转让价）、账户余额、成本价。

二、家庭收入支出表

收入支出表是反映一段时间，通常是一年内，家庭现金的流入和流出情况，是一个动态的积累过程。反映家庭收入、支出及结余积累数额。

家庭收入是指整个家庭剔除所有税款和费用后的可自由支配的纯所得。对普通家庭来说，家庭收入一般包括以下项目：

1. 工作所得（全家所有成员的工资、奖金、补助、福利、红利等）；经营所得（自有产业的净收益，如生意、佣金、店铺等）；-各种利息（存款、放贷、其他利息）；

2. 投资收益（租金、分红、资本收益、其他投资等）；偶然所得（中奖、礼金等）。

针对不同的家庭，其收入项目可能是不一样的。但理清家庭收入的所有项目、并编排出适合自己家庭的收入类目，是家庭记账的基础。

家庭支出是指全家所有的现金支付。家庭支出相对家庭收入来说要繁杂得多。如果家庭没有详细的记账记录，可能大部分家庭都不一定能完全解自己的支出状况。要罗列所有家庭的开支项目确实比较困难，但针对普通家庭来说，我们可能归类为以下几种：

1. 日常开支：每天、每周或每月生活中重复的必需开支。一般包括饮食、服饰、房租水电、交通、通信、赡养、纳税、维修等。这些支出项目是家庭生活所必需的，一般为不可自行决定的开支。投资支出：为了资产增值目的所投入的各种资金支出。如储蓄、保险、债券、股票、基金、外汇、房地产等各种投资项目的投入。

2. 奢侈消费：学费、培训费、休闲、保健、旅游等。这些是休闲享受型支出，并不是家庭生活所必需的，一般为可自行决定的开支。

实际上，每个家庭都有自己不同的支出分类。原则上只要把家庭支出分类清晰，便于了解资金流动状况即可。

家庭收入和支出情况，用收入支出表来记录。见表 4-5、表 4-6、表 4-7 李先生家庭的收入支出表（案例）。

表 4-5 **李先生家庭收入支出年度表（2017 年 1 月 1 日—2017 年 12 月 31 日）**

收入		支出	
本人年终奖	120 000	保险费支出	3 000
妻子年奖金	60 000	教育费支出	50 000
投资收入	20 000	旅游支出	10 000
其他收入	10 000	健身美容	20 000
年度收入合计	210 000	年度支出合计	83 000
每年结余	127 000		
每年结余	127 000		

表 4-6 **李先生家庭收入支出月度表**

收入		支出	
本人收入	17 000	房贷	5 365
妻子收入	8 000	基本生活开销	2 000
其他收入	1 500	赡养父母支出	1 000
每月收入总计	26 500	每月支出总计	8 365
每月结余	18 135		

表 4-7 **李先生家庭的经营性收入支出表**

项目	金额（元）	项目	金额（元）
经营收入		减：其他经营支出	
加：其他经营收入		经营利润	
减：经营成本		非营业收入	
经营费用		非营业支出	
工资费用			
税金支出			
		利润总额	

注：经营费用包括经营过程中发生的管理费用、销售费用、财务费用和其他费用等①

① 柴效武编著：《个人理财》，清华大学出版社 2012 年版，第 57 页。

第三节 家庭财务健康诊断

财务健康，就是家庭从财务资产与负债、收入与支出等会计要素看，家庭财务处于不断保值增值状态，避免财务危机。家庭财务健康与人的身体健康一样重要，如果定期对家庭财务健康进行体检诊断，对家庭财富的保值增值，防患于未然，实现多样化的理财目标都具有重要意义。

一、家庭财务健康诊断内容

家庭财务健康诊断的主要内容有：（1）家庭财富增值能力；（2）家庭债务负担能力；（3）家庭投资资产及配置能力；（4）家庭资产的流动性；（5）家庭人身与财产等风险的保障程度；（6）家庭财富的自由度等方面。如果一个家庭没有健康的财务状况，不仅不能实现理财目标，还会危及家庭财富安全，家庭财富升值保值的目标就不可能实现。

随着普惠金融理念的深入，在互联网金融和大数据新时代，全民关注理财，全民参与理财，金融市场向综合理财服务方向改革发展，银行、证券、保险、信托等机构从分业经营趋于混业经营，家庭经济成员在勤劳致富的同时，参与资本市场投资，分享中国经济改革的成果。诸多家庭的财务处于亚健康状态，比如生活中出现的“月光族”、“啃老族”、“卡奴”、“房奴”、“车奴”等，都是财务不健康的表现。因此，通过家庭财务健康诊断，判断家庭资产配置是否合理，家庭是否具有资产增值能力，是否有全面的风险保障，住房贷款和其他贷款负担承担如何，投资品种和比例是否适宜，家庭财务自由程度如何等方面。在家庭理财开始之前，首先要通过专业化的评估，对家庭资产负债和现金流量情况进行分析，就如医生为人的身体健康把脉一样，体检家庭的财务健康，对比理想的数值，以家庭财富体检报告的形式，对家庭健康进行综合评价，并判断家庭理财目标的合理性，为制订理财方案提供基础数据支撑。

（一）关于资产增值能力方面

针对家庭资产增值能力，通常用结余比率（也称储蓄比率）进行测算，结余率=结余额/税后收入，用年度或月度数据均可，表示家庭在年度（月度）

各项支出之后的结余，通常的理想值是在于30%，比率低则影响家庭资产的积累增值进度，也会影响理财目标的达成，因为无论是家庭短期目标、中期目标还是长期目标，首先必须通过开源节流，达到一定的结余额度，才能实现家庭资产的增值和实现理财目标。

（二）关于投资资产品种与比率方面

投资与净资产比率，反映家庭投资资产情况的指标，衡量家庭通过投资股票、基金等金融投资或黄金、收藏品等实物投资实现资产增值，

$$投资与净资产比率=\frac{投资资产}{净资产}$$

该比率大于50%为理想值，同时，还需要分析家庭投资资产的品种，来判定投资是否适宜，如果家庭仅仅投资股票，则是将“所有的鸡蛋放在同一篮子里”，没有实现分散风险的多元投资，如果投资资产主要是房地产，则会面临其变现性和流动性风险。

（三）关于债务负担程度方面

家庭债务负担程度是家庭财务健康诊断的主要内容，社会上出现的“房奴”、“卡奴”等现象，都与债务的负担程度过重有关，影响家庭正常的开支。家庭财务健康诊断，也重点测算家庭债务承担的额度及偿还债务的能力。

1. 债务清偿比率与资产负债比率

$$债务清偿比率=\frac{净资产}{总资产}$$

$$资产负债比率=\frac{负债}{总资产}$$

二者同一分母互补，合计为1，用来衡量家庭负债额度的合理性，因为家庭负债过多会引发无力偿还债务的风险，也会给家庭成员在心理上产生沉重的负担，影响家庭成员事业的正常发展，一旦突发家庭主要经济成员遭遇失业、意外伤害、重大疾病等不幸，就可能引发家庭“经济危机”，严重的造成家庭财务“资不抵债，濒临破产”。

2. 债务偿还比率

测算收入中有多少是需要偿还债务的，即家庭每年（月）对住房或汽车贷款分期付款额度在该年度（月）收入中的比例，

$$债务偿还比率=\frac{家庭每年（月）偿还本金和利息额}{本年（月）收入}$$

一般来说，这一比率在30%以下为适宜，超过40%的警戒线，家庭借债的负担就过于沉重。目前社会生活中出现的“房奴”，就是因为盲目追求一步到位的住房条件，面积过大，房屋总值过高，收入的大半都要按揭还款，陷入“房奴”生活困境。

（四）关于持有流动资产额度方面

家庭拥有现金等流动资产的额度多少比较适宜？流动资产过多或不足，会对家庭财务产生哪些不良影响？我们用流动性比率来测算，

$$流动性比率=\frac{流动资产}{月支出}$$

表示家庭持有流动资产作为应急准备金和日常基本支付的额度，这一比率的理想值是3~6个月，即家庭的现金、活期存款、定期存款及货币市场基金等流动资产足以满足家庭3~6个月的日常支出，比率过高，则因为流动资产较低的收益性影响资产的增值，甚至会跑不赢CPI而遭遇贬值，如果比率过低，家庭应急基金准备不足，在突遇失业、疾病等不测事件时，会陷入支付危机。

（五）关于风险保障投入方面

家庭的风险保障程度通常用投入保险支出在总收入的比率来测算，也称为保险的“双十”原则，即每年期缴保险费额度占家庭年收入总额的10%，保险金额占家庭年度总收入的10倍，家庭主要经济支柱的风险保障要多于其他家庭成员，不同生命阶段，面临的风险不同，在生命各阶段都会不可避免面临意外伤害和重大疾病的风险，用保险投保的方式转嫁给保险公司，防止风险事故对家庭财务造成的影响。

（六）财务自由度方面

财务自由度是衡量家庭理财效果的重要指标，是指理财性收入（投资性收入）与家庭日常支出的比率，即

$$财务自由度=\frac{投资理财收入}{日常消费支出}$$

反映家庭支出对投资理财的依赖程度，如果这个指标超过100%，就说明家庭实现了财务自由，家庭的投资收入，如房租、基金、股票、股份等收益完全可以满足家庭日常开支需要，无需动用工资、奖金等薪资收入，即使家庭经济支柱突然失业，遭遇意外收入中断，家庭生活也不会受太大影响。反之，如果财务自由度是0，家庭除了工薪收入以外没有其他收入来源，那家庭唯一的期望就是加班加点，期望加薪，努力为老板工作，努力保住唯一的工作收入来源，理财收入是主动性收入，而工薪收入是被动性收入，家庭实现财务自由的路径是不断增加投资理财收入，见表4-8。

表4-8　**家庭财务健康诊断指标类型**

指标类型	指标名称	计算公式	指标理想值
资产增值能力	结余（储蓄）比率	结余额/税后收入	大于30%
投资品种与比例	投资与净资产比率	投资资产/净资产	大于50%
债务承担能力	债务清偿比率	净资产/总资产	大于50%
	资产负债比率	负债/总资产	小于50%
	债务偿还比率	偿还本息/总收入	小于30%
流动资产适宜额度	流动性比率	流动资产/月支出	3~6个月
风险保障投入	保费支出比率	保险费/年收入	10%~20%
理财性收入占比	财务自由度	理财投资收入/日常支出	大于60%

二、家庭财务健康诊断指标体系的运用

（一）家庭财务健康诊断遵循的原理依据

1. 家庭资产有一定的结余额

如果家庭资产呈现“月光族”，那么所有的理财目标和生活理想都难以实现，因此，家庭财务健康诊断的首要原则是无论家庭成员收入高低，都要至少实现年度收入大于30%的结余额，以此为前提，才能制定诸如婚嫁、购房、生育子女等人生目标，也能有机会进入股票等资本市场，踏上“用钱生钱”的理财之路。

2. 家庭需要用保险来规避意外和重疾等风险

“天有不测风云，人有旦夕祸福”，商业保险是家庭财富的“守护神”和“财富水库堤坝”，对家庭财富起到兜底保障的作用，因此，根据家庭主要成员收入状况来确定保险额度（双十原则），不可认为保险投保越多越好，险种越全越好，也不可认为商业保险没有用，商业保险单具有借款、抵税等多种理财功能。

3. 债务合理是家庭财务健康的重要标志

目前，很多家庭的财务亚健康状态，突出的表现就是家庭负债额度过高，还房贷占收入的比例过高，究其原因，是追求住房面积过大，一步到位，首付款就是靠老人和亲人赞助，贷款的偿还压力过大。另外，“卡奴”的出现是信用卡恶意透支，刷卡成瘾，到期无力还款，遭遇诚信危机，自身信誉也上了诚信“黑名单”。

4. 投资选择与风险防范同样重要

金融市场投资产品种类繁多，依据个人的风险偏好选择投资方向，不可盲目跟风，记住是除去日常生活支出等必需项目后，剩余部分不能都在银行活期存款，而应该追逐高收益的投资，但前提是必须做好风险管理的功课，巴菲特在提醒投资者防范风险时应遵循个基本原则，第一是控制好风险，第二是控制好风险，第三是坚持以上两点，这是“股神”巴菲特的投资理念，值得我们遵循。

5. 流动性资产持有额度要适宜

凯恩斯认为持有现金的三大动机，即交易动机、预防动机和投机动机。中国人普遍偏好储蓄。因此，流动性比率偏高，如果家庭流动资产额度超过家庭6个月的支出总额，就会失去投资升值的机会成本，需要适度增加投资，减少现金类资产持有额度。反之，如果家庭资产的流动性不足，缺乏必要的应急资金，一旦家庭成员遭遇失业、疾病等不幸事件收入突然中断，家庭就难以维系正常生活。因此，家庭流动资产比率在家庭月支出的3~6倍为适宜。

（二）家庭财务健康诊断指标体系运用案例

案例及分析：

李女士，现年35岁，某投资公司业务主管，丈夫张先生，36岁，某高校后勤高管，女儿8岁，小学三年级。李女士家庭的财务情况用下面的资产负债表（表4-9）和现金流量表（表4-10）来详细描述。

表 4-9 **李女士家庭资产负债表**

时间：2018 年 2 月 1 日 单位：元

资产		负债	
现金	8 600	房屋贷款	800 000
活期存款	80 000	汽车贷款	50 000
三年期定期存款	50 000	信用卡借款	3 800
股票市值	163 500		
股票型基金	50 000		
企业债券	30 000		
黄金收藏品	120 000		
工商银行理财产品	30 000		
自住房产市价	2 100 000		
纪念邮票市值	15 000		
资产总计	2 647 100	负债总计	853 800
		净资产	1 793 300

表 4-10 **李女士家庭现金流量表（一）（年度）**

时间：2017 年 1 月 31 日—2018 年 2 月 1 日 单位：元

收入		支出	
本人年终奖金	80 000	女儿教育支出	50 000
丈夫年终奖金	120 000	健身美容支出	20 000
股票基金投资收入	35 000	缴纳各项保险费	8 000
其他理财收入	9 000	旅游支出	20 000
年度收入合计	244 000	年度支出合计	98 000
		年度结余	146 000

李女上家庭的理财目标主要有：（1）短期目标：年末春节放假期间，全家去台湾旅游，预计费用 20 000 元；（2）中期目标：4 年后购买家庭用车，预计价格在 40 万元；（3）远期目标：女儿 18 岁高中毕业后，计划去英国读书，本科和研究生共计需要 5 年，目前年平均学费是 25 万元，咨询理财师如何为女儿储备留学费用；（4）计划为家庭增加保险额度，请理财师规划；

（5）是不是开始考虑养老保险储蓄，如何储备？

表 4-11　　**李女士家庭现金流量表（二）（月度）**

时间：2017 年 1 月 31 日—2018 年 2 月 1 日　　单位：元

收入		支出	
李女士月工资	8 000	房屋贷款	7 365
张先生月工资	14 000	家庭日常开支	2 400
李女士兼职月收入	3 000	保姆雇佣工资	3 000
其他月收入	1 500	老人赡养费	3 200
		张先生抽烟支出	1 500
		汽车贷款	2 400
月度收入合计	26 500	月度支出合计	19 865
		月结余额	6 635

根据李女士家庭情况，计算财务健康诊断指标，见表 4-12。

表 4-12　　**李女士家庭的财务健康诊断指标**　　单位:元

指标类型	指标名称	计算过程	指标理想值	指标实际值
资产增值能力	结余(储蓄)比率	结余额/总收入 225 620/562 000	大于 30%	40. 1%
投资品种与比例	投资与净资产比率	投资资产/净资产 408 500/1 793 300	大于 50%	22. 8%
债务承担能力	债务清偿比率	净资产/总资产 1 793 300/2 647 100	大于 50%	67. 7%
	资产负债比率	负债/总资产 853 800/2 647 100	小于 50%	32. 3%
	债务偿还比率	偿还本息/总收入 9 765/46 833	小于 30%	20. 9%
	即付比率	流动资产/负债 138 600/85 380	小于 70%	162. 3%

续表

指标类型	指标名称	计算过程	指标理想值	指标实际值
流动资产适宜额度	流动性比率	流动资产/月支出 138 600/28 032	3~6个月	5个月
风险保障投入	保费支出比率	保险费/年收入 8 000/562 000	10%~20%	1.42%
理财性收入占比	财务自由度	理财投资收入/家庭支出 44 000/336 380	60%~100%，超过100%为最佳	13.1%

（三）李女士家庭财务诊断结果及评析

通过对李女士家庭财务健康诊断，计算结果与理想值进行比较，可以从以下方面进行综合评析：

1. 家庭资产增值能力比较强，从结余比率看，李女士家庭能够将年度收的40%结余额，说明资产增值能力较强。

2. 从投资比例和品种方面看，投资资产占净资产比值是23%，低于50%的理想值，投资额度相对不足，从投资品种看，有股票、基金、企业债券等金融资产，也有黄金收藏品、纪念邮票等实物投资，可见李女士家庭比较注重投资的多元化。

3. 从家庭的外债负担程度看，住房贷款和汽车贷款分期还款金额占收入的比率是20.9%，低于30%，债务没有给家庭造成负担，从债务规模的比值债务清偿比率和资产负债比率看，都在正常的范围内，但是即付比超过100%，说明家庭用流动资产即刻还债能力较强，因为李女士家庭有13.8万元的流动资产，完全可以支付5万元的汽车贷款。

4. 从流动资产的适宜额度看，家庭的流动资产满足5个月的支出，从李女士及张先生工作收入的稳定性来看，家庭流动资产略微有些多余，应该持有满足3个月左右支出的流动资产即可。

5. 从家庭的风险保障程度看，目前保险费支出8 000元，包括4 000元的车辆保险，从保险的双十原则看，李女士家庭人身保险不足，应该依据生命阶段面临的风险，补充商业保险，李女士和张先生家庭年度总收入562 000元，每年投保商业保险费大约在5万元左右，保险金额在500万元左右，投保险种主要选择重大疾病、住院津贴、意外及意外医疗等，经济支柱张先生保险金额要高一些，女儿主要通过保险来储蓄教育金，同时规避女儿意外伤害风险，用费用报销型医疗保险来化解女儿医疗费用风险。

6. 财务自由度指数来看，李女士家庭的比率是13.1%，距离理想值相差很远，需要李女士增加投资额度，理性选择投资产品，增加理财性收入比重，实现财务自由的梦想，从财务健康诊断结果看，李女士家庭理财目标通过规划能如期实现。

第五章　家庭风险与保险规划

通过了解风险和保险的基本定义以及基本原理；熟悉家庭有关的保险产品种类；掌握制定家庭保险规划的过程；掌握进行家庭保险需求、产品需求及保险金融需求分析的基本方法。

第一节　保险的基本原理

一、风险与保险

（一）风险的定义与分类

1. 风险的定义

风险就是指在特定的时间内、客观的情况下，某种收益或损失发生的不确定性。风险具有三个要素：风险因素、风险事故和损失。风险因素是指引起或增加风险事故的机会或扩大损失幅度的条件，是风险事故发生的潜在原因。可分为物质风险因素、道德风险因素和心理风险因素。

风险事故，也称风险事件，是指损失的直接原因或外在原因，也指风险有可能转为现实、以致引起损失的结果。风险因素是损失的间接原因，风险事故是损失的直接原因，因为风险因素要通过风险事故的发生才能导致损失。

损失，作为风险管理和保险的重要概念，是指非故意的、非预期的、非计划的经济价值的减少。

2. 风险的分类

风险的分类方法有很多，但是对保险来说最重要的一种分类是按照风险的性质分类，分为投机风险和纯粹风险。

投机风险是指可能产生收益也可能产生损失的风险。这种风险可能导致三种结果：获得收益、遭受损失、没有收益也没有损失。

纯粹风险是指只有损失可能，而没有获利可能的风险。与投机风险相比，纯粹风险只有两种可能的结果：发生损失或没有发生损失，比如自然灾害、意外事故等。

保险能够转移的风险是纯粹风险，而对投机风险是无能为力的。

3. 可保风险

可保风险，是指可以被保险公司接受的风险，或可以向保险公司转嫁的风险。

可保风险的条件：（1）风险必须是纯粹风险，风险的发生只能使被保险人遭受实际的损失，而像股市风险这样的投机风险是不能承保的。（2）同类风险的大量存在与分散，满足保险经营中要求的大数法则。（3）风险的发生不是由于故意或违法的行为所造成的。（4）风险发生所导致的损失必须可以用货币进行衡量或标定。（5）风险必须得到保险市场的接受和认可。

（二）保险的定义

保险是对于可以用货币衡量或标定价值的物质财产、经济利益或人的寿命及身体提供商业保障的经济行为。投保人根据合同约定，向保险人支付保险费，保险人对于合同约定的可能发生的事故因其发生所造成的财产损失承担赔偿保险金的责任，或者当被保险人死亡、伤残、疾病或者达到合同约定的年龄、期限时承担给付保险金责任。

投保人，又称要保人，是指与保险公司签订保险合同，并按照保险合同负有交付保险费义务的人。

被保险人，指根据保险合同，其财产利益或人身受保险合同保障，在保险事故发生后，享有保险金请求权的人。

受益人，是指人身保险中，是由被保险人或投保人在保险合同中指定的享有保险金请求权的人。

二、商业保险的基本原则

保险的基础是大数定理。如果事件之间是相互独立的，那么事件发生的概率可以通过观察事件出现频率的均值而得出。对于单个家庭不能承受的风险，可通过共同出资在家庭之间进行分摊，每个家庭需要支出的部分仅是损失金额乘以出险概率，实际出险的家庭将在共同资金中得到补偿，而其他未出险的家庭也仅仅是损失了保费。因为事前我们不能预知哪个家庭会出险，每个家庭通过这种确定的、可承担的支出，对自己面临的未知的、不确定的风险做好了经济上的预先安排。

（一）可保利益原则

在签订和履行保险合同的过程中，投保人或被保险人对保险标的必须具有可保利益，否则，签订的合同无效。财产保险合同的效力可能随着可保利益的消失而消失；人身保险合同在签订合同时必须具备可保利益，但是合同生效后，可保利益的丧失不会影响合同的效力。可保利益必须具备以下条件：

（1）必须是合法的利益。如果投保利益的取得或保留不合法，那么这种利益不能成为可保利益。

（2）必须是确定的利益。即可保利益是能够确定价值的客观利益（包括预期利益）。

（3）必须是经济利益。可保利益必须是可以衡量的，这样才能以此确定保险金额。

可保利益原则作为保险合同生效的重要条件，规定了保险保障的最高限度，防止了道德风险的发生，避免了投保人利用保险获利，区别了保险与赌博的概念，具有重要意义。

（二）最大诚信原则

保险合同双方在签订和履行保险合同的同时，必须以最大的诚信，履行自己应尽的义务，互不欺骗和隐瞒，恪守合同的约定与承诺，否则保险合同无效。对于投保人或被保险人而言，最大诚信原则的主要内容包括告知和保证。

1. 告知

告知是指投保人在订立保险合同时，应当将与保险标的有关的重要事实如实向保险人陈述，以便让保险人判断是否接受承保或以什么条件承保。

所谓重要事实，是指影响谨慎的保险人在确定收取保险费的数额和决定是否接受承保的每一项资料都认为是重要事实。

违反告知义务的法律后果有以下几种：

由于疏忽而未告知，或者对重要事实误认为不重要而未告知；误告，由于对重要事实认识的局限，包括不知道、了解不全面或不准确而导致误告，但并非故意欺骗。以上违反告知的行为将导致保险合同无效，但可以退还保费。

隐瞒，明知有些事实会影响保险人承保的决定或承保的条件而故意不告知；欺诈，怀有不良企图，捏造事实，故意作不实告知。以上违反告知的行为将导致保险合同无效，并且不退还保费。

2. 保证

保证是投保人或被保险人在保险期间对某种事项的作为或不作为的允诺。包括明示保证、默示保证、确认保证和承诺保证。

如果投保人或被保险人违反保证，不论其是否有过失，也不论其是否对保险人造成了损害，保险人均有权解除合同、不予承担责任并且不予退还保费。

（三）近因原则

在处理赔案时，赔偿与给付保险金的条件是造成保险标的损失的近因必须属于保险责任，若造成保险标的损失的近因属于保险责任范围内的事故，则保险人承担赔付责任；反之，若造成保险标的损失的近因属于责任免除，则保险人不负赔付责任。只有当保险事故的发生与损失的形成有直接因果关系时，才构成保险人赔付的条件。近因的判断可以由以下几种情况决定：

1. 损失由单一原因所致

若保险标的损失由单一原因所致，则该原因即为近因。若该原因属于保险责任事故，则保险人应负赔偿责任；反之，若该原因属于责任免除项目，则保险人不负赔偿责任。

2. 损失由多种原因所致

（1）多种原因同时发生导致损失。若同时发生导致损失的多种原因均属保险责任，则保险人应负责全部损失赔偿责任；若同时发生导致损失的多种原因均属于责任免除，则保险人不负任何损失赔偿责任；若同时发生导致损失多种原因不全属保险责任，则应严格区分，对能区分保险责任和责任免除的，保险人只负保险责任范围所致损失的赔偿责任；对不能区分保险责任和责任免除的，则不予赔付。

（2）多种原因连续发生导致损失。如果多种原因连续发生导致损失，前因与后因之间具有因果关系，且各原因之间的因果关系没有中断，则最先发生并造成一连串风险事故的原因就是近因。

（3）多种原因间断发生导致损失。致损原因有多个，它们是间断发生的，在一连串连续发生的原因中，有一种新的独立的原因介入，使原有的因果关系链断裂，并导致损失，则新介入的独立原因是近因。近因属于保险责任范围的事故，则保险人应负赔偿责任；反之，若近因不属于保险责任范围，则保险人不负责赔偿责任。

（四）损失补偿原则

损失补偿原则确保被保险人通过保险可以获得经济保障，同时又要防止被保险人利用保险从中牟利。保险人在确定赔偿数额时，要以实际损失为限、以保险金额为限、以保险利益为限。

被保险人请求损失赔偿必须符合以下条件：被保险人对保险标的具有保险利益；被保险人遭受的损失在保险责任的范围之内；被保险人遭受的损失能够用货币衡量。

损失补偿原则还有一系列派生原则，包括代位求偿原则、重复保险的分摊原则等。

三、保险合同的形式

保险合同一般采用书面形式。保险单是保险合同的主要体现形式和证明。此外，投保单、暂保单、保险凭证、批单等也在不同程度上构成了保险合同的一部分。

（一）投保单

投保单又称要保单，是投保人向保险人申请订立保险合同的书面文件。它是投保人进行保险要约的书面形式，由投保人如实地填写。在投保单中列明订立保险合同所必需的项目，供保险人据以考虑是否承保。

（二）暂保单

暂保单是保险单或保险凭证未出立之前保险人或保险代理人向投保人签发的临时凭证，亦称临时保险单。

出具暂保单的原因可能有以下几种可能：保险代理人或者保险公司的分支机构在承揽到比较特殊的保险业务后，没有办法决定是否能够承保，需要上级决策时；保险公司与再保险公司就分保的条件还未达成一致时；保险人与投保人在签订保险合同时，主要条件都达成共识，但是还有一些直接问题需要继续协商时；投保人在做出口贸易的时候，必须要办理出口信用保险，在还未出具保险单之前，可以先出具暂保单，证明货物已经办理过保险，作为出口结汇的凭证。

暂保单与保险单有几点不同：暂保单只记载一些基本保险条件，比如被保险人、保险标的、保险金额、保险险种等重要事项；暂保单有效期较短，通常为 30 天者或少于 30 天，在还未出具保险单前，暂保单与保险单具有同样的法律效力；保险人出具暂保单后，投保人需要缴纳保险费，并且保险费是按照投保单上记载的期限来计算的，并不是按照 30 天来计算；暂保单通常用于财产保险而不用于人寿保险；订立暂保单不是订立合同的必须程序。

（三）保险单

保险单是保险人和投保人之间订立正式保险合同的一种书面文件。一般由保险人签发给投保人。保险单将保险合同的全部内容详尽列明，包括双方当事人的权利义务以及保险人应承担的风险责任。

（四）批单

批单又称背书，是保险人应投保人或被保险人的要求出立的修订或更改保险单内容的证明文件。它是变更保险单内容的批改书。

（五）保险凭证

保险凭证又称“小保单”，在保险凭证上不印保险条款，实际上是一种简化的保险单。保险凭证与保险单具有同等效力，凡是保险凭证上没有列明的，均以同类的保险单为准。为了便于双方履行合同，这是一种在保险单以外单独签发的凭证。

第二节　家庭保险的种类

一、保险的分类

（一）商业保险和社会保险

我们一般所说的保险是指商业保险。所谓商业保险是指通过订立保险合同，以营利为目的的保险形式，由专门的保险企业经营。商业保险关系是由当事人自愿缔结的合同关系，投保人根据合同约定，向保险公司支付保险费，保险公司根据合同所约定的可能发生的事故，因其发生所造成的损失承担赔偿保险金责任，或者当被保险人死亡、伤残、疾病或达到约定的年龄、期限时承担给付保险金责任。

所谓社会保险，是指在既定政策的指导下，由国家通过立法手段对公民强制征收保险费，形成社会保险基金，用来对因年老、疾病、生育、伤残、死亡和失业而导致丧失劳动能力或失去工作机会的成员提供基本生活保障的一种社会保障制度。

商业保险与社会保险的主要区别在于：（1）商业保险是一种经营行为，经营者以追求利润为目的，实行独立核算、自主经营、自负盈亏；社会保险是国家社会保障制度的组成部分，目的是为人民提供基本的生活保障，以国家财政支持为后盾。（2）商业保险依照平等自愿的原则，是否建立保险关系完全由投保人自主决定；社会保险具有强制性，凡是符合法定条件的公民或劳动者，其缴纳保险费用和接受保障，都是由国家立法直接规定的。（3）商业保险的保障范围由投保人、被保险人与保险公司协商确定，不同的保险合同项下，不同的险种，被保险人所受的保障范围和水平是不同的；社会保险的保障范围一般由国家事先规定，风险保障范围比较窄，保障的水平也比较低，这是由它的社会保障性质所决定的。见图 5-1 所示。

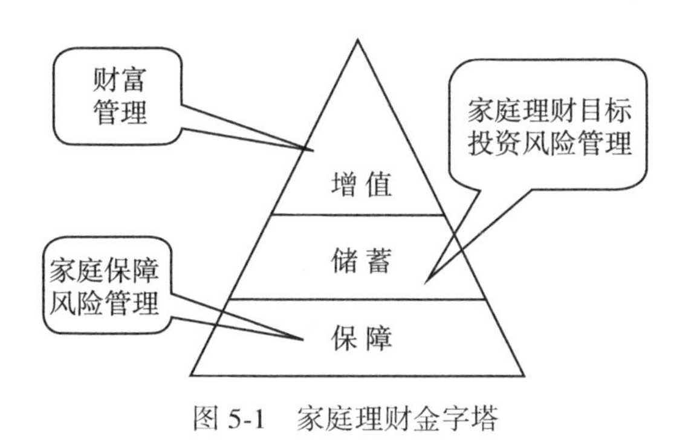

图 5-1　家庭理财金字塔

（二）自愿保险和强制保险

所谓自愿保险，是指投保人和保险公司在平等互利、等价有偿的原则基础上，通过协商一致，双方完全自愿订立保险合同，建立保险关系。换句话说，是否投保和承保、参加什么保险以及保险合同的具体内容，完全由双方自愿自主决定，不受任何第三者干预。平等自愿是商业保险的一个基本原则。

所谓强制保险，是指根据国家颁布的有关法律和法规，凡是在规定范围内的单位或个人，不管愿意与否都必须参加的保险。比如，世界各国一般都将机动车第三者责任保险规定为强制保险的险种。由于强制保险某种意义上表现为国家对个人意愿的干预，所以强制保险的范围是受严格限制的。我国《保险法》规定，除法律、行政法规规定必须保险的以外，保险公司和其他任何单位不得强制他人订立保险合同。

（三）以保险标的为分类标准

以保险标的为分类标准，保险可以分为人身保险、财产保险、责任保险等品种。适合家庭购买的险种有：家庭财产保险、人身保险、机动车辆保险、带有投资功能的保险等。

二、人身保险

人身保险是以人的寿命和身体为保险标的的保险。当人们遭受不幸事故或因疾病、年老以致丧失工作能力、伤残、死亡或年老退休时，根据保险合同的约定，保险人对被保险人或受益人给付保险金或年金，以解决其因病、残、老、死所造成的经济困难。

（一）人身保险的分类

按保险责任分类，可分为人寿保险、健康保险、人寿意外伤害保险；按保险期间分类，可分为长期人身保险（保险期间 1 年以上）、短期人身保险（保险期间 1 年或 1 年以下）；按承保方式分类，可分为团体人身保险和个人人身保险。

（二）传统人身保险

传统人身保险的产品种类繁多，但按照保障范围可以划分为人寿保险、人身意外伤害保险和健康保险。而人寿保险又可分为定期寿险、两全保险、年金保险、疾病保险等，健康保险则又可分为疾病保险、医疗保险、失能收入损失保险、护理保险等。

1. 生存保险

生存保险是指以被保险人的生存为给付保险金条件的人寿保险。生存保险具有较强的储蓄功能，被保险人于保险期满或达到合同约定的年龄时仍然生存，保险人负责给付保险金。

生存保险是以被保险人满一定时期仍生存为保险金给付条件，如果被保险人在保险期限内死亡，则没有任何给付，也不退还保险费。因此，保险公司给付满期生存者的保险金，不仅包括其本人所缴纳的保险费和利息，而且包括在满期前死亡者所缴纳的保险费和利息。生存保险的主要目的是为了满足被保险人一定期限之后的特定需要，例如子女的教育资金、婚嫁金或被保险人的养老金等。

2. 死亡保险

死亡保险是人寿保险中的一种，该保险是以被保险人在保险期间内死亡为给付保险金条件的保险。根据保险期间的不同，死亡保险可分为定期人寿保险和终身人寿保险。

（1）定期人寿保险。定期人寿保险习惯上称为定期寿险，是指在保险合同约定的期间内，被保险人如发生死亡事故，保险人依照保险合同的规定给付保险金。如果被保险人在保险期间届满时仍然生存，保险合同即行终止，保险人无给付义务，也不退还已交的保险金。

定期保险的保险期间，通常为 1 年期、5 年期、10 年期、15 年期、20 年期或 30 年期。一般地，定期保险的被保险人在合同期满时不超过 65 周岁。保险人也可应投保人的要求，为特定的被保险人提供保险期间短于 1 年的定期保险，如保险期间为几个月或几个星期的定期保险。

定期保险的保险条款大多规定：保险人承担的保险责任自保险人同意承保、收取首期保费并签发保单的次日零时开始，至合同约定终止时止。

由于定期寿险的保费主要是依据被保险人的死亡概率计算出来的，且保险人承担死亡风险责任的期限是确定的，在保险金额相等的条件下，定期保险的保险费，低于其他任何一种人寿保险，从而投保定期保险可以以较低廉的保险费获得较大的保障。正因如此，定期保险的逆选择风险较大。当被保险人在感到或已存在身体不适或有较大风险存在时，往往会投保较大金额的定期保险。为控制风险责任，保证经营的稳定，保险公司往往要对被保险人进行严格的核保，例如，对高额保险的被保险人进行严格的体检；对从事危险工作或身体状况略差的被保险人适用较高费率。

如果被保险人在规定时期内死亡，保险人向受益人给付保险金。如果被保险人期满生存，保险人不承担给付保险金的责任，也不退还保险费。

比较适宜选择定期人寿保险的人，一是在短期内从事比较危险的工作、急需保障的人；二是家庭经济境况较差，子女年岁尚小，自己又是家庭经济主要来源的人。对他们来说，定期人寿保险可以用最低的保险费支出取得最大金额的保障。但是另一方面，定期人寿保险没有储蓄与投资收益。

（2）终身人寿保险。终身人寿保险又称终身死亡保险，是一种提供终身保障的保险。被保险人在保险有效期内无论何时死亡，保险人都向其受益人给付保额。终身人寿保险又可以分为普通终身寿险和特种终身寿险。

终身人寿保险的显著特点是保单具有现金价值，而且保单所有人既可以中途退保并领取退保金，也可以在保单现金价值的一定限额内贷款，具有较强的储蓄性，所以终身人寿保险的费率较高。为解决不同年龄阶层的人支付能力的差距，往往采取均衡保费的费率制定方法。

终身寿险按照交费方式又可分为普通终身寿险、限期交费终身寿险和趸交终身寿险。

普通终身寿险也称终身交费终身寿险。投保人按照合同规定定期交纳保险费（通常为按年交纳，也可按每半年或每季、月交纳），直至被保险人身故。

限期交费终身寿险是指投保人按照保险合同约定的交费期间按期交纳保险费的一种终身寿险。一般有两种情形：一是交费期间约定为10年、15年或20年，由投保人自行选择；二是交纳限定为被保险人年满60岁或65岁时止。在同一保险金额下，交费期越长，投保人每次交纳的保费越少，反之亦然。在终身保险中，投保限期交费终身寿险的人较多。

趸交终身寿险是指投保人在投保时一次性交清全部保费。趸交终身寿险可以避免因停交费而致保单失效的情况发生，但由于保费需一次交清，因此金额较大。

3. 两全保险

两全保险，又称生死合险，是指被保险人在保险合同约定的保险期间内死亡，或在保险期间届满仍生存时，保险人按照保险合同约定均应承担给付保险金责任的人寿保险。

两全保险的死亡保险金和生存保险金可以不同，当被保险人在保险期间内死亡时，保险人按合同约定将死亡保险金支付给受益人，保险合同终止；若被保险人生存至保险期间届满，保险人将生存保险金支付给被保险人。

任何一张两全保险单中都载明一个到期日，如果被保险人至到期日仍然生存，保险人应将保险单约定的保险金额支付给被保险人。两全保险的期满日既可以是特定的年龄，也可以是某一约定时期的结束日。这种类型对于那些既想在保险期间内获得保障，又想在年老退休后取得可观收入颐养天年的人具有较强的吸引力。

无论哪种类型的两全保险，被保险人生存至期满日或在期满日前死亡，两全保险单都将支付约定的金额。见图 5-2 所示，两全保险（分红型）的保障示意图。

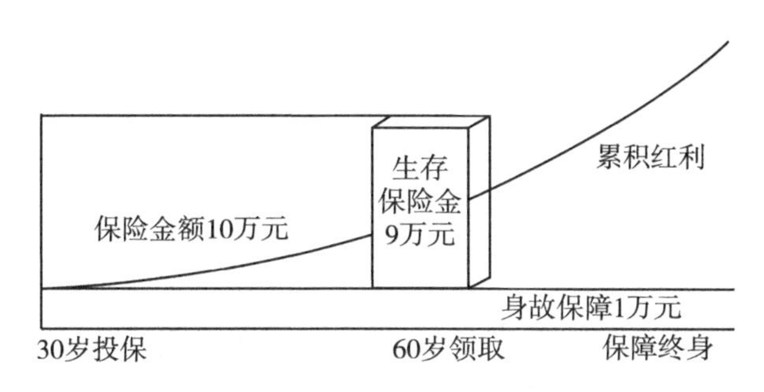

图 5-2　生死两全保险图（分红型）

4. 年金保险

年金保险是指，在被保险人生存期间，保险人按照合同约定的金额、方式，在约定的期限内，有规则的、定期的向被保险人给付保险金的保险。年金保险，同样是由被保险人的生存为给付条件的人寿保险，但生存保险金的给付，通常采取的是按年度周期给付一定金额的方式，因此称为年金保险。年金保险主要有以下几种类型：

（1）个人养老保险。这是一种主要的个人年金保险产品。年金受领人在年轻时参加保险，按月缴纳保险费至退休日止。从达到退休年龄次日开始领取年金，直至死亡。年金受领者可以选择一次性总付或分期给付年金。如果年金受领者在达到退休年龄之前死亡，保险公司会退还积累的保险费（计息或不计息）或者现金价值，根据金额较大的计算方式而定。在积累期内，年金受领者可以终止保险合同，领取退保金。

（2）定期年金保险。这是一种投保人在规定期限内缴纳保险费，被保险人生存至一定时期后，依照保险合同的约定按期领取年金，直至合同规定期满时结束的年金保险，如果被保险人在约定期内死亡，则自被保险人死亡时终止给付年金。子女教育金保险就属于定期年金保险，父母作为投保人，在子女幼小时，为其投保子女教育金保险，等子女满 18 岁开始，从保险公司领取教育金作为读大学的费用，直至大学毕业。

(3) 联合年金保险。这是以两个或两个以上的被保险人的生命作为给付年金条件的保险。它主要有联合最后生存者年金保险以及联合生存年金保险两种类型。联合最后生存者年金是指同一保单中的二人或二人以上，只要还有一人生存就继续给付年金，直至全部被保险人死亡后才停止。它非常适用于一对夫妇和有一个永久残疾子女的家庭购买。由于以上特点，这一保险产品比起相同年龄和金额的单人年金需要缴付更多保险费。联合生存年金保险则是只要其中一个被保险人死亡，就停止给付年金，或者将随之减少一定的比例。

(4) 变额年金保险。这是一种保险公司把收取的保险费计入特别账户的保险，主要投资于公开交易的证券，并且将投资红利分配给参加年金的投保者，保险购买者承担投资风险，保险公司承担死亡率和费用率的变动风险。对投保人来说，购买这种保险产品，一方面可以获得保障功能，另一方面可以承担高风险为代价得到高保额的返还金。因此购买变额年金类似于参加共同基金类型的投资，如今保险公司还向参加者提供多种投资的选择权。

由此可见，购买变额年金保险主要可以看做是一种投资。在风险波动较大的经济环境中，人寿保险市场的需求重点在于保值以及与其他金融商品的比较利益。变额年金保险提供的年金直接随资产的投资结果而变化。变额年金保险，是专门为了对付通货膨胀，为投保者提供一种能得到稳定的货币购买力而设计的保险产品形式。

5. 投资型保险

投资型保险是一种创新型寿险，最初是西方国家为防止经济波动或通货膨胀对长期寿险造成损失而设计的，之后演变为客户和保险公司风险共担，收益共享的一种金融投资工具。

投资型保险分为三类：分红险、万能寿险、投资连结险。其中分红险投资策略较保守，收益相对其他投资险为最低，但风险也最低；万能寿险设置保底收益，保险公司投资策略为中长期增长，主要投资工具为国债、企业债券、大额银行协议存款、证券投资基金，存取灵活，收益可观；投资连结险主要投资工具和万能险相同，不过投资策略相对进取，无保底收益，所以存在较大风险但潜在增值性也最大。

（三）意外伤害保险

意外伤害保险是以意外伤害而致身故或残疾为给付保险金条件的人身保险。意外伤害保险的责任是保险人因意外伤害所致的死亡和残疾，不负责疾病所致的死亡。

只要被保险人遭受意外伤害的事件发生在保险期内，而且自遭受意外伤害之日起的一定时期内（责任期限内，如 90 天、180 天等）造成死亡残疾的后果，满足下面 3 个条件，保险人就要承担保险责任，给付保险金。

1. 被保险人遭受了意外伤害

被保险人遭受意外伤害必须是客观发生的事实，而不是臆想的或推测的，同时，被保险人遭受意外伤害的客观事实必须发生在保险期限之内。

2. 被保险人死亡或残疾

死亡即机体生命活动和新陈代谢的终止。在法律上发生效力的死亡包括两种情况，一是生理死亡，即已被证实的死亡；二是宣告死亡，即按照法律程序推定的死亡。残疾包括两种情况：一是人体组织的永处性残缺（或称缺损）；二是人体器官正常机能的永久丧失。此外，被保险人的死亡或残疾发生在责任期限之内。责任期限是意外伤害保险和健康保险特有的概念，指自被保险人遭受意外伤害之日起的一定期限（如 90 天、180 天、1 年等）。宣告死亡的情况下，可以在意外伤害保险条款中订有失踪条款或在保险单上签注关于失踪的特别约定，规定被保险人确因意外伤害事故下落不明超过一定期限（如 3 个月、6 个月等）时，视同被保险人死亡，保险人给付死亡保险金，但如果被保险人以后生还，受领保险金的人应把保险金返还给保险人。责任期限对于意外伤害造成的残疾实际上是确定残疾程度的期限。

3. 意外伤害是死亡或残疾的直接原因或近因

当意外伤害是被保险人死亡、残疾的诱因时，保险人不是按照保险金额和被保险人的最终后果给付保险金，而是比照身体健康遭受这种意外伤害会造成何种后果给付保险金。

消费者可能会在人身意外伤害保险和定期寿险的选择上难以抉择，其实两者还是有较大不同的。首先意外伤害保险承保因意外伤害而导致的身故，不承保因疾病而导致的身故，而这两种原因导致的身故都属于定期寿险的保险责任范围。其次，意外伤害保险承保因意外伤害导致的残疾，并依照不同的残疾程度给付保险金。定期寿险有的不包含残疾给付责任，有的虽然包含残疾责任，但仅包括《人身保险残疾程度与保险给付比例表》中的最严重的一级残疾。最后，意外伤害保险一般保险期间较短，多为1年及1年期以下，而定期寿险则一般保险期间较长，可以为5年、10年、20年甚至更长时间。

（四）健康保险

健康保险是以被保险人的身体为保险标的，以被保险人在保险期间内因疾病或分娩不能从事正常工作，或因疾病、分娩造成残疾、死亡时由保险人给付保险金的一种保险。

构成健康保险所指的疾病必须有以下三个条件：第一，必须是由于明显非外来原因所造成的；第二，必须是非先天性的原因所造成的；第三，必须是由于非长存的原因所造成的。

健康保险按照保险责任，健康保险分为疾病保险、医疗保险、收入保障保险等。

1. 医疗保险

医疗保险是指以约定的医疗费用为给付保险金条件的保险，即提供医疗费用保障的保险，它是健康保险的主要内容之一。

医疗费用是病人为了治病而发生的各种费用，它不仅包括医生的医疗费和手术费用，还包括住院、护理、医院设备等的费用。医疗保险就是医疗费用保险的简称。

（1）医疗保险的主要类型：普通医疗保险、住院保险、手术保险、综合医疗保险等。

（2）医疗保险的常用条款。

免赔额条款。免赔额的计算一般有三种：一是单一赔款免赔额，针对每次赔款的数额；二是全年免赔额，按全年赔款总计，超过一定数额后才赔付；三是集体免赔额，针对团体投保而言。

比例给付条款，或称共保比例条款。在大多数健康保险合同中，对于保险人医疗保险金的支出均有比例给付的规定，即对超过免赔额以上的医疗费用部分采用保险人和被保险人共同分摊的比例给付办法。比例给付既可以按某一固定比例给付，也可按累进比例给付。

给付限额条款。一般对保险人医疗保险金的最高给付均有限额规定，以控制总支出水平。

2. 疾病保险

疾病保险指以疾病为给付保险金条件的保险。通常这种保单的保险金额比较大，给付方式一般是在确诊为特种疾病后，立即一次性支付保险金额。

（1）疾病保险的基本特点：个人可以任意选择投保疾病保险，作为一种独立的险种，它不必附加于其他某个险种之上；疾病保险条款一般都规定了一个等待期或观察期，观察期结束后保险单才正式生效；为被保险人提供切实的疾病保障，且程度较高；保险期限较长；保险费可以分期交付，也可以一次交清。

（2）重大疾病保险。

重大疾病保险保障的疾病一般有心肌梗死、冠状动脉绕道手术、癌症、脑中风、尿毒症、严重烧伤、急性重型肝炎、瘫痪和重要器官移植手术、主动脉手术等。

按保险期间划分，有定期重大疾病保险、终身重大疾病保险。

按给付形态划分，重大疾病保险有提前给付型、附加给付型、独立主险型、按比例给付型、回购式选择型五种。

3. 收入保障保险

收入保障保险指以因意外伤害、疾病导致收入中断或减少为给付保险金条件的保险，具体是指当被保险人由于疾病或意外伤害导致残疾或者丧失劳动能力不能工作以致失去收入或减少收入时，由保险人在一定期限内分期给付保险金的一种健康保险。

收入保障保险一般可分为两种，一种是补偿因伤害而致残废的收入损失，另一种是补偿因疾病造成的残废而致的收入损失。

（1）给付方式。收入保障保险的给付一般是按月或按周进行补偿，每月或每周可提供金额相一致的收入补偿。

残疾收入保险金应与被保险人伤残前的收入水平有一定的联系。在确定最高限额时，保险公司需要考虑投保人的下述收入：①税前的正常劳动收入；②非劳动收入；③残疾期间的其他收入来源；④适用的所得税率。

收入保障保险除了在被保险人全残时给付保险金外，还可以提供其他利益，包括残余或部分伤残保险金给付、未来增加保额给付、生活费用调整给付、残疾免缴保费条款以及移植手术保险给付、非失能性伤害给付、意外死亡给付。这些补充利益作为特殊条款通过缴纳附加保费的方式获得。

（2）给付期限。给付期限为收入保障保单支付保险金最长的时间，可以是短期或长期的，因此有短期失能及长期失能两种形态。短期补偿是为了补偿在身体恢复前不能工作的收入损失，而长期补偿则规定较长的给付期限，这种一般是补偿全部残废而不能恢复工作的被保险人的收入。

（3）免责期间。又称等待期间或推迟期，是指在残疾失能开始后无保险金可领取的一段时间，即残废后的前一段时间，类似于医疗费用保险中的免责期或自负额，在这期间不给付任何补偿。

（4）残疾的定义。残疾指由于伤病等原因在人体上遗留的固定症状，并影响正常生活和工作能力。通常导致残疾的原因有先天性的残障、后天疾病遗留和意外伤害遗留。收入保障保险对先天性的残疾不给付保险金，并规定只有满足保单载明的全残定义时，才可以给付保险金。

完全残废一般指永久丧失全部劳动能力，不能参加工作（原来的工作或任何新工作）以获得工资收入。全部残废给付金额一般比残废前的收入少一些，经常是原收入的75%~80%。

部分残废是与全部残废的定义相对而言，是指部分丧失劳动能力。如果我们把全部残废认为是全部的收入损失，部分残废则意味着被保险人还能进行一些有收入的其他职业，保险人给付的将是全部残废给付的一部分。

$$\text{部分残废给付}=\frac{\text{全部残废给付}\times(\text{残废前的收入}-\text{残废后收入})}{\text{残废前的收入}}$$

4. 长期护理保险

长期护理保险是为因年老、疾病或伤残而需要长期照顾的被保险人提供护理服务费用补偿的健康保险。

长期护理保险的保险范围分为医护人员看护、中级看护、照顾式看护和家中看护四个等级，但早期的长期护理保险产品不包括家中看护。

典型长期看护保单要求被保险人不能完成下述五项活动之两项即可：（1）吃；（2）沐浴；（3）穿衣；（4）如厕；（5）移动。除此之外，患有老年痴呆等认知能力障碍的人通常需要长期护理，但他们却能执行某些日常活动，为解决这一矛盾，所有长期护理保险已将老年痴呆和阿基米得病及其他精神疾患包括在内。

长期护理保险保险金的给付期限有一年、数年和终身等几种不同的选择，同时也规定有20天、30天、60天、80天、90天或100天等多种免责期。免责期愈长，保费愈低。所有长期护理保险保单都是保证续保的。

三、财产保险

财产保险是指投保人根据合同约定，向保险人交付保险费，保险人按保险合同的约定对所承保的财产及其有关利益因自然灾害或意外事故造成的损失承担赔偿责任的保险。财产保险，包括农业保险、责任保险、保证保险、信用保险等以财产或利益为保险标的的各种保险。

家庭财产保险主要包括普通家庭财产保险、房屋保险以及机动车辆保险。

（一）普通家庭财产保险

普通家庭财产保险是面向城乡居民家庭的基本险种，它承保城乡居民存放在固定地址范围且处于相对静止状态下的各种财产物资，凡属于被保险人所有的房屋及其附属设备、家具、家用电器、非机动交通工具及其他生活资料均可以投保家庭财产保险，农村居民的农具、工具、已收获的农副产品及个体劳动者的营业用器具、工具、原材料、商品等亦可以投保家庭财产保险。经被保险人与保险人特别约定，并且在保险单上写明属于被保险人代管和共管的上述财产，也属可保财产范围。但下列财产一般除外：一是金银、首饰、珠宝、货币、有价证券、票证、邮票、古玩、字画、文件、账册、技术资料、图表、家畜、花、树、鱼、鸟、盆景及其他无法鉴定价值的财产；二是正处于紧急风险状态的财产。

1. 保险责任

普通家庭财产保险的保险责任较为宽泛，包括火灾、爆炸、雷电、冰雹、雪灾、洪水、海啸、地震、地陷、崖崩、龙卷风，冰凌、泥石流、空中运行物体的坠落，以及外来建筑物和其他固定物体的倒塌，暴风或暴雨使房屋主要结构倒塌造成保险财产的实际损失，或者为防止灾害蔓延发生的施救、整理费用及其他合理费用，均由保险人负责赔偿。但保险人对于战争、军事行动或暴乱、核辐射和污染以及被保险人或有关人员的故意行为使电机、电器、电气设备因使用过度而超电压、碰线、弧花、走电、自身发热造成本身的损毁，存放于露天的保险财产及用芦席、稻草、油毡、麦秸、芦苇、帆布等材料作为外墙、屋顶、屋架的简陋屋棚遭受暴风雨后的损失，以及虫蛀、鼠咬、霉烂、变质、家禽走失或死亡等，不负赔偿责任。

2. 保险金额

（1）保险金额的确定方法。保险金额的确定是否合适十分重要，它直接关系到发生损失时保险人的赔付责任和被保险人交纳的保险费数额的高低。

①房屋的保险金额的确定。

如一幢使用了5年的砖混结构房屋，一旦发生损失，要进行重建，恢复原来的砖混结构，需要支出重建费用20万元，则这幢房屋的保险价值即为20万元，被保险人应按此价值确定保险金额，即20万元。相反，如果把保险金额确定为10万元，那么一旦损失，被保险人只能得到损失的一半的赔付；如果把保险金额确定为25万元，由于保险金额超过保险价值20万元，超过部分无效，即使发生损失，造成房屋的全损，被保险人充其量也只能得到20万元的赔偿，同时还多交了与保险金额5万元相对应的保险费，可谓“赔了夫人又折兵”。

②室内财产的保险金额。

由于室内的家庭财产一般无账可查，且财产的品种、质量、新旧程度差别很大，因此保险金额的确定一般只能根据家庭财产的实际情况，由被保险人自行估价确定。先从大件、贵重的物品算起，如彩电、冰箱、家具、洗衣机、贵重衣物等，再加上一般的财产，最后再估计零星财物。根据各项目财产的实际价值，由被保险人分项目自行确定保险金额，如家用电器保险金额10万元、家具3万元、衣物及床上用品保险金额5万元、文化娱乐用品及其他生活用品保险金额2万元、代保管的财产1万元，则保险金额共计21万元，此21万元是家庭财产一旦灭失时，保险人赔付的最高金额。

（2）保险费的交纳及退费计算。

普通家庭财产保险的保险费按照保险金额×保险费率计算。保险费率是根据各地、各保险公司的具体情况制定的，一般为1‰~3‰，即每年每千元保险金额收取的保险费为1~3元。若保险金额为21万元，则被保险人应交纳的保险费为210000×3‰=630（元）。可见普通家庭财产保险是一个高保障、低收费的险种。

若被保险人因种种原因，如由于工作关系、全家迁居外地或单位集体又为职工办理了家庭财产保险等，中途申请退保，终止保险合同，则对于被保险人在订立保险合同时交纳的保险费一般按日平均费率计算应退还的保险费。

例如：一份家庭财产保险单中载明的保险金额10万元，保险费率2‰，保险期限一年，保险费在合同订立时一次交清。被保险人在保险合同生效后的

3个月整要求退保，由于保险人已承保了3个月，因此应从已交的保险费中扣除保险人承保的3个月应收取的保险费。

3. 赔偿处理

（1）抢救财产及通知。保险标的遭受损失时，被保险人应当积极抢救，使损失减少至最低程度，同时保护现场，并立即通知保险人，协助查勘。被保险人自其知道或应当知道保险事故发生之日起，两年内不行使向保险人请求赔偿的权利，即作为自动放弃，保险合同失效。

（2）提供索赔单据。被保险人向保险人申请赔偿时，应当提供保险单、财产损失清单、发票、费用单据和有关部门的证明，各项单证、证明必须真实、可靠，不得有任何欺诈行为。

（3）赔款计算。

①房屋及室内附属设备发生全部损失时，保险人按照保险金额与保险价值（发生事故时的重置价值）的低者赔付；当发生部分损失时，如果保险金额等于或高于保险价值时，则：

$$\text{赔款金额}=\text{实际损失}$$

若保险金额低于保险价值，即发生不足额投保的情况时，则：

$$\text{赔款金额}=\frac{\text{实际损失或恢复原状所需修复费用}\times\text{保险金额}}{\text{保险价值}}$$

②室内财产发生全部损失和部分损失，在分项目保险金额内，按实际损失赔付。

③对于被保险人所支付的必要、合理的施救费用，按实际支出另行计算，最高不超过受损标的的保险金额。若该保险标的按比例赔偿，则该项费用也按相同的比例赔偿。

（二）房屋保险

房屋保险属家庭财产保险范畴，主要保障火灾、爆炸、雷击等自然灾害和意外事故造成的房屋损失。房屋保险一般由屋主或住户投保，保险费率为0.1%~0.2%，发生损失时，保险公司按房屋的实际价值计算赔偿，但以不超过保险金额为限。

房屋保险与家财保险的区别体现在以下几个方面：

第一，保障范围不同。

房屋保险的保障范围是房屋的建筑结构；家庭财产保险的保障范围还包括

室内财产、装修、家具、衣物等。

第二，保险标的面临的风险不同。

这两个险种的保险标的不同决定了风险不同。房屋的建筑结构面临的主要风险是火灾、爆炸以及在保险范围内的自然灾害等；家庭财产除房屋建筑结构面临的风险外，还存在很大的盗抢风险、水管爆裂后的自身家庭财产损失和赔偿责任等风险，购买家庭财产保险的保户一般附加盗抢险和水管爆裂险。

第三，赔偿处理不同。

房屋保险的保险标的的价值容易确定，而且保险标的一般不会变动，因此在投保时要尽可能足额投保，以获得充分的保障，对不足额投保的，在出险时保险公司将按比例赔偿；家庭财产的保险标的由投保人与保险公司事先约定。出现保险损失后，保险公司在保险金额的限度内，按实际损失金额赔付。家庭财产赔付时一般不适用比例分摊制。投保人在投保前，应仔细阅读保险条例，以免赔偿时发生不必要的纠纷。

（三）机动车辆保险

机动车辆保险即汽车保险（简称车险），是指对机动车辆由于自然灾害或意外事故所造成的人身伤亡或财产损失负赔偿责任的一种商业保险。

机动车辆保险即“车险”，是以机动车辆本身及其第三者责任等为保险标的的一种运输工具保险。

其保险客户，主要是拥有各种机动交通工具的法人团体和个人；其保险标的，主要是各种类型的汽车，但也包括电车、电瓶车等专用车辆及摩托车等。

1. 车辆损失险

在机动车辆保险中，车辆损失保险与第三者责任保险构成了其主干险种，并在若干附加险的配合下，共同为保险客户提供多方面的危险保障服务。

车辆损失险的保险标的，是各种机动车辆的车身及其零部件、设备等。当保险车辆遭受保险责任范围的自然灾害或意外事故，造成保险车辆本身损失时，保险人应当依照保险合同的规定给予赔偿。

车辆损失保险的保险责任，包括碰撞责任、倾覆责任与非碰撞责任，其中碰撞是指被保险车辆与外界物体的意外接触，如车辆与车辆、车辆与建筑物、车辆与电线杆或树木、车辆与行人、车辆与动物等碰撞，均属于碰撞责任范围之列；倾覆责任指保险车辆由于自然灾害或意外事故，造成本车翻倒、车体触地，使其失去正常状态和行驶能力，不经施救不能恢复行驶。非碰撞责任，则可以分为以下几类：①保险单上列明的各种自然灾害，如洪水、暴风、雷击、泥石流，地震等。②保险单上列明的各种意外事故，如火灾、爆炸、空中运行物体的坠落等。③其他意外事故，如倾覆、冰陷、载运被保险车辆的渡船发生意外等。

机动车辆损失险的责任免除包括风险免除（损失原因的免除）和损失免除（保险人不赔偿的损失）。

风险免除主要包括：（1）战争、军事冲突、恐怖活动、暴乱、扣押、罚没、政府征用；（2）在营业性维修场所修理、养护期间；（3）用保险车辆从事违法活动；（4）驾驶人员饮酒、吸食或注射毒品、被药品麻醉后使用保险车辆；（5）保险车辆肇事逃逸；（6）驾驶人员无驾驶证或驾驶车辆与驾驶证准驾车型不相符；（7）非被保险人直接允许的驾驶人员使用保险车辆；（8）车辆不具备有效行驶证件。

损失免除主要包括自然磨损、锈蚀、故障，市场价格变动造成的贬值等。

需要指出的是，机动车辆保险的保险责任范围由保险合同规定，且并非是一成不变的，如中国大陆以往均将失窃列为基本责任，后来却将其列为附加责任，即被保险人若不加保便不可能得到该项危险的保障。

2. 第三者责任保险

机动车辆第三者责任险，是承保被保险人或其允许的合格驾驶人员在使用被保险车辆时因发生意外事故而导致第三者的损害索赔危险的一种保险。由于第三者责任保险的主要目的在于维护公众的安全与利益，因此，在实践中通常作为法定保险并强制实施。

机动车辆第三者责任保险的保险责任，即是被保险人或其允许的合格驾驶员在使用被保险车辆过程中发生意外事故而致使第三者人身或财产受到直接损毁时，被保险人依法应当支付的赔偿金额。在此保险的责任核定，应当注意两点：

（1）直接损毁，实际上是指现场财产损失和人身伤害，各种间接损失不在保险人负责的范围。

（2）被保险人依法应当支付的赔偿金额，保险人依照保险合同的规定进行补偿。

这两个概念是不同的，即被保险人的补偿金额并不一定等于保险人的赔偿金额，因为保险人的赔偿必须扣除除外不保的责任或除外不保的损失。例如，被保险人所有或代管的财产，私有车辆的被保险人及其家庭成员以及他们所有或代管的财产，本车的驾驶人员及本车上的一切人员和财产在交通事故中的损失，不在第三者责任保险负责赔偿之列。被保险人的故意行为，驾驶员酒后或无有效驾驶证开车等行为导致的第三者责任损失，保险人也不负责赔偿。

3. 附加保险

机动车辆的附加险是机动车辆保险的重要组成部分。从中国现行的机动车辆保险条款看，主要有附加盗窃险、附加自燃损失险、附加涉水行驶损失险、附加新增加设备损失险、附加不计免赔特约险、附加驾驶员意外伤害险、附加指定专修险等，保险客户可根据自己的需要选择加保。

（1）盗抢险。盗抢险负责赔偿保险车辆因被盗窃、被抢劫、被抢夺造成车辆的全部损失，以及期间由于车辆损坏或车上零部件、附属设备丢失所造成的损失，但不能故意损坏。

（2）车上人员责任险。车上人员责任险，即车上座位险，即车上人员责任险中的乘客部分，指的是被保险人允许的合格驾驶员在使用保险车辆过程中发生保险事故，致使车内乘客人身伤亡，依法应由被保险人承担的赔偿责任，保险公司会按照保险合同进行赔偿。

（3）划痕险。划痕险即车辆划痕险，它属于附加险中的一项，主要是作为车损险的补充，能够为意外原因造成的车身划痕提供有效的保障。划痕险针对的是车身漆面的划痕，若碰撞痕迹明显，划了个口子，还有个大凹坑，这个就不属于划痕，属于车损险的理赔范围。

（4）玻璃单独破碎险。玻璃单独破碎险，即保险公司负责赔偿被保险的车险在使用过程中，车辆本身发生玻璃单独破碎的损失的一种商业保险。车主一定要注意“单独”二字，是指被保车辆只有挡风玻璃和车窗玻璃（不包括车灯、车镜玻璃）出现破损的情况下保险公司才可以进行赔偿。如果车主想知道玻璃单独破碎险多少钱，可以通过下面的车险计算器来计算价格，也可以借此机会来比较一下哪家保险公司的车险价格更实惠，从而更有助于车主选择最适合自己的保险公司进行投保。

（5）自燃险。自燃险即“车辆自燃损失保险”，是车损险的一个附加险，只有在投保了车损险之后才可以投保自燃险。在保险期间内，保险车辆在使用过程中，由于本车电路、线路、油路、供油系统、货物自身发生问题、机动车运转摩擦起火引起火灾，造成保险车辆的损失，以及被保险人在发生该保险事故时，为减少保险车辆损失而必须要支出的合理施救费用，保险公司会相应地进行赔偿。

（6）不计免赔。不计免赔险作为一种附加险，需要以投保的“主险”为投保前提条件，不可以单独进行投保，其保险责任通常是指“经特别约定，发生意外事故后，按照对应投保的主险条款规定的免赔率计算的、应当由被保险人自行承担的免赔金额部分，保险公司会在责任限额内负责赔偿”。一般来说，投保了这个险种，就能把本应由自己负责的5%～20%的赔偿责任再转嫁给保险公司。家庭保险的种类，见图5-3所示。

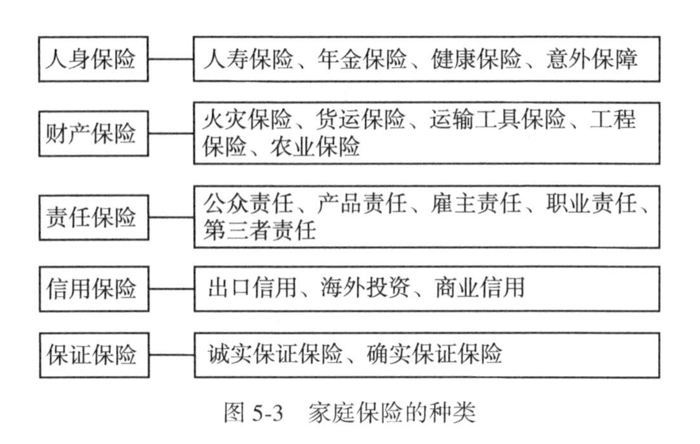

图5-3　家庭保险的种类

第三节　家庭保险规划

一、制定保险规划的主要步骤

（一）确定保险标的

投保人可以以其本人、与本人有密切关系的人、他们所拥有的财产以至他们可能依法承担的民事责任作为保险标的。

一般来说，各国保险法律都规定，对于财产保险来说，可保利益是比较容易确定的，财产所有人、经营管理人、抵押人、承担经济责任的保管人都具有可保利益。

人寿保险可保利益的确定就比较复杂，因为人的生命和健康的价值是很难用经济手段衡量的。所以，衡量投保人对被保险人是否具有可保利益，就要看投保人与被保险人之间是否存在合法的经济利益关系，比如投保人是否会因为被保险人的人身风险发生而遭受损失。通常情况下，投保人对自己以及与自己具有血缘关系的家人或者亲人，或者具有其他密切关系的人都具有可保利益。购买适合自己或家人的人身保险，投保人有三个因素要考虑：一是适应性，自己或家人买人身保险要根据需要保障的范围来考虑；二是经济支付能力，买寿险是一种长期性的投资，每年需要缴存一定的保费，每年的保费开支必须取决于自己的收入水平；三是选择性，个人或家人都不可能投保保险公司开办的所有险种，只能根据家庭的经济能力和适应性选择一些险种。在有限的经济能力下，为成人投保比为子女投保更实际，特别是家庭的经济支柱，其生活的风险比小孩要高一些。

人寿保险的目的是，一旦被保险人意外死亡，其财务上的被抚养人能从财务方面得到补偿，因此，如果你没有财务上的被抚养人，那么你不需要人寿保险。有财务上的被抚养人且会因其意外死亡而在财务上遭受巨大损失的人需要人寿保险。因此区分财务上的抚养人和被抚养人很重要。以一个四口之家为例，假定父亲是唯一的收入来源，对于父亲而言，失去女儿是感情上的巨大损失，但父亲并不需要人寿保险的保障，因为他不是女儿财务上的被抚养人。然而，对于女儿而言，失去父亲不仅是情感上的巨大损失，同时也是财务上的巨大损失，因为她在财务上是依赖于父亲的。在这个例子中，父亲应该买人寿保险，确保意外死亡时能保护其家庭。

一个家庭是否需要人寿保险，其最终的检验标准是一旦某一家庭成员死亡，其他成员的生活水平是否会急剧下降。如果是，则这位家庭成员需要配置人寿保险。

（二）选定保险产品

人们在生活中面临的风险主要可以归为人身风险、财产风险和责任风险。而同一个保险标的，会面临多种风险。所以，在确定保险需求和保险标的之后，就应该选择准备投保的具体险种。

在确定购买保险产品时，还应该注意合理搭配险种。比如对人身保险的被保险人而言，他既面临意外伤害风险，又面临疾病风险，还有死亡风险等。所以，投保人可以相应地选择意外伤害保险、健康保险或人寿保险等。投保人身保险可以在保险项目上进行组合，意外伤害保险最好和人寿保险的主险搭配投保，如购买一个至两个主险附加意外伤害、重大疾病保险，使人得到全面保障。而对于财产保险而言，同一项家庭财产也会面临着不同方面的风险。比如汽车，面临着意外损毁或者是失窃的风险，这时投保人可以相应地选择车辆损失保险、全车盗抢保险，或者是二者的组合。但是在全面考虑所有需要投保的项目时，还需要进行综合安排，应避免重复投保，使用于投保的资金得到最有效的运用。这就是说，如果投保人准备购买多项保险，那么就应当尽量以综合的方式投保，因为这样可以避免各个单独的保单之间可能出现重复，从而节省保险费，得到较大的费率优惠。

对于医疗保险应注意投保年龄的限制以及险种的保险责任范围；身体状况应如实告知保险公司；注意医疗保险的观察期；注意主险和附加险之分。

投保人在专业人员的帮助下，可以更准确地判断自己投保的保险标的的具体情况，进行综合的判断与分析，才能选择适合自己的保险产品，较好地回避各种风险。同时，在投保时，还要注意保险条款中的除外责任，包括原因除外、期间除外、地点除外、项目除外等内容。

对于投资理财类保险，其最大的特点是购买了该种保险后，虽然在投入资金上能够获得一定保障，但同时又需要承担保险公司投资账户运作和保险公司本身运营的风险。购买投资理财类保险需要注意，投资连接保险除了给予投保人生命保障外，更具有较强的投资功能，其收益由投保人完全享有，投资风险也要由投保人自己承担；分红保险的收益由保险公司和客户共同享有，投资风险也由二者共同承担；万能寿险给投保人所持保单设定了最低收益率，保额可变动，属于缴费灵活的分红保险。

（三）确定保险金额

在确定了该为谁购买保险以及应该购买哪些适合自己的险种之后，让我们来看看该花费多少钱来购买保险。

1. 计算保额的三种方法

（1）倍数法，也叫“双十原则”。其中保额部分推荐为自己/家庭年收入的10倍。

（2）生命价值法，是以一个人的生命价值作为依据，从收入的角度来考虑应该购买多少保额的保险。即，

$$\text{保险金额}=\text{退休剩余年限}\times（\text{年收入}-\text{年支出}）$$

（3）需求分析法，是从家庭支出的角度考虑的，就是计算当发生不幸时，会给家庭带来多大缺口，根据这个实际缺口来制定保额。

如果购买保险的初心就是源于身上的家庭责任，那么最贴近实际的便是需求分析法。

2. 寿险保额的确定

购买寿险的目的，是为了转移自身的极端风险，一旦被保险人发生意外或疾病导致身故，需要有笔钱照顾家人，而这笔钱有多少就决定了寿险的保额是多少。

根据需求分析法，寿险保额等于身上的家庭责任需求情况，过度保障会造成不必要的保费支出，因此保额并不是越多越好，保费的支出需要考虑扣除家庭责任后的收入剩余，例如：家庭负债、所有贷款、小朋友的教育费用、父母赡养费、预留生活费扣除、目前可用资金（活期存款+有价证券等）都是需要提前考虑的。

应投保保额一般可分为最少保障金额和理想保额。保额上限一般可能会是一个理想状态，最终保额还是由预算来控制。

3. 重疾险购买多少才合适

首先是诊治费用。重疾险的保额需要能够覆盖一般重大疾病的诊治费用，一般需要20万~30万元。其次是康复费用。治疗康复后，一般术后修养还需要3~5年。最后是收入补偿。身患重疾后，各种开支照旧，房贷、子女教育，日常生活支出等等。因患重疾导致的收入损失，也需要重疾险来弥补。

因此，重疾险也是工资收入损失险。重疾险保额=治疗费用+康复费用+收入补偿

所以，如果要购买重大疾病保险。30万元可以说是一个基本保额，如果再把通胀等因素考虑进去，最理想的保额应该是在50万元以上。

4. 意外险如何确定保额

意外险一般包括意外伤害保障和意外医疗保障。这里意外伤害保障是指主险保障，即意外身故和意外伤残的保额。

首先，意外险是对寿险的一个补充。因为一旦因发生意外身故，可以同时获得意外险保额和寿险保额的双重赔偿，保额是叠加的。

购买意外险的原因：意外虽然发生概率很小，然而一旦遇到了，危害就特别大，对家庭来说是最突然的打击；意外险的保费很便宜，但保险的杠杆作用

是最大的；意外残疾的保额是根据主险保额按比例赔付的，显然不能太少；伤残等级一般分为8类，赔付等级按照10级，分比例赔付。因此，意外伤残的保额一定要高，否则按比例赔付下来，其作用杯水车薪。

5. 如何制定家庭购买保险的预算

（1）双十定律。“保险额度为家庭年收入的10倍左右”，“家庭总保费为家庭年收入的10%左右”。如果保费过高，则会影响当前生活质量；如果保费过低，则难以抵御风险。

（2）标准普尔家庭资产图。按照标准普尔家庭资产图，将家庭年收入的10%~20%，用于购买重疾意外等相关保险。但保费的制定更应根据家庭需求去整体计算。保险很重要，但也绝不能让保费变为一种负担。

请务必知晓，考虑保险就要看保险在风险来临时理赔金够不够用。试算保额的过程，也是一个梳理自身家庭责任的过程。家庭和睦会因此而升级。

购买保险，所有产品都要跟着预算走，而不是预算跟着保险走。合理明确自己的保障需求，为未来做好充足但又合理的保障计划，切忌一时冲动的投保行为，对自己和家庭的财务造成压力。总之，家庭生命周期与风险风险规划，见表5-1所示。

表5-1 **家庭生命周期与保险风险规划**

生命周期	具体阶段	面临风险及保险
未成年期	主要是指从出生到开始独立工作这一阶段	面临两方面的风险：一是父母因死亡、残疾、疾病或者下岗失业而导致收入中断的风险，二是未成年人自身的疾病及意外伤害风险
单身期	是指从独立工作直到结婚组成新家庭这一阶段	单从个人的角度分析，在这个阶段所面临的风险从大到小依次为意外伤害、疾病、死亡
已婚青年期	是指从组成新家庭到40岁左右这个阶段	在风险方面，这个阶段除了仍然面对着意外伤害和疾病的风险之外，最大的风险是早死和收入中断的风险 如果经济方面有余力，也可以考虑养老的风险

续表

生命周期	具体阶段	面临风险及保险
已婚中年期	是指从 40 岁到退休这一时期	从个人角度分析，这个阶段面临的风险从大到小排序，意外伤害与疾病的风险相差不大，其次是养老，最后是死亡此时应该重点考虑养老的风险了
退休老年期	是指从退休到生命结束这个阶段	从个人的角度分析，这个阶段所面临的风险从大到小排序，首先是疾病与意外伤害，其次是养老，最后是死亡

第六章　家庭储蓄与现金规划

储蓄是家庭理财的最基本方式。巧用银行储蓄理财方式，也能为家庭储蓄管理和现金规划带来出奇的效果。现金规划是家庭拥有现金额度的规划，既要满足家庭现金应急、日常交易的需要，又不能把过多的现金放在储蓄上，失去相对较高收益的机会。

第一节　常用的银行储蓄方式

储蓄是指个人或企事业单位将现金存放在银行及其他经中国人民银行批准的可以吸收存款的金融机构，来实现资金的安全性、部分或全部流动性及时间价值的一种资产保全和增值的资金运用过程。按期限或存取的权限分为活期储蓄、定期储蓄、定活两便储蓄、教育储蓄和个人通知存款等。

一、储蓄存款类型

（一）活期储蓄存款

活期储蓄存款是指不确定存期、客户可随时存取款、存取金额不限的一种储蓄方式。人民币活期储蓄存款 1 元起存，多存不限，由银行发放存折或卡，开户后可凭存折或卡随时存取，客户预留银行印鉴或密码的，凭印鉴或密码支取。清户或结息时按当日银行挂牌公告活期利率计息。其特点是：随时可存，随时可取，金额不受限制，灵活方便，适应性强。

（二）定期储蓄存款

根据不同的存款方法和付息方式，定期储蓄存款又可具体分为以下 4 种方式。

1. 整存整取

整存整取是指开户时约定存期、一次性存入、到期后一次性支取本息的一种个人存款方式。50 元起存，外汇起存金额为等值于人民币 100 元的外汇。存期分三个月、半年、一年、二年、三年和五年，存期内只限办理一次部分提前支取，且只能在存单开户局办理。至 2013 年，可通过网上银行直接提取全部或部分资金，余下部分按原定期计算利息，取出部分按活期计算利息。计息按存入时约定利率计算，利随本清。整存整取存款可以在到期日自动转存，也可根据客户意愿到期办理约定转存。

整存整取的利率在同期限存款中最高，而流动性较差，适合追求高利息收益并能承担一定流动性风险的投资者。

2. 零存整取

零存整取是存款时约定存多久、每月固定存款、到期一次性支取本息的一种储蓄方式。零存整取一般每月 5 元起存，每月存入一次，中途如有漏存，应在次月补齐，只有一次补交机会。存期一般分一年、三年和五年。零存整取的利息按实存金额和实际存期计算。

零存整取这种方式比较适合每月有一定的闲钱，又想在规定的时间完成存款目标的储户。

3. 整存零取

整存零取是存款时约定存款期限、本金一次存入、固定期限周期分次支取本金的一种个人存款。存期分一年、三年、五年，一千元起存，支取期分一个月、三个月及半年一次，若要提前支取，则只能办理全部支取。利息按存款开户日挂牌整存零取利率计算，于期满结清时支取。到期未支取的部分按支取日挂牌的活期利率计算利息；整存零取这种方式比较适合用于每月支付生活费或还房贷等情况。

4. 存本取息

存本取息定期存款指的是一次性存入较大的金额、分次支取利息、到期支取本金的一种定期储蓄。5000 元起存，存期分为一年、三年、五年。

（三）定活两便储蓄存款

定活两便储蓄存款是一种事先不约定存期，一次性存入，一次性支取的储蓄存款。起存金额为 50 元；存款利率方面，存期不满三个月的，按天数计付活期利息；存期三个月以上（含三个月），不满半年的，整个存期按支取日定期整存整取三个月存款利率打六折计息；存期半年以上（含半年）、不满一年的，整个存期按支取日定期整存整取半年期存款利率打六折计息；存期在一年以上（含一年），无论存期多长，整个存期一律按支取日定期整存整取一年期存款利率打六折计息。

定活两便存款是银行最基本、常用的存款方式。该种储蓄具有活期储蓄存款可随时支取的灵活性，又能享受到接近定期存款利率的优惠。

（四）教育储蓄存款

教育储蓄存款是指个人按国家有关规定在指定银行开户、存入规定数额资金、用于教育目的的专项储蓄，是一种专门为学生支付非义务教育所需教育金的专项储蓄。起存金额为 50 元，本金合计最高限额为 2 万元。存期分为一年、三年、六年。该存款在税收上享受优惠。按照国家相关政策规定，教育储蓄的利息收入可凭有关证明享受免税待遇。

（五）个人通知存款

通知存款则是一种不约定存期、一次性存入、可多次支取、支取时需提前通知银行、约定支取日期和金额方能支取的存款。个人通知存款分为一天通知存款和七天通知存款两个品种，一般比较普遍的是 7 天通知存款。个人通知存款起存金额 5 万元，外币起存金额为 1000 美元等值外币。

个人通知存款适用于大额资金短期储蓄周转，适合对流动性要求高的储户。

二、家庭巧用银行储蓄

虽然储蓄是家庭理财中最为熟知的工具，但是做好储蓄也并非易事。以下是家庭巧用储蓄的几种方法。

（一）自动存储

储蓄的时候，可以和银行约定进行转存，这样做的好处就是可以避免存款到期后因未及时转存而导致逾期部分按活期计息的损失。另外，如果存款到期后正遇上利率下调，之前预定自动转存的部分，就能按下调前较高的利率计息。如若到期后遇到利率上调，我们也可取出后再存，同样能享受到调高后的利率。

（二）连月存储法

我们可以每月将自己结余的钱存为一年期整存整取定期储蓄。这样在一年后第一张存单到期，我们便可取出储蓄本息，再凑为整数，然后进行下一轮的周期储蓄，像这样一直循环下去。我们手头的存单始终保持在 12 张，每月便能获得一定数额的资金收益，储蓄额流动增加，家庭积蓄也会逐渐增多。这种储蓄法的灵活性比较强，具体每月需要存储多少可以根据家庭经济的收益情况决定，并没有必要定一个数额。如果有急需使用资金的情况，我们只要支取到期或近期所存的储蓄，便可减少一些利息损失。

（三）整存整取滚动存储法

定期存款在通常情况下适用于在较长时间不需动用的款项。这样的存储方式一定要注意选择合适的存期。例如，我们打算采用整存整取的方式将一笔款项定期存储 5 年，我们可以不直接存为 5 年，而可以将其分解为 1 年期和 2 年期，然后滚动轮番存储。这种方式可以利生利，取得更好的收益效果。如果在低利率时期，我们可以将存期设得长一些，能存 5 年的最好不要分段存取，因为低利率时期，存期带来的收益往往高于利率带来的收益。

（四）通知储蓄存款法

这类存款的适用对象主要是近期需要支用大额活期存款可是又不明确具体的支用日期的储户。例如，个体户的进货资金、炒股时持币观望的资金或是节假日股市休市时的闲置资金，对于这样的资金，可以将存款定为 7 天的档次。

（五）阶梯存储法

阶梯存储法是一种分开储蓄的理财方法，操作方式是将总储蓄资金分成若干份，分别存入不同年限的定期。如有 5 万元需要储蓄，可以将其中的 2 万元存为活期以便于随时支取，然后将剩余的 3 万元分别分成 3 等份存为定期，存期分别设置为 1 年、2 年、3 年。1 年之后，将到期的那份 1 万元再存为 3 年期，其余的以此类推。等到 3 年后，我们手中所持有 3 张存单则全都成了 3 年期的，只是到期的时间有所不同，依次相差 1 年。采用这样的储蓄方法可以让年度储蓄到期额达到平衡，该方法既能应对储蓄利率的调整，又能获取3年期存款的高利息，是工薪家庭为子女积累教育基金的一种不错的储蓄方式。

（六）四分存储法

四分存储法类似阶梯存储法，但较为不同的是它更偏向于将存单用于活期，更加灵活地使用活期存储的特性。如有1万元需要储蓄，我们可以将其分存成4张存单，每张存额可活期存款。其好处就是灵活方便、适应性强，我们可以将这部分钱作为日常待用款项，用作日常生活的开支，如水电、电话等费用。从活期账户中代扣代缴支付比较方便，但同时需要注意，如果活期账户里有较为大笔的存款，那就应该及时进行支取并转为定期存款。此外，对于在平日里有大额款项进出的活期账户，为了保证利息生利息，最好应该将这个账户每两个月结清一次，然后可以用结清后的本息再开一本活期存折。

（七）组合存储法

组合存储法的本质就是将本息和零存整取进行组合。比如用5万元来储蓄，我们就可以先开设一个存本取息的储蓄账户，在一个月后，取出存本取息储蓄的第一个月利息，然后再开设一个零存整取的储蓄账户，在接下来的每月中都可以将利息存入零存整取这个账户中。这种方式不但能获得存本取息的利息，而且存入零存整取储蓄后还可以得到利息。

第二节　家庭现金及资产的流动性

一、现金流及内容

家庭理财规划的目的是平衡现在和未来的收支，使家庭经常处于“收入大于支出”的状态，不会因为“无钱付账”而导致家庭财务危机，也不会因为寅吃卯粮而负债累累，影响家庭生活质量。现金流作为家庭理财的核心，我们必须重视家庭现金及资产的流动性。

（一）家庭现金流入包括：

1. 经常性流入：工资、奖金、养老金及其他经常性收入。

2. 补偿性现金流入：保险金赔付、失业金等。

3. 投资性现金流入：利息、股息收入及出售资产收入。

4. 个人劳务报酬、个体户生产经营所得、承包承租经营所得、税收返还、偶然所得等。

（二）家庭现金流出包括：

1. 生活开支：房租、物管费、水电、食品、交通、医疗、文化教育、娱乐交际、保险等；

2. 购买资产开支：购车、购房、家具、家电等；

3. 意外支出：重大疾病、意外伤害及第三者责任赔偿等；

4. 债务支出：住房贷款、汽车贷款、信用卡透支等；

5. 缴税。

二、家庭资产的流动性

“流动性资产”主要指家庭当前的现金、活期存款等，亦即可随时变现的资金，是评估家庭流动性比率的重要指标。

$$流动性比率=\frac{流动性资产}{每月支出}$$

通常而言，为了保持家庭的流动性，一个家庭需要根据收入和花销以及总资产的数目，拿出部分资产作为流动资金（5%~10%），总流动性资产应覆盖3~6个月的开支。为了避免突发事件对家庭的影响，我们首先要准备一笔应急存款，原则上为家庭资产的10%，但具体预留多少现金，每个家庭则有所不同，可以根据自己家庭实际情况进行合理分配，考虑的因素有以下几点：

1. 风险偏好程度：风险偏好低的家庭，可以预留较多现金；

2. 持有现金的机会成本：有些家庭有较好的理财渠道，持有现金所放弃的机会成本较高，则可以少预留一些现金；

3. 现金收入来源及稳定性：家庭工作人数较多，工作稳定性佳，有其他收益并较稳定，如房屋租金等，则可以少留现金；

4. 现金支出渠道及稳定性：如家庭开支稳定，意外大项支出较少，也可以少留现金；

5. 非现金资产的流动性：如果一个家庭除了现金外，大量的资产是房产或实业投资等变现周期长、变现价格不确定性高的流动性差的资产，则需要多留一些现金应付。

第三节　家庭现金规划

一、现金规划的概念

现金规划是为满足个人家庭短期需求而进行的管理日常现金及现金等价物和短期融资的活动。其中现金等价物包括流动性较强的活期储蓄、各类银行存款和货币市场工具等金融资产。

二、现金规划的目的

为什么要进行现金规划？我们都知道，生活中离不开现金等价物的交易和对意外事故的预防，交易动机和预防动机导致了短期和预期的需求。交易动机：家庭由于收入与支出在时间上的不同步性而必须持有一部分现金及现金等价物的动机属于交易动机；谨慎动机或预防动机：是为了预防意外支出而持有一部分现金及现金等价物的动机。如个人为应对可能发生的失业、疾病等意外事件而需要提前预留一定数量的现金及等价物。如果说现金及现金等价物的交易需求产生是由于收入与支出间缺乏同步性，那么现金及现金等价物的预防动机则归因于未来收入和支出的不确定性。

三、现金规划的原则

毋庸置疑，我们要求所拥有的资产不仅要具有一定的流动性（流动性比率=流动性资产/每月支出，总流动性资产应覆盖3~6个月的开支比较合适），还要兼具收益性。而现金又是流动性最强的工具，所以现金规划要遵循一个原则：既要满足短期需求又要满足预期或未来的需求。短期需求我们可以用现金来满足，如衣食住行，由于互联网的发展，有的人出门可能都不带现金，手机一刷就能搞定，但有的地方只收现金，所以储备一定的现钞是必要的。预期的或者未来的需求，我们可以通过各种类型的储蓄或者短期投、融资工具来满足。

四、现金规划的工具

（一）现金规划一般性工具

最为熟知的莫过于现金和相关储蓄品种，包括活期储蓄、定期储蓄、定活两便储蓄、整存整取、零存整取、整存零取、存本取息、个人通知存款、个人支票储蓄存款、大额存单等。

其次是货币市场基金，它是指仅投资于货币市场工具的基金。货币市场基金的特点主要体现在以下几个方面：（1）低风险。因为货币市场基金主要投资于剩余期限在1年内的国债、金融债、央行票据、债券回购、同业存款等低风险证券品种；（2）资金流动性强。买卖方便，资金到账时间短，t+0或t+1就可以取得资金；（3）收益率相对活期储蓄高；（4）买卖货币市场基金一般免收手续费、认购费、申购费、赎回费，资金进出非常方便；（5）投资成本低，分红免收所得税。

（二）融资工具

1. 信用卡融资

信用卡融资比较常见，想必大家比较熟悉，但需要提醒大家注意两个特殊的日期，账单日期和还款日期。此外，谨慎选择信用卡取现、分期，记住最低还款额还款（临时额度不支持）。

2. 存单质押贷款

存单质押贷款是指借款人以贷款银行签发的未到期的个人本外币定期储蓄存单（也有银行办理与本行签订有保证承诺协议的其他金融机构开具的存单的抵押贷款）作为质押，从贷款银行取得一定金额贷款，并按期归还贷款本息的一种信用业务。个人存单质押贷款期限不超过质押存单的到期日，且最长不超过一年。

3. 保单质押贷款

保单质押融资，指保单持有者以保单作为质押物，按照保单现金价值的一定比例获得短期资金。可以把保单质押给银行，也可以质押给保险公司获得贷款。不是所有的保单都可以质押，医疗保险和意外伤害保险不可以质押。

4. 典当融资

典当融资是指当户将其动产、财产权利作为抵押物或者将其房地产作为抵押物给典当行，交付一定比例费用，取得当金，并在约定期限内支付典当利息，偿还当金，赎回当物的行为。可分为：汽车典当、房产典当、股票典当、民品典当。

三、家庭现金规划案例及分析

案例1：小冯和小侯2004年大学毕业。小冯就职于一家外资企业，小侯就职于某大型国企。两人在2005年结婚。结婚时小冯每月工资8 000元，小侯每月工资5 000元，结婚时双方签订书面协议：小冯每月的8 000元工资和小侯每月的5 000元工资为双方共同所有，双方其他的收入为各自所有。小冯一家的每月平均支出为：家用固定电话费100元，小冯手机费300元，小侯手机费100元，上网费360元，水电费300元，购买日常用品开支约300元，交通开支约600元，此外，每月寄给小冯父母500元、小侯父母500元。另外，还有休闲娱乐开支800元。根据现金流动性原则，小冯一家准备的现金和现金等价物多少比较合适？

案例2：张先生已结婚5年，现在是邯郸市某公司的业务主管，月收入3 000元，年底奖金5 000元，张太太在邯郸市某中学任音乐教师，月收入1 800元，现已怀孕2个月。夫妇俩目前每个月的基本生活开销在1 800元左右，几乎把张太太一人的工作收入给“吃空”了。但好在两人结婚以来还有一些积蓄，目前有定期存款2万元，基金及股票现市值8万元，另有现金1万元。据了解，张先生夫妻双方父母身体健康，无需供养，家庭负担较轻松。张先生家庭在邯郸无房产，现居单位公房。

现金规划解析：应急资金的准备，应急资金是为了保障家庭发生意外时的不时之需，保留3~6个月的必要开支即可，而且须随家庭成员结构、健康状况的变化等予以追加。张先生一家目前月生活支出1 800元，随着宝宝的降生养育费每月增加2 000元左右，所以需安排6 900~13 800元为宜。在张先生的家庭资产中有 10 000 元的现金储备，可用这部分资金作为家庭的应急准备金。

第四节 银行卡和信用卡理财

一、巧用银行卡

如今持卡族越来越多，如果仅仅把银行卡当做是存取款的工具，那简直是太“冤枉”它们了。其实从普通的借记卡到可以“先消费，后还款”的信用卡，都各具特色，若使用得当，不仅可以享受很多便捷，还可以帮持卡人省钱，实现个人理财的目的，充分享受现代“卡式”生活。

（一）缴费、转账功能

随着互联网的发展，银行金融机构陆续开展网上办理业务，客户只需要用手机绑定银行卡进行实名认证，足不出户就能实现缴纳各种费用、转账等，可享受 24 小时的转账服务，再也不需要跑到营业网点排队等候，浪费时间和精力。

（二）消费、打折、中奖功能

现在，各家银行为了应对日渐激烈的市场竞争，纷纷推出一些吸引银行客户的优惠举措：办卡抽奖、送小纪念品等。当然，最实惠、最吸引人的还是积分奖励，因为卡内的积分按规定可以返还现金、获取超市的购物券和手机充值卡等实惠馈赠。

一般情况下，持卡人刷卡消费，每消费 1 元积 1 个消费积分；每消费 1 次积 1 个消费次数积分，消费次数不计消费金额大小，只计算次数；银行卡项下的存款一般按月日存款，每 100 元 1 个存款积分计算。各种积分积累到一定程度，就可以按照银行的规定兑换相应的奖品或减免业务手续费以及享受贷款利率优惠待遇。

银行卡的消费积分可兑换相应价值的奖品，消费积分的兑换，银行一般不单独通知，这就要求持卡人关注发卡银行的积分兑换公告，或者通过登录银行网站、拨打服务热线等方式进行查询。

(三) 纳税功能

在一些城市，银行与当地税务部门联合开发了银行卡税务征管系统。税务机构将纳税人的税收档案通过网络传至银行后，纳税人即可到指定网点领取银税卡并开立纳税账户，于每月纳税前在纳税账户存入足够的存款，在指定的银行网点办理申报和纳税手续，还可携带银税卡前往税务局征税大厅办理购领发票。

另外，有的银行还发行了有智能理财功能的银行卡。它可以根据个人的资金使用规律，为个人设计最优的多重存款组合方案。根据个人的资金使用情况，将资金在活期的存款转存为定期，以获取更多的利息收入；也可以在必要时将定期存款进行部分提前支取，以满足个人的资金使用需求。

(四) 特殊功能

银行卡作为一种电子货币，已经渗入到人们生活的方方面面。除了以上几种银行卡的基本功能之外，银行卡还具有电子汇款、购买福利彩票以及个人自助贷款等各种各样的功能。有些银行卡还为开车的人带来了方面，比如最近几年出现的咪表泊车自动刷卡、高速公路开车过站免停车自动收取路桥通车费、在特约加油站享受油价优惠、保险理赔、卫星定位、自驾车旅游等多种优惠服务，真是“一卡在手，开车无忧”。

二、信用卡理财

(一) 信用卡

信用卡是指由银行或非银行金融机构向其客户提供具有消费信用、转账结算、存取现金等功能的信用支付工具。持卡人可依据发卡机构给予的消费信用额度，凭卡在特约商户直接消费或在其指定的机构、地点存取款及转账，并且在规定的时间内向发卡机构偿还消费贷款本息。

信用卡按是否向发卡银行交存备用金分为准贷记卡和贷记卡两类。贷记卡是指发卡银行给予持卡人一定的信用额度，持卡人可在信用额度内先消费、后还款的信用卡。准贷记卡是指持卡人须先按发卡银行的要求交存一定金额的备用金，当备用金账户余额不足支付时，可在发卡银行规定的信用额度内透支的信用卡。

（二）信用卡透支技巧

不同类型的银行卡是为不同消费需求的客户设计的。一般来说，还未工作的学生适用借记卡，有一定经济基础且外出工作频繁的商务人士适用贷记卡。贷记卡作为国际上普遍推行的银行卡，有其自身的优势和无穷魅力，并且在使用上也有一些小窍门，灵活适用这些小窍门，就能使你获得最大的效益。

（三）用足免息期

免息期是指贷款日至到期还款日之间的时间。因为客户刷卡消费的时间有先后，所以所享有的免息期长短不同。以牡丹卡为例，其银行记账日为每月 1 日，实际免息期为 25 天，所以到期日为每个月 25 日。也就是说，如果你是 1 月 1 日刷的卡，那么同样到 2 月 25 日，你将享有最长 56 天的免息期。

（四）使用好贷记卡的循环额度

当你透支一定数额的款项，而又无法在免息期内全部还清时，你还可以根据你所借的数额，缴付最低还款额，最后你又能重新使用授信额度。不过，透支部分要缴纳利息，以每天万分之五计息，看起来是一个很小的数字，但累积起来也可能比贷款的成本还要高，所以也需要合理透支权利。

（五）获取较高的授信额度

贷记卡的透支功能相当于信用消费贷款。授信额度大约相当于 5 个月的工资收入。但如果你想申请更高的授信额度，要提供有关的资产证明。例如，房产证明、股票持有证明以及银行存款证明等，这可以提高你的信用额度。值得注意的是，银行对工作稳定、学历较高的客户更为偏爱，授信额度也相对较高。

（六）同时拥有借记卡和贷记卡

你可以先用银行的钱在国内和国外消费，而把自己的钱存在银行里继续生息，只要在免息期内把银行的钱还上，就不用支付借款利息，自己的存款还可以“钱生钱”赚取银行的利息。现在很多银行发行的贷记卡都有积分返利活动，持有贷记卡的人在活动期间消费，当积分累积到一定量之后，就能获取各种奖励。

也有的人比较关心信用卡还款方式及贷款的利息问题。以招商银行为例，有多达 7 种还款方式选择：柜台网点、ATM 机、电话银行、“一网通”、自助存款机以及跨行同城转账和异地汇款、委托银行自动退款，相信总有一款是适合你的。

三、信用卡理财注意事项

信用卡购物的确很方便，但如果使用不当，随时会导致现金流不足，从而出现财务危机，所以在使用信用卡时，要注意以下问题：

信用卡会有一段免息还款期，如果善用这段时间，就可以用“未来的钱”购物，又免付利息。可是，如果没有在到期之前还清欠款，就会开始以消费金额计取利息，而且，在欠款未还清之前，新消费不会有免息期。

千万别堕入信用卡借款陷阱。用信用卡在提款机借款十分方便，可是所涉及的手续费、利息，其实比私人贷款高很多。

如果一定要用信用卡消费，不妨比较一下各种不同信用卡的利息，选用较低息的信用卡进行消费，同时考虑把尚有欠款的信用卡转户，这种欠款转户大多数有一段免息期，可以节省一点利息费用。

及时归还信用卡欠款。时常延迟还款、拖欠还款，不但有逾期罚款，还会影响消费者的信用评级，影响个人商业贷款或房屋按揭贷款。

不要因为贪图申请信用卡的礼物或积分而申请超过信用能力的信用卡或多张信用卡，否则会改变理财和消费习惯，不论是礼物还是积分都是消费者消费金额的微小部分，以其为理财选项会“因小失大”，步入“消费误区”。另外，切记注意信用卡的安全申请和使用，防止被盗用的风险事故发生。

第七章 家庭投资规划

家庭投资技能提升，应掌握投资的基本概念，了解投资环境和投资对象，理解证券市场的交易机制、市场有效性假说，进而熟悉投资策略选择原理。理解并掌握衡量投资收益和风险的工具，进而掌握投资业绩评价指标的应用。知晓家庭投资规划的基本流程和步骤，具备帮助客户进行投资规划的实际操作能力。

第一节 家庭投资规划原理

一、投资的基本概念

投资是指希望通过牺牲当前消费来取得未来更高水平消费的行为。投资人在面对当前和未来收入时，必须作出消费选择：现在消费还是未来消费。投资就是为了满足将来消费的需求而牺牲当下的消费，将资金投入到能保值增值的投资对象上的过程。

（一）投资的本质

投资（Investment）是指在当前付出资金或者其他资源，以期望在未来获得更大的收益。比如，投资者可能会购买股票，期望该股票的未来走势都能够平衡该投资者在投资期间的资金投入及其投资风险。学习这本书所花的时间（更不用说花钱买这本书的成本）也是一种投资，你放弃了现在的闲暇以及利用这段时间工作可能取得的收入，期望你未来的工作能力可以得到有效提升，以证明你付出的时间和努力是有价值的。这两个投资活动虽然在很多方面不一样，但是本质是相同的，它们共同的关键特征是：你牺牲了某种价值，期望未来能从这种牺牲中获得更大的收益。

（二）投资对象

理解了投资的本质之后，我们需要了解并区分实物资产与金融资产。社会的物质财富最终取决于其经济体的生产力，即社会成员创造的商品和服务。实物资产就是用于生产商品和服务的资产。常见的实物资产有建筑物、机器设备、土地以及可以用来生产商品和服务的知识。

与实物资产相对的是金融资产，如股票、债券和基金。这些证券只不过是一张纸，甚至只是电脑中的一个条目，它们并不能对社会生产力产生直接的贡献。实际上，它们是经济发展到一定阶段后，人们拥有实物资产的凭证。金融资产是对实物资产及其产生收益的索取权。如果我们无法建立自己的汽车制造厂（实物资产），我们可以购买吉利汽车或者长城汽车公司的股票（金融资产），这样我们就可以分享汽车制造的收益了。

实物资产能产生净收益，构成整个社会经济的净财富。而金融资产只决定收益或财富在投资者之间的分配。当投资者购买公司证券后，公司即可用融来的资金购置厂房、机器设备、技术、人力资本等实物资产，投入到生产中，然后获得利润。最终投资者投资于证券获得的收益实际上来自于因发行证券而获得融资的企业购置的实物资产产生的收益。

金融资产通常划分为三大类型：固定收益类证券、权益类证券和衍生证券。固定收益类证券，顾名思义就是在一定期限内给投资者带来固定现金流收益的证券，包括：短期货币基金、国库券（短期国债）、中长期国债、政府机构债、市政债券、公司债券、金融债券等。与固定收益类证券不同，权益类证券代表对公司股票的所有权。权益所有者不能得到支付承诺，但是他们拥有企业资产的一定份额。权益投资的风险相对于固定收益证券投资要高一些。衍生证券是依据标的资产的价格来提供收益的证券。衍生证券可分为远期（Forward）、期货（Future）、互换（Swap）、期权（Option）等基本类型。

（三）投资环境

1. 证券市场的概念及分类

证券市场是有价证券发行和交易的网络和体系。证券市场是金融市场的组成部分。金融市场是指融通货币资金的场所，人们可以在这个市场上进行货币与资本的借贷与交易。金融市场根据所交易的金融产品的期限长短分为短期金融市场（货币市场）和长期金融市场（资本市场）。

证券市场分为发行的市场（一级市场）和交易的市场（二级市场）。发行的市场是筹资人（企业、政府、机构）将新发行的有价证券出售给投资者的市场。交易的市场也称为流通市场，是已发行的有价证券交易和转让的市场。交易市场又分为场内交易市场和场外交易市场。场内交易市场是指有组织的交易市场，比如证券交易所市场。场外交易市场是交易双方直接面对面交易，也称为柜台交易市场。

投资者既可以在一级市场投资也可以在二级市场投资。投资者可以通过证券交易经纪人来完成交易。

2. 市场参与者

证券市场的参与者有证券投资者、证券发行人、证券交易中介。证券投资者是指通过证券进行投资的各类机构法人和自然人，他们是证券市场的资金供给者。投资者是最重要的市场主体，包括机构投资者和个人投资者。证券发行人是指为筹措资金而发行债券、股票等政权的政府及其机构、金融机构、公司和企业等经济实体。证券发行人是证券市场的资金需求方。证券交易中介将投资者和融资者连接起来，比如证券交易所、场外交易系统、证券经营机构等。证券经营机构是经证券监管机构批准成立的，在证券市场上经营证券业务的金融机构。根据业务范围，证券经营机构可以划分为证券承销商、证券经纪商和证券自营商。在美国，人们将经营证券业务的非银行金融机构，特别是从事发行承销业务和兼并收购业务的金融机构称为投资银行；把从事经纪业务的证券经营机构称为证券公司。

3. 证券是如何交易的

投资者进行证券交易，首先需要开立证券账户。具体开户流程可参考图7-1的细节描述。

开户之后，投资者可以通过下达交易指令来发起交易。具体流程参考图7-2。

4. 证券市场的有效性

证券市场具有高度的竞争性，而充分竞争使得证券市场达到一定的有效状态。成千上万聪明的、有良好背景的证券分析人员不断地搜集市场信息，以获得最好购买机会。我们几乎不可能期望找到所谓的被低估的金融资产，因为天下没有免费的午餐。2013 年诺贝尔经济学奖获得者法玛尤金对金融市场的有效性进行了全面的阐述，提出了有效市场假说、金融市场可以迅速、有效地处

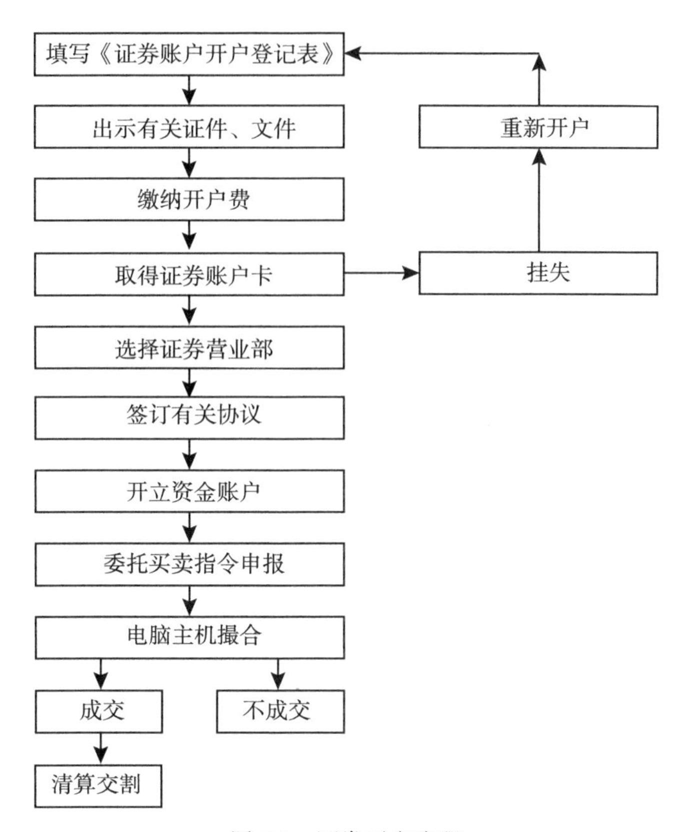

图 7-1 证券开户流程

理一切有关证券的信息。证券价格通常及时、准确、充分地反映了投资者可以获得的历史、公开甚至内幕消息。当市场达到有效状态的时候，投资者难以获得超额收益，但是可以获得普通的平均收益。

二、投资的基本原则

（一）投资是风险和收益的权衡

投资者为了预期的未来收益而投资，但是收益很少能够精确地被预测。没有预测到的收益的波动性就构成了投资的风险。在其他条件（比如风险）相同的情况下，人们倾向于选择预期收益率高的证券。然而“世界上没有免费

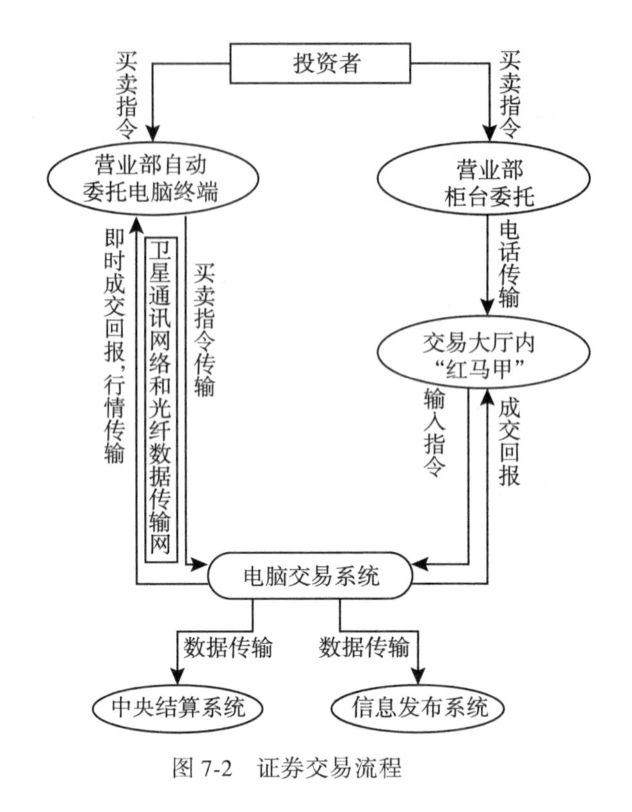

图 7-2 证券交易流程

的午餐”这个原则告诉我们，预期收益率高的资产通常伴随着高风险，如果你希望有高的收益，就必须承担高的风险。用反证法的逻辑来思考这个问题。如果存在一个高收益而低风险的金融产品，那么所有人都会蜂拥而至纷纷购买，随着投资者的不断购买，该金融产品的价格势必上涨，随着价格的上涨，预期回报率会下跌，直到价格上涨到预期回报率和风险相匹配的时候，市场才达到供求均衡状态，该金融资产的定价就是合理的，从而市场处于出清状态，“免费午餐”的机会也就稍纵即逝。因此，在有效证券市场上投资，其实是在回报和风险之间进行权衡的过程。如果想获得高收益，那必然要承担高风险，如果不想承担高风险，那就要接受低回报。

（二）怎么度量收益

投资者成功的一个主要标志就是他的资金在投资期内的增值程度。持有期收益率是一个常用的度量收益的工具。持有期收益率 HPR（Holding Period

Return） = $\frac{\text{期末价格-期初价格+现金股利（利息收入）}}{\text{期初价格}}$。对于股票投资来说，持有期收益率就是资本利得收益率和股利收益率。假定你现在想把银行存款账户上的储蓄转化为股票市场指数基金。当前基金价格是每股 100 元，你的投资期是 1 年，预期该年的现金股利是 4 元，也就是说你的预期股利收益率是 4%。你的持有期收益率将取决于本年基金的价格波动。如果预期本年基金的价格会达到 110 元，那么，你的资本利得就是 10 元，资本收益率就是 10%，持有期收益率就是资本收益率和股利收益率之和 14%。

$$\text{持有期收益率} = \frac{110-100+4}{100} = 14\%$$

（三）怎样度量风险

任何一个投资项目的未来持有期收益率都会面临不确定因素，有时，这种不确定性还很大。投资风险来源于许多方面，例如宏观经济的波动，单个企业的管理经营变化等。衡量风险的指标有许多，其中最直观最常用的就是方差。如果把收益率看作一个随机变量，那么风险就用收益率的方差来度量。方差即偏离预期收益率的离差平方的均值。

假设某投资组合持有期收益率的概率分布如表 7-1 所示。那么预期收益率 $E(r) = \sum_{s=1}^{S} p(s) \cdot r(s)$，其中 $s = 1, 2, \cdots$，s 代表场景状态，$P(s)$ 是状态 s 发生的概率，$r(s)$ 是状态 s 下的持有期收益率。$E(r) = 44\% \times 0.25 + 14\% \times 0.5 + (-16\%) \times 0.25 = 14\%$。进而可以得到，方差 $\mathrm{Var}(r) = \sum_{s=1}^{S} p(s) \times [r(s) - E(r)]^2$。$\mathrm{Var}(r) = 0.25 \times (44\% - 14\%)^2 + 0.5 \times (14\% - 14\%)^2 + 0.25 \times (-16\% - 14\%)^2 = 450\ \%^2$。因为偏差可能是负的，也可能是正的，如果直接相加，正负会互相抵消，所以在计算方差的时候，需要先计算离差的平方。平方运算不是线性的，因此会将偏差夸大或者使得一些小的偏差被忽略。平方运算的另一个结果是，方差的单位是百分比的平方。为了使风险的衡量指标的单位与预期收益率的单位一致，通常对方差进行平方根运算，得到标准差。$\mathrm{SD}(r) = \sqrt{\mathrm{Var}(r)} = 21.21\%$。

表 7-1 投资组合持有期收益率概率分布

经济状态	场景 s	概率 $P(s)$	持有期收益率 r（%）
繁荣	1	0.25	44
正常	2	0.5	14
衰退	3	0.25	-16

三、投资策略

前文我们提到证券市场上没有免费的午餐，证券的交易价格和它的内在价值是一致的。投资者对市场有效性状态的不同判断，会导致采取不同的投资策略。

（一）消极的投资策略

如果投资者认为市场是有效的，通常会采取消极的投资策略。消极的投资策略是指购买并持有多样化的投资组合，而不必去努力寻找被高估或者被低估的金融资产。根据 Fama 对有效市场的描述，可以把市场有效状态分为三个层次。如果股票价格反映了所有历史信息，市场处于弱势有效的状态，那么通过观察价格、交易量等历史数据来分析股票价格走势进行投资将无法帮助投资者获得超额收益。如果股票价格反映了所有的历史信息和公开信息，市场处于半强式有效，那么通过分析公司财务报表、收益预测、重大事项公告等公开信息，进行基本面分析从而投资，难以帮助投资者获得超额收益。如果股票价格反映了所有的历史信息、公开信息甚至内幕信息，市场处于强有效状态，此时内幕消息也无法帮助投资者获得超额收益。购买指数基金，债券免疫是典型的消极投资策略。

（二）积极的投资策略

当投资者认为市场处于非有效状态，那么他们会采取积极的投资策略。积极的投资策略是指试图去寻找被低估和高估的证券，卖出被高估的证券，买入被低估的证券，当市场回归到均衡状态，市场价格和内在价值一致时，将从中获利。积极的投资策略还表现为通过对市场趋势的预测，选择合适的交易时机，提高收益。比如，在股票呈现牛市特征时，增加股票持有量。

如果市场有效性的假说走向极端，就没有积极证券分析的立足之地了，没有人花大力气去进行证券分析，价格将偏离其“正确”价值，这就为证券分析专家进入市场提供了新的激励因素。即使是在高度竞争的市场下，有效性也是相对的，所以积极的投资策略总是有用武之地的。

第二节　家庭投资规划程序

一、明确投资目标和风险特征

确定投资政策是进行投资规划的第一步，在这个步骤里，应该明确投资者的目标和可用于投资的资金数量。投资目标应当明确刻画投资者可以承担的风险和预期回报率。相关信息可以通过访谈或者调查问卷的方式获得。

投资目标根据时间长短可以划分为：短期目标（例如，旅游度假、购置新车等）、中期目标（例如子女教育金、按揭买房等）以及长期目标（例如退休、遗产等）。理财规划师应该加强与客户的沟通，帮助客户确立一个合理的目标。一般离现在越近的投资目标，安全性资产的比重应越高，离现在越远的投资目标，风险性资产的比重应越高。

投资者的风险特征可以通过风险承受能力和风险承受态度两个方面来度量。投资者的风险承受能力可以根据年龄、就业状况、家庭负担、置产状况、投资经验和投资知识估算得出。总得分 100 分，其中年龄满分 50 分，25 岁及以下者得 50 分，每多 1 岁少 1 分，75 岁以上者 0 分。除年龄以外，其他因素总得分 50 分，得分标准参考表 7-2 风险承受能力评分表。

表 7-2　　**风险承受能力评分表**

分数	10 分	8 分	6 分	4 分	2 分
就业状况	公职人员	工薪阶层	佣金收入者	自营事业者	失业者
家庭负担	未婚	双薪无子女	双薪有子女	单薪有子女	单薪养三代

续表

分数	10 分	8 分	6 分	4 分	2 分
资产状况	投资不动产	自有住宅无房贷	房贷<50%	房贷>50%	无自有住宅
投资经验	10 年以上	6~10 年	2~5 年	1 年以内	无
投资知识	有专业证照	财经类专业	自修有心得	懂一些	一片空白

风险承受态度可以根据客户对本金可容忍的损失幅度，以及其他心理表现估算出来。总得分 100 分，其中对本金损失容忍度满分 50 分，不能容忍本金有任何损失得 0 分，可承受亏损百分比（以一年时间为基准）每增加 1%，得分加 2 分，可容忍 25%以上损失者为满分 50 分。除本金损失容忍度以外，其他因素总得分 50 分，得分标准参考表 7-3 风险承受态度评分表。

表 7-3 **风险承受态度评分表**

分数	10 分	8 分	6 分	4 分	2 分
首要考虑因素	赚短线差价	长期利润	年现金收益	对抗膨胀保值	保本保息
过去投资绩效	只赚不赔	赚多赔少	损益两平	赚少赔多	只赔不赚
赔钱心理状态	学习经验	照常生活	影响情绪小	影响情绪大	难以成眠
当前主要投资	期货	股票	房地产	债券	存款
未来希望避免的投资工具	无	期货	股票	房地产	债券

二、资产配置（Asset allocation）

资产配置是指投资者对资产大类的选择，对安全资产和风险资产比例的决策。“自上而下”的投资组合构建方法是从资产配置开始的，首先确定如何在大类资产之间进行配置，然后确定在每一类资产中选择哪些证券。不同风险态度和风险能力的投资者，建议按照表 7-4 风险矩阵表来进行资产配置。

表 7-4 **风险矩阵表**

风险承受	工具	低能力 <20 分	中低能力 20~39 分	中等能力 40~59 分	中高能力 60~79 分	高能力 80~100 分
低态度	货币	70%	50%	40%	20%	0%
<20	债券	20%	40%	40%	50%	50%
	股票	10%	10%	20%	30%	50%
中低态度	货币	50%	40%	20%	0%	0%
20~39 分	债券	40%	40%	50%	50%	40%
	股票	10%	20%	30%	50%	60%
中等态度	货币	40%	20%	0%	0%	0%
40~59 分	债券	40%	50%	50%	40%	30%
	股票	20%	30%	50%	60%	70%
中高态度	货币	20%	0%	0%	0%	0%
60~79 分	债券	50%	50%	40%	30%	20%
	股票	30%	50%	60%	70%	80%
高态度	货币	0%	0%	0%	0%	0%
80~100 分	债券	50%	40%	30%	20%	10%
	股票	50%	60%	70%	80%	90%

处于不同家庭生命周期的投资者，资产配置原则一般遵循表 7-5。

表 7-5 **不同家庭生命周期的资产配置**

周期	形成期	成长期	成熟期	衰老期
股票	70%	60%	50%	20%
债券	10%	30%	40%	60%
货币	20%	10%	10%	20%

三、证券分析

证券分析作为第三步，是在第二步确定了各类资产的比例之后，对资产大类中的个别证券进行考查，试图去寻找那些被错误定价的证券，这就涉及对可能包含在投资组合中的特定证券进行估价。证券分析的方法很多，这些方法大多可以归入两类：第一类为基本（面）分析，使用这种方法做证券分析的人被称作基本分析者；第二类为技术分析，使用这种方法做证券分析的人被称作技术分析者。

（一）基本面分析

基本面分析是通过对影响证券内在价值，以及股票市场供求关系的基本因素，即一般宏观经济情况，行业动态变化，上市公司的业绩前景、财务结构、经营状况等进行分析，确定股票的内在价值，判断股市走势的分析方法。基本面分析的理论基础是经济学、金融学、公司财务理论等。从内容上来看，基本分析法主要包括宏观经济分析、产业（行业）分析、上市公司分析三个方面。基本面分析的基本原理是：在未来被错误定价的资产总会被市场纠正而回到其内在价值。被低估的股票的价格不会总是溢价，并且被高估的股票的价格不会总是损价。基本面分析适用于选股和长期投资。巴菲特所推崇的价值投资就是基本面分析方法在实操界的典型应用。

（二）技术分析

技术分析是借助图形和统计指标，根据股市行情变化分析股票价格走势的方法。它通过对某些历史资料（成交价、成交量）的分析，判断股价未来的走势和形态。技术分析的精髓就是“趋势是朋友，跟着趋势走”。

技术分析能够发挥作用，需要以下三个假设前提成立。第一，市场行为涵盖一切信息，影响股票价格的每个因素都已经反映在市场行为当中，因而不必对影响股票价格的具体因素做过多追究，而应该将研究重点落在市场行为，比如成交量、成交价等因素上。第二，股票价格变化的趋势和模式是存在的。价格沿趋势移动的假设是进行技术分析最根本和最核心的因素。该假设认为股票价格变动具有惯性，除非出现反转信号，否则股票价格变化保持原来的趋势。只有当这个假设成立，投资者才能够运用各种工具来预测股票走势。第三，历史会重演，在股票市场上说“历史是未来的一面镜子”并不夸张。在进行技术分析时，每当遇到与历史上相同或相似的情况时，都应参考历史记录，在此基础上作出投资决策。

技术分析的常用工具有 K 线图、趋势线、阻力线与支撑线等图形工具，以及 RSI、KDJ、MACD 等技术指标。技术分析应用范围广，可以应用到股票、股票指数、利率、外汇交易以及衍生品合约等领域。

基本面分析和技术分析两种方法各有利弊，在进行证券分析的时候，往往两种方法结合使用。两种方法的差异体现在表 7-6 里。

表 7-6　　基本面分析和技术分析的对比

比较项目	基本分析	技术分析
基本思路	通过对基本因素的分析，确定股票的真正价值，提供选股依据	根据股市历史行情变化分析股票价格走势
假设前提	真正价值与市场价格往往不一致	市场行为涵盖一切信息；模式存在；历史会重演
适用范围	长期分析（判断长期趋势），选股	短期分析（短期操作）
资料来源	招股说明书等；媒体相关信息	成交价和成交量
关注问题	市场上应该发生什么	市场上实际发生了什么

四、构造投资组合

第四步构造组合指的是将第三步证券分析找到的证券根据合适的比重组合在一起，并选择合适的时机进行投资。在这个步骤里要重点完成以下三个任务。第一，选股，即微观预测，对单个证券进行分析，并预测个别证券的价格变动。第二，择时（Timing），即宏观预测，预测普通股票与固定收益类证券，比如公司债券的普遍相关关系，从而找到最佳投资时机。第三，分散化（Diversification），根据马科维茨的投资组合选择理论，随着组合中证券数量的增加，非系统风险可以逐渐降低。在保证一定的投资回报率的前提下，应尽可能分散组合风险，使风险降到最低。

五、调整投资组合

投资组合的修正作为投资规划的第五步，就是定期重温前四步。随着时间的推移，投资者会改变目标改变或者风险特征，从而使当前持有的组合不是最优组合，这就需要卖掉某些股票，重新买入其他股票，形成新的投资组合。调整投资组合的另一个动因，往往是证券价格变化，使得原来无利可图的股票，现在变得有价值了，而原来有吸引力的证券，现在没有投资价值了。那么投资者应该在原有投资组合基础上，加入和剔除相应的证券，使得组合保持为最优组合。这种调整是否值得操作，取决于交易成本和修订后组合收益情况。

六、评价投资业绩

投资规划的最后一步就是对投资组合的业绩进行评价，定期对投资组合的表现进行评估。其依据不仅是投资的收益率还包括投资者所承受的风险。因此，要找到合适的参照系或者说合适的基准（Benchmark）。另外一方面要使用合适的衡量指标，评价业绩的指标，应该将回报率和风险结合起来，常见的业绩评价指标有夏普比率、特雷诺指数，詹森指数。

$$夏普指数=\frac{组合预期回报率-无风险资产回报率}{组合的标准差}$$

$$特雷诺指数=\frac{组合预期回报率-无风险资产回报率}{组合的\ \mathrm{Beta}\ 值}$$

詹森指数=组合的平均实际回报率-证券市场线给出的期望回报率

夏普指数以组合的总风险作为评判标准，而特雷诺指数考察的是系统风险。所以夏普指数更适合独立的投资组合，即投资者除了所评价的组合外，没有其他投资。詹森指数最为直观，詹森指数大于零，投资组合有正的超额回报，詹森指数小于零，则超额回报是负的。

第三节 家庭投资规划案例

案例及分析：根据风险特征进行资产配置

王先生现年 42 岁，在一家国有企业担任中层管理职务，妻子在一家民办学校工作，有一个女儿一个儿子。该家庭在 8 年前购买了自住用房，当前房贷剩余额是房屋总价的 35%。5 年前开始投资股市，只有从报纸杂志获取一些消息来做判断，赚少赔多，当前处于套牢状态。可忍受资产的最大损失率为 15%，投资的首要考虑因素为长期的资本利得，赔钱会影响工作和生活情绪。

当前资产的70%在股票，30%在存款，以后仍会投资股票，但没有投资期货的打算，见表7-7所示。

表7-7 **王先生风险承受能力得分**

分数	10分	8分	6分	4分	2分	得分
就业状况	公职人员	工薪阶层	佣金收入者	自营事业者	失业者	8
家庭负担	未婚	双薪无子女	双薪有子女	单薪有子女	单薪养三代	6
资产状况	投资不动产	自有住宅无房贷	房贷<50%	房贷>50%	无自有住宅	6
投资经验	10年以上	6~10年	2~5年	1年以内	无	6
投资知识	有专业证照	财经类专业	自修有心得	懂一些	一片空白	4

依据王先生的描述，算出风险评分如下。

1. 风险承受能力

年龄得分33分，其他因素得分30分，总分63分。属于中高风险承受能力。

2. 风险态度

可接受最大损失为15%，得分30分，其他因素得分32分，总分62分，属于中高态度，见表7-8所示。

表7-8 **王先生风险承受态度得分表**

分数	10分	8分	6分	4分	2分	得分
首要考虑因素	赚短线差价	长期利润	年现金收益	对抗膨胀保值	保本保息	8
过去投资绩效	只赚不赔	赚多赔少	损益两平	赚少赔多	只赔不赚	4
赔钱心理状态	学习经验	照常生活	影响情绪小	影响情绪大	难以成眠	4
当前主要投资	期货	股票	房地产	债券	存款	8
未来希望避免的投资工具	无	期货	股票	房地产	债券	8

3. 投资组合建议

对照风险矩阵的数据，建议王先生一家投资组合中应该包括70%的股票，30%的债券，0%的货币存款。将当前的存款转换为债券等固定收益类证券。

案例及分析： 单身女青年投资规划

赵萌，女，27岁，本科毕业，在一家私营信息技术公司工作，常年在外出差。目前有30多万存款，每月收入15000元，加上奖金平均年收入24万元。每年衣食住行、医疗娱乐开支10万元，继续教育2万元。没有住房和汽车，养老、失业、医疗保险没有建立。目前资产配置全是存款，大部分是1~2年期定期存款，少部分是活期存款。投资偏好：由于没有时间关注股市债市行情，她希望做一些操作简便的投资。投资目标：1年后有2万元用于海外旅游，2年后有10万用于购车，5年后有100万用于购房。假设股票型基金的报酬率为10%，定期存款的利率为3%。见表7-9所示。

表7-9 **根据投资目标进行资产配置**

（单位：元，四舍五入到个位）

	年限	期望目标	股票基金（%）	定期存款（%）	平均报酬率	股票型基金投资额	定期存款投资额	投资总额
海外旅游	1	20 000	0	100	3%	0	19 417	19 417
购车	2	100 000	20	80	4.4%	18 350	73 399	91 749
购房	5	1 000 000	50	50	6.5%	364 940	364 940	729 881
合计						383 290	457 757	841047
缺口								541 047
每月需储蓄					6.19%	4 789	5 719	10 508

1. 海外旅游期望目标2万元，离现在只有1年，金额固定，应该将100%资产配置在定期存款上。投资额=PV（3%，1，0，20 000）=-19 417元，即在定期存款存入19 417元，一年后可获得20 000元，实现海外旅游目标。

2. 购车期望目标10万元，离现在只有2年。可以将80%的资产配置在定期存款上，20%配置在股票型基金上。平均报酬率=80%×3%+20%×10%=4.4%，以该报酬率为折现率，目前应投资额=PV（4.4%，2，0，100 000）=-91 749元，其中投资股票型基金=91 749×20%=18 350元，投资于定期存款=91 749×80%=73 399元。

3. 购房目标为五年后买100万元的房子，属于中期目标，可以将50%资产配置在股票型基金，50%投资于定期存款。平均报酬率＝50%×3%＋50%×10%＝6.5%，以该报酬率为折现率，目前应投资额＝PV（6.5%，5，0，1 000 000）＝－729 881元，其中投资股票型基金＝729 881×50%＝364 940元，投资于定期存款＝729 881×50%＝364 940元。

4. 综合各项投资目标，目前应该投资总额为841 047元，其中股票型基金应投资383 290元，定期存款应投资457 757元，基金的投资比率是45.57%，定期存款的比率是54.43%。

5. 赵萌目前可投资额为30万元，还有541 047元的缺口，这部分需要通过储蓄再投资来解决。假设储蓄再投资按照上述比例进行，那么储蓄再投资的回报率为＝3%×54.43%＋10%×45.57%＝6.19%。在未来5年里，每月应投资额为PMT（6.19%/12，5×12，541 047，0，0）＝－10 508元，其中每月投资于股票型基金为＝10 508×45.57%＝4 789元，投资于定期存款为10 508×54.43%＝5 719元。

6. 假设收入没有明显增长，当前每年收入24万元，固定支出12万元，无法实现上述储蓄再投资。进一步考虑，如果提取应急备用金2万元，增加人身保险、医疗保险支出1万元。根据她的收入情况及工作需要，每年的生活支出应该控制在8万元以内。当前宝宝类等流动性强、门槛低的理财产品非常丰富，建议应急备用金以货币基金的形式投资，以实现零现金投资规划。

第八章　家庭住房信贷规划

住房是家庭生命周期中最大的一笔支出，实现“安居乐业”的梦想，要理性控制住房贷款额度，避免成为“房奴”。家庭房产消费是家庭最大的一笔支出，需要控制好额度，不能承担过高的银行还贷压力，要了解银行住房贷款的方式及申请住房贷款流程，规避房产交易过程风险，实现安居梦。

第一节　房地产投资基础

一、房地产状况

房地产从其存在的自然形态认识，主要分成房产和地产两大类。房产是指建设在土地上的各种房屋，包括住宅、厂房、仓库、医疗用房等；地产则是土地和地下各种基础设施的总称，包括供水、供热、供气、供电、排水排污等地下管线及地面道路等。

我国房地产市场形成时间不长，具有浓厚的经济转型时期的色彩，房地产按照国家政策规定有多种类型，主要有以下几种。

（一）商品房

商品房是指房地产公司在取得土地使用权后开发销售的房屋。购买商品房后拥有对住房的独立产权，土地使用权通常为 70 年。商品房的价格由市场供求关系决定。目前，房地产交易市场最大量的就是这些商品房。

（二）安居房、解困房和经济适用房

安居房是指为实施国家“ 安居工程”修建的住房，是政府为了推动住房

制度改革，加大对低收入群体的住房保障，由国家安排贷款和地方自筹资金，面向广大中低收入家庭修建的非营利性住房。解困房是指在实施“安居工程”之前，为解决本地城镇居民的住房困难而修建的住房。经济适用房是指政府部门联同房地产开发商，按照普通住宅建设标准建造的，以建造成本价向中低收入家庭出售的住房。

（三）房改房

房改房是指国家机关、国有企事业单位按照国家有关规定和单位确定的分配方法，将原属单位所有的住房以房改价格或成本价出售给职工。住房制度改革的初期，房改房有自己一套特殊政策，随着时光的流逝，目前，人为加到房改房上的这些特殊政策已经不再适用，房改房已开始享有与商品房同等的待遇。

二、房地产投资

房地产投资是指投资人把资金投入到土地及房屋开发、房屋经营等房地产经济的服务活动中去，以期待将来获得收益或回避风险的活动。它的活动成果是形成新的房地产或改造利用原有房地产，其实质是通过房地产投资活动实现现资本金的增值。

房地产投资一般包括两个方面：（1）涉及房地产购买的投资理财；（2）对现有房地产给予适当财务安排的权益理财，两个方面在具体操作上又存在着某些交叉。在房地产价格不断上涨的时代，随着房地产交易市场的完善及各项交易税费的降低，灵活利用房地产这一投资工具，能较好地实现确保家庭资产保值和增值的目的。

（一）房地产投资的优点

1. 可观的收益率

投资房地产的收益主要来源于持有期的租金收入和买卖价差。一般来说，投资房地产的平均收益率应高于存款、股票和债券、基金等其他投资。

2. 现金流和税收优惠

在美国，人们投资于房地产，取得的现金流或税后收入不仅依赖于该资产的运作升值，还依赖于相关的折旧和税收。房地产一般来说会随着时间的推移而贬损，折旧费用可以作为一项现金流出，在纳税之前从收入中扣除，从而减轻税负，使得资产所有者提高了补偿这部分贬损价值的津贴。

3. 对抗通货膨胀

房地产投资能较好地对抗通货膨胀，原因在于通货膨胀时期，因建材、工资的上涨使得新建住房的成本大幅上升，使得各项消费居住成本及房地产价格都会随之上涨。通货膨胀还带来有利于借款人的财富分配效应。在固定利率贷款的房地产投资中，房地产价格和租金上升时，贷款本金和利息是固定的。投资者会发现债务负担和付息压力实际上在大幅减轻，个人净资产已有相应增加。

4. 价值升值

某些类型的房地产，特别是地价升值很快。从各国的历史来看，总的来说，在20世纪70年代的大部分时间和80年代的一部分时间，房地产投资是很少的几项投资收益率可以持续超过通货膨胀率的投资之一。当每年通货膨胀率维持在10%~15%时，大部分房地产投资的收益率保持在15%~20%之间。对某项房地产营运受益的估价，不仅应当包括现金流入的折现，还应该估计到房价本身的升值。

（二）房地产投资的缺点

1. 缺乏流动性

一般来说，房地产属于不动产，投资的流动性相对要低。房地产交易费力费时，且不可能随时随地按照市价或接近市价的价格出售。目前我国房地产投资的最大缺陷，是缺乏流动性强、便捷有效的交易市场。这对房产投资的状况及效益等，具有相当缺陷，影响了房产交易。

2. 需要大笔投资

在房地产投资中，通常需要有一笔首期投资额。对大多数家庭而言，房地产投资项目都是规模庞大，直接进行房地产投资无法达到家庭资产多元化的目标。

3. 房地产周期与杠杆带来的不利影响

房地产市场呈现明显的周期性特征，房地产投资一般能够抵御通货膨胀的风险，但在通货紧缩或经济衰退期，这类投资很可能会发生贬值。当衰退期到来时，房地产价格和租金可能会出现下降，对投资者贷款购房非常有利的财务杠杆，此时就变得非常不利。

4. 住房决策的机会成本

人们常常根据生活环境和各种财务因素决定住房类型，但应考虑相应的机会成本。住房投资决策的机会成本因人而异，但以下成本是普遍存在的：

（1）用于住房首期款或租住公寓押金的利息损失；

（2）居住郊区的住房是空间大、费用低，但上班时间和交通成本会相应增加；

（3）在城里租住离工作点较近的公寓时，会丧失房价增值带来的收益；

（4）廉价住房的维修和装饰要花费时间和金钱等。

5. 风险性

风险性是指房地产投资获取未来利益的不确定性。从 2007 年以来，美国的房价出现了大幅下跌，并由此引发了次贷危机和席卷全球的金融危机。我国的某些城市也因前期房价上升的速率过快，出现了一定幅度的下跌，这说明房地产投资的风险还是客观存在，需要注意并很好防范。

三、个人投资房地产

（一）目标和需求分析

买房前要根据家庭需要和支付能力综合考虑，计算出家庭的平均月收入，包括利息收入及各种货币补贴，应主要保留两部分资金：首先家庭的日常开支；其次用于医疗保险及预防意外灾害的预备资金。在对个人资产作出认真估量后，才能把握自身的实力和购房方向，确定适宜的房价和房屋面积，从中挑选适合自己的住宅。

房地产投资规划的第一步，是确知投资者期望的目标和需求，这需要通过数据收集和分析来明确。投资规划的最终目的，是提供平稳过渡和对资产的优化配置。由于投资者的需求和期望时常在变化，平稳过渡和对资产的优化配置比较难以达到。因此，房地产投资规划的灵活性应放在重要位置。

目标一：评价各种住房选择。影响选择住房的主要因素是对住房的需求、生活状况以及经济资源。应从经济成本和机会成本的角度了解各种租赁和购买住房的选择。

目标二：设计出售住房的战略。出售住房时，必须确定是否应进行某些维修和改善工程、然后确定出售价格，并在自行出售住房和利用房地产中介服务两者之间进行选择。

目标三：实施购房程序。购买住房涉及五个阶段：（1）确定拥有住房的需求；（2）寻找并评估待购买的房产；（3）对房产进行定价；（4）对购房申请贷款融资；（5）完成房地产交易。

目标四：计算与购房有关的成本。与购房有关的成本包括头期付款、交易手续费如转让费、律师费、产权保险费等，以及支付住房所有人保险和房产税的保证账户。

（二）个人投资动机分析

购买房地产周期长、资金数额大，事前需要仔细评估和计划。购买房地产是用于居住，还是用于投资，或是两者兼顾，动机不同会带来房屋选择的差别。

1. 用于居住

对一般投资者来说，投资住宅类房地产首先是满足对生活居住场所的需求，这是纯粹的消费需求。为提高居住生活质量，首先要选择已形成或即将形成一定生活氛围的居住环境和便利的交通条件，其次是对具体住宅的状况进行细致选择。

2. 用于租赁

若购房的目的是是为了获取租金收入，可购买容易出租给单身或者流动人口的小型住宅，或购买适宜出租给经营者的沿街店面、商场和办公楼。

3. 用于赢利

若买房为获取价差收入，可购买房价相对便宜，但有升值潜力的住宅或店面房来赚取买卖差价。投资者要想在房地产市场上获取价差，必须要经验丰富、决策科学，再加行动果断。

4. 用于养老保障

用房子养老，以寻找新的养老资源，加固脆弱的养老保障体系，已经受到大家的热捧，这是将住宅作为一种养老保障的重要工具，是对老年时代拥有住宅功能的新开发。

5. 用于减免税收

发达国家的政府为了鼓励居民置业，通常规定购房支出可用来抵扣个人应税收入。上海、杭州市政府也都出台了购房支出可用于抵扣应纳个人所得税基数的规定。

（三）个人支付能力评估

投资房地产前必须正确估量个人资产，再根据需求和实际支付能力，综合考虑具体选择哪一种房地产投资计划。

1. 个人净资产

估算个人支付能力的核心是审慎计算个人的净资产。这是个人总资产减去个人负债后的余额。对普通工薪阶层，实际负债额不宜超过3个月家庭日常支出总和，个人资产还包括已缴纳的住房公积金。个人净资产即个人拥有的全部财富，包括自用住宅、家具、债券、股票等。自住性房屋属于个人资产，不属于长期投投资，自住以外以赚取租金收入或购售差价为购置房屋目的时，才算投资性房地产。

2. 个人综合支付能力评估

确定个人投资房地产的综合支付能力时，不仅要看其净资产，还要分析个人的固定收入、临时收入、未来收入、个人支出和预计的未来支出。

如个人净资产为正，投资者首先要确定用来投资房地产的资金数额，再根据家庭月收入的多少及预期，最终确定用于购买房地产、偿还银行按揭贷款本息的数额。基本原则仍然是量力而行，既满足个人的房地产投资需求，又不会为自己带来沉重的债务负担。

第二节　住房抵押贷款

一、住房抵押贷款

房地产投资的金额大、时期长，很少有人能一次性付清所有的购房款项。为决定购房而抵押贷款融资，在房地产投资中具有重要意义。

（一）住房抵押与抵押贷款

抵押是一种以还贷为前提条件，从借款人到贷款人的抵押物权利的转移，该权利是对由借款人享有赎回权的债务偿还的保证。当投资者以抵押贷款形式购房时，房屋产权实际上已经转移给贷款银行，投资者只能在贷款债务全部还清后才能获得对该房屋的全部产权。这种从贷方重新获得产权的权利叫做担保赎回权。抵押实质上是对贷款的担保，而不是一种贷款。

商业性个人住房贷款又称“按揭”，是银行用信贷资金发放的自营性贷款，具体指具有完全民事行为能力的自然人，在购买自住住房时，以购买的住房产权或银行认可的其他担保方式为抵押，作为偿还贷款的保证而向银行申请商业性贷款。目前我国的银行在为投资者办理住房抵押贷款时，都要求贷款人必须购买商业保险。

（二）住房抵押贷款的特点

住房抵押贷款与其他贷款有着明显区别：（1）它是面向个人的贷款；（2）是与住房购买、修葺、装修等有关的贷款；（3）贷款数额大、期限长，一般可达到5~30年；（4）定价方式不同于其他贷款，既有固定利率，也有可变利率；（5）在还款方式上采用分期付款方式；（6）以所购住房为抵押，房地产抵押是这种贷款的重要保证，是防范抵押信贷风险的主要手段；（7）一般以各种形式的住房保险作为防范信贷风险的重要手段，以抵押二级市场等为防范流动性风险的措施；（8）得到政策和法规支持并受到政府有关部门的严格监督。由于住房抵押贷款的特殊性，通常由专门的贷款部门管理，并形成一系列的信贷政策规定。

（三）住房抵押贷款的属性

购房抵押贷款的重要概念是抵押权，是住房抵押的法律属性。抵押权具有以下特点：（1）抵押权属于担保物权，其租用时担保债券的清偿，抵押权从属于债权而存在，并随着债权的清偿而消失；（2）抵押权担保的债权具有优先受偿权，即当同一债务有多项债权时，抵押权所担保的债权必须是优先受偿权；（3）抵押标的除完全物权即所有权外，用益物权即使用权等也可设立抵押权。

（四）申请个人住房抵押贷款的流程图（见图 8-1）

将身份证、户口本、婚姻证明、购房契约、首付款发票、收入证明及其他汇款行所需的资料，交于指定的律师事务所

↓

由律师对贷款申请人的材料进行初审并向银行出具《法律意见书》和《见证书》，对贷款申请人的身份以及资信状况作出评价，收取相关费用

↓

到银行柜台购买房屋保险，并一次性交齐房屋保险费用

↓

银行对贷款申请人的资信材料进行复审

↓

审批通过后，由律师安排与贷款申请人分别签订《个人住房抵押贷款借款合同》、担保合同、委托转账付款

↓

银行签署发放借款合同及其材料，递交开发商和借款人、贷款资金划入开发商账户

↓

借款人按照规定的还款方式，按时归还借款

↓

借款人还清贷款本息，解除抵押、担保合同，收回相关抵押证明材料

图 8-1　申请个人住房抵押贷款流程图

二、住房抵押贷款偿还的方式

（一）住房抵押贷款的偿还方式

一般来说，住房抵押贷款的偿还有 3 种方式。

（1）期满一次性偿还，是指借款者在贷款期满时一次性偿还本金和利息。满期偿还可以根据贷款额度、贷款利率以及贷款期限，按照累计公式 $A(1+r)$ 计算。

（2）偿债基金，是指借款者每期向贷款者支付贷款利息，并且按期另存一笔款项，建立一项偿债基金，在贷款期满时这一基金恰好等于贷款本金，一

次性偿还给贷款者。此法对借款人较为不利，存入款项的利率总是会低于贷款的利率，借款人要遭受一定的利率损失。

（3）分期偿还，是指借款者在贷款期内，按一定的时间间隔，分期偿还贷款本息，这种还贷方式比较盛行。

（二）房贷还款的理性选择

贷款购房的理念已被大众勇于接受并广为流行，目前的商业房贷还款方式有等额本息还款法、等额本金还款法、等额递增还款法和等额递减还款法四种。各种房贷还款方式并无实质性优劣之分，重要的是选择适合自己的方式。只有根据自身的预期收入流、还款需求等多种因素特点选择，才能有效节省偿还本息，同时应对合理的还款压力，这才是理性选择。

对有购房打算的人，是否清楚每种还款方式，它们各自有何区别，哪种方式更适合自己，这里试予以详细解说。

1. 等额本息还款

每月还相同的数额，操作相对简单。也是人们以往最常用的方法。

案例及分析：李先生向银行申请了20年期30万元贷款（利率5.508%），在整个还款期内，李先生的月供均为2 065元（假定利率不变）。

适合人群：适用于收入处于稳定状态的家庭，如公务员、教师等，这是目前大多数客户采用的还款方式。

专家分析：借款人还款操作相对简单，等额支付月供也方便安排每月收支。但这种方式由于前期占用银行资金较多，还款总利息较相同期限的等额本金还款法高。

2. 等额本金还款

每月归还的贷款本金不变，但利息随着本金的逐期偿还而逐渐减少，每月归还的本息总额也随之减少。

案例及分析：李先生向银行申请20年期30万元的贷款（利率5.508%），采用等额本金还款。前6个月的还款额分别为：2 627元、2 621元、2 616元、2 610元、2 604元、2 598元，而最后一个月（第240个月）的还款额为1 264元。

适合人群：适用于目前收入较高但预计将来收入会减少的人群，如面临退休的人员。

专家分析：使用等额本金还款，开始时每月还款额比等额本息还款要高，在贷款总总额较大的情况下，相差甚至可达千元。但随着时间推移，还款负担会逐渐减轻。

3. 等额递减还款

客户每期还款的数额等额递减，先多还款后少还钱。

案例及分析：李先生向银行申请 20 年期 30 万元的贷款（利率 5.508%），采用每 6 个月递减 50 元的等额递减还款法，其第 1~6 个月的还款额均为2 860元，第 7 个月开始减少 50 元，即 7~12 月每月还款2 810元，依此类推，第 240 个月还款额为 910 元。

适合人群：适用于目前还款能力较强，但预期收入将减少，或者目前经济很宽裕的人，如中年人或未婚的白领人士。

专家分析：在等额本金还款法下，客户每个月的还款额都不相同，且是逐渐减少。而在等额递减还款法下，客户在不同时期内的还款虽然不同，但是有规律的减少，而在同一时期，客户的还款额是相同的。

4. 等额递增还款

客户每期还款的数额等额递增，先少还钱后多还款。

案例及分析：李先生向银行申请 20 年期 30 万元的贷款（利率 5.508%），采用每 6 个月递增 25 元的等额递增还款法，第 1~6 个月的还款额均为 1 667 元，第 7 个月开始增加 25 元，即 7~12 月每月还款 1 692 元。依此类推，第 240 个月还款额为 2 642 元。

适合人群：适用于目前还款能力较弱，但预期收入将增加的人群。

专家分析：目前收入不高的年轻人可优先考虑此种还款方式。

第三节 房地产投资策略

房地产投资的成功与否，很大程度上取决于投资者的策略运用状况，需要有效运用好这些投资策略，进行有价值的房地产投资。

一、房地产投资时机的选择

（一）房地产投资时机概述

房地产投资的时机，简而言之，就是投资者选择何时投资房地产，它存在于房地产开发和经营的各个阶段。从房地产的产业周期波动来看，投资时机的选择极为重要。房地产投资受政治经济形势、整体经济情况、房地产自身的特点等众多原因的影响。时机的选择既依靠科学分析，也依靠投资决策者的智慧、方法甚至对房价波动的敏感性。

房地产投资者的不同状况、宏观经济运行的特点及经济周期性波动等，决定了房地产业的周期性，它要求投资者能紧紧把握住投资的时机。进入和退出时机的选择决定了房地产投资的风险和收益，具体投资时机的选择则取决于投资者的实力和目标。

（二）房地产投资时机的各种影响因素

1. 投资意愿与时机

房地产投资意愿是指投资者对投资对象的潜在意识，包括对投资收益的追求、根据以往经验产生的想法等。不同房地产投资者的投资意愿会有不同，对房地产投资的时机判断和利用也不同。

2. 开发价值与投资时机

房地产开发价值是指投资者对特定房地产项目投资的价值判断，或者说是对房地产开发后的价值预期。它通常由投资者根据已知条件，经主观判断后确定。房地产开发价值与房产投资的时机有密切相关。房地产开发价值减去房地产评估价格后的余额越大，投资收益越大，投资时机越吸引人，越容易引来大量投资，投资成功的机会也越大。

二、房地产投资地段的选择

地段选择对房地产投资的成败有着至关重要的作用。房地产具有增值性，增值潜力大小，利用效果好坏都与地段有密切关系。从房地产投资的实践来看，即使在其他方面存在策略失误，但只要地段选择正确，在一个较长的时期内就以弥补所发生的损失，好地段房产的流动性较好，还可以减少投资风险。

房地产投资地段的选择，不可忽视以下几个问题。

（一）对城市规划的把握

城市规划在城市建筑布局及未来发展中具有重要作用，对房地产投资有重要影响。在选择投资地段时，既要判断近期的投资热点地段，又要判断中长期的投资热点地段，还要判断隐蔽的投资地段。

（二）对投资地段升值潜力的把握

不同地段的升值潜力是不同的，房地产投资就是要尽力抓住那些升值潜力大的地段。开发中的土地因已完成了区域规划，具备了基本的交通条件和供水、供电保障，这些土地的价格适中，投资潜力大，可以作为房地产投资的首要选择。刚刚纳入规划尚未开发的地段，土地价值较低，未来升值的潜力极大，但需要冒的风险也较高。

（三）房地产投资地段的若干选择

掌握一些有用的地段选择理论，对于房地产投资具有重要作用。

1. 上风口发展理论：城市的烟尘污染严重，为免受其害，人们必然涌向城市的上风口地区，从而使得上风口地段成为良好的投资地段。

2. 高走理论：城市将主要向地势高处发展，明显高于周围地区的地段是良好的投资地段。

3. 近水发展理论：城市将主要向河、湖、海的方向发展，从市区到水边的地段是良好的投资地段。

4. 延边发展理论：城市将主要沿着铁路或公路两边、江河岸边、境界边发展，延边地段是较好的投资地段。

三、期房投资的选择

期房与现房相对应，又称为房屋预售，投资期房与投资现房之间有个比较选择问题。

（一）期房投资的好处

1. 价格更便宜。房屋预售是开发商筹集资金的一个渠道，为了更多地吸引资金，在期房销售时，在价格上一般会有较大的优惠。

2. 设计更新潮。期房的设计大多避开了当前市场上现房的设计弱点。

3. 选择空间更大。买期房可以在买主较少的时候介入，选定位置较好的房子。

4. 升值潜力高。期房如果买得合理、恰当，其升值潜力比现房大。

（二）期房投资的劣势

1. 资金成本。预售房屋通常要等一年半载才能建成入住，在这段时间中，由于资金占用大，利息损失也较大。

2. 不能按时交房或到期交付的住房质量、面积、配套设施不合要求。

3. 房地产市场存在价位下跌的风险，如房价下跌，投资者就花了冤枉钱。

4. 周围可能存在的贬值因素导致住房建成后贬值。

第四节　家庭住房规划

一、购房还是租房

购房并非像教育规划或退休规划那样具有不可替代性。对无力购房的人，租房也是不错的选择。购房与租房的居住效用相近，最重要的差别在于购房者拥有产权，因而有使用期间的自主权，租房者则会处于相对被动的地位，如面临房东要求搬家、房东提高租金抑或房价暴涨而存在机会成本等。租房或购房应根据个人生活方式和财务状况决定。

（一）租房的优缺点

1. 租房的优点

租房的优点包括如下内容：

（1）自由度大。当因为各种原因需要变动居住场所时，租房能提供较好的灵活性，比如更换工作地点、租金上涨、希望换更大的房子或更成熟社区等方面。刚刚完成学业、正在建立自己事业的年轻人由于没有组成家庭，存在各种变数，因此租房的可能性高。

（2）经济负担小。租房过程中，承租人主要就是负担房租和日常水电支出等公用事业费用，而不用考虑偿还月供、修缮房屋等费用，经济负担小。

（3）初始成本低。租房的初始成本大大低于购房。虽然承租人要负担2~3倍于月租金的押金，但是相比较购房的首付，初始成本小了很多。

2. 租房有明显的缺点

租房的缺点包括如下内容：

（1）在房价不断上涨的情况下，租房人由于没有购房，导致了房价上涨的机会成本的产生，最后可能会出现，越租房越买不起房，越买不起房越只能继续租房的境地。

（2）租房减少了对城市的归属感。不少的城市新移民，虽然拥有这个城市的户口，但是没有自己的房产，产生了寂寞空虚的感觉，进而影响到工作生活。

（3）租房过程容易产生法律纠纷。承租人和招租人在合同约定方面可能出现争议，导致承租人疲于应付。

（二）购房的优缺点

1. 购房的优点

购房的优点包括如下内容：

（1）所有者的自豪感。许多购房者的主要目的是拥有自己的住房，稳定的住所和个性化的生活地址也非常重要。不过要清楚的一点是，在我国购买住房只是购买了住房的 70 年的使用权。

（2）经济利益。购房的潜在利益是房产升值。特别是在高通货膨胀的经济环境中，购房是抵御通胀的好办法。

（3）个性化的生活方式。虽然租房有一定的便利性，但拥有住房能更好地享受个性化生活。住房所有者可以随心所欲地装修自己的住宅，招待客人，而不用像租房那样束手束脚。

2. 购房也有不利方面

购房的缺点包括如下内容：

（1）经济压力。拥有自己的住房并不能保证生活美满。购房受到个人状况或经济条件的限制，首付款对大部分人来说是一笔不小的支出，每个月的月供压力也会降低生活质量。

（2）活动受限制。拥有住房后，不可能像租房一样轻易地变动生活环境。当环境变化迫使出售住房时，可能很难迅速出售住房。

（3）承受房价下跌和利率升高风险。当房价不断上涨时，购房者可以享受到账面资产不断增加的快乐，同时购房者也可能承担房价下跌带来的沮丧，更直接的是利率的升高会加大月供支出，从而挤占了消费支出，最终降低了生活水准。

二、购房与租房的决策方法

（一）净现值法

净现值法是考虑在一个固定的居住期内，将租房及购房的现金流量还原至现值，支付现金流越小越好。

案例及分析： 房先生看中一处物业，每年租金 3 万元。购买时的总价为 80 万元，假设 5 年后售房所得为 100 万元。如房先生确定要在该处住满 5 年，以存款利率 3%为机会成本。请对比租房与购房哪个更合适。

1. 租房现金流量现值。由于房租每年 3 万元，房先生租房 5 年，以存款利率 3%为机会成本计算依据。按净现值法计算租房现金流现值为：

P =年金×标准年金现值系数（$n=5$，$i=3\%$）

= 3×4. 5797 = 13. 739 1（万元）

2. 购房净现金流量现值。购房净现金流现值应该等于 5 年后售房所得的现值减去购房现值，而 5 年后售房所得现值为：

P =5 年后售房所得×标准复利现值系数（$n=5$，$i=3\%$）

= 100×0. 8626 = 86. 26（万元）

购房净现金流量现值 = 5 年后售房所得现值−购房现值 = 86. 26−80 = 6. 26（万元）

租房现金流量现值高于购房净现金流量现值，因此得出购房比租房划算。请大家思考，如果房价不从原来的 80 万元上涨到 100 万元，购房和租房的决策又是怎样的？

（二）年成本法

购房者的使用成本是首付款的资金占用造成的机会成本及房屋贷款利息；租房者的使用成本是押金的机会成本和房租。

案例及分析： 房先生看中一处物业，每年租金 3 万元，押金为 5 000 元。购买时的总价为 80 万元，首付 24 万元，银行贷款 54 万元。假设贷款利率 6%，存款利率 3%，请对比租房与购房哪个更合适。

租房年成本 = 30 000+5 000×3% = 30 150（元）

购房年成本 = 540 000+240 000×3% = 39 600（元）

比较发现，租房比购房的年成本低 9 450 元，每月低 787.5 元，租房比较划算。不过除了单纯计算比较外，还应考虑以下因素：

1. 房租是否会调整。在通货膨胀的大环境下，月租也可能随着通货膨胀产生而进行调整，要进行具体比较。

2. 房价上涨潜力。若房价未来看涨，即使目前算起来购房的年居住成本稍高，未来出售房屋的资本利得，也可弥补居住期间的成本差异。

3. 利率高低。利率高低极大地影响到购房的年成本。如果预期未来利率下调，购房成本会降低，另外利率的下调也会推高房产价格，因此，利率因素是影响购房租房决策的重要因素。

第九章　家庭子女教育金规划

了解子女教育金规划的基本概念和特点，熟悉子女教育金具体规划时需要考虑的因素以及子女教育金的储蓄方法和筹集方式，掌握教育金规划时的步骤。

第一节　子女教育金规划概念和特点

一、子女教育金规划概念

子女教育金规划是指根据子女将来可能达到的教育水平，父母运用多种投资理财工具为其制定相应适当的理财规划，从而实现对应的教育金理财目标，保证子女能够在学习方面没有资金的困扰。子女教育金规划的重点在于子女的年龄，即在子女年龄越小的时候开始进行规划，这样产生的时间复利收益也就越高。

二、子女教育金的特点

（一）不具有时间弹性

随着经济发展的要求以及大学教育的普遍性状态，大学本科毕业成为了进入社会参加工作的基本要求，所以父母在子女到达上大学的年龄时（18 岁左右），就要准备好至少大学第一年的所有费用。这个教育费用和家庭规划中的住房规划以及养老规划有所区别，其他两项是可以根据家庭实际经济情况进行调整延迟的，而这个教育费用却不能因为家庭缺少资金而暂时不交或者延迟交纳。因此，父母应当提前做好子女教育金的准备工作，这样才可以避免时间到了却因为缺少资金不能让子女入读理想的学校的尴尬情境。

（二）不具有费用弹性

在费用弹性方面，子女的高等教育开支不会像家庭规划中的住房规划以及养老规划一样可以进行一定的缩减，子女的高等教育开支是相对固定的。所以不论家庭经济状况如何，不论父母有没有为子女准备好这份教育金，教育负担都相差不多。另外，子女准备读大学的年龄在 18 岁上下，此时父母的岁数是 45 岁上下，距离父母退休养老大约有 10 至 15 年之间，所以子女教育费用支付时间段和父母准备退休养老金的时间段是重合的，为了妥善处理好两方面的资金需求问题，父母应当尽早为子女做好教育费用规划。

（三）不能预知子女资质

由于父母无法在子女出生的时候预料到子女的学习能力、天赋水平以及兴趣爱好情况，也就无法提前预知到子女的教育金支出将会有多少，所以相对于家庭规划中的住房规划以及养老规划，子女教育支出更难把控。例如，大多数父母多希望子女可以考上公立大学，然而子女却不一定如意想的那样考上公立大学。而且，具有不同资质的子女在教育方面所需要支付的多种额外学习费用也会有很大的差异，这方面父母是很难预料管控的。尤其是在艺术领域有着独特天赋的孩子，父母如果供给他们去专业的艺术院校进行深入学习，这又将是很大的一笔教育费用。因此，考虑到父母无法提前估量子女的资质如何，在规划子女教育支出的时候就应当尽量从宽来考虑。

（四）不具有子女教育强制性储蓄

现在，政府部门或者企业单位的工作人员会要求强制性缴纳一些特定用途的储蓄，即在养老保险、医疗保险、失业保险和住房公积金方面有个人账户的强制性储蓄。但是到目前为止，还没有关于子女教育金方面的强制性储蓄账户，所以，子女教育金规划需要父母们自觉去提前准备。

（五）子女教育费用高周期长

通过计算可以得出，虽然对于一般的家庭来说，在子女教育方面的支出并不是每年家庭支出中占额最高的一项，但是从子女上幼儿园到大学毕业这接近20年的教育区间，持续时间非常之长，从而，教育方面的总支出很有可能比家庭购房支出多很多。

第二节　子女教育金规划的影响因素及步骤

一、子女教育金规划的因素

（一）家庭经济情况

父母在规划子女教育金的时候需要考虑到家庭的经济情况。对于财务状况比较好的家庭可以考虑供给子女去国外读书，另外，此类家庭可以承受的风险也会比较高，所以可以选择投资一些风险相对较高的项目；而对于财务状况弱一些的家庭，则应当尽早做好子女教育金规划，从而通过获取复利收益来保证准备好充裕的子女教育金。

（二）子女教育规划的期限

子女所处的不同年龄段对应的子女教育金投资项目应当有所区别的。如果是子女还很小，还有很长时间才会上大学，考虑到长时间的通货膨胀将会产生严重的资产缩水现象，父母则应当选择较为积极的投资理财项目。而如果子女初中已经毕业了，父母则应当考虑选择一些会产生较多的当期收益的理财投资项目。从理财投资的方面考虑，越长时间的积累，产生的复利效果将会越好。所以，父母应当尽早考虑子女的教育金规划金问题，最好在子女出生前开始。

（三）家庭成员风险偏好

由于每个家庭拥有的风险偏好不同，对应的家庭子女教育金规划也会有所不同。如果投资者属于比较积极进取的，他们会希望获得高收益，当然对应的风险也会随之较高；如果投资者属于比较保守的，他们会希望尽可能的降低风险，所以会多选择一些风险比较低的理财投资项目。因为子女教育金是属于只能承受较低风险的，所以建议父母们尽量选择一些风险较低的投资理财项目。

二、子女教育金规划的步骤

（一）应对子女教育金的需求量进行预估

也就是说，父母应当综合子女的性格特点以及家庭经济财务情况，通过预估子女将来可能达到的教育水平，是在大学毕业之后就工作还是继续深造读研；是在国内进行高等教育或是出国留学。从而，父母可以根据目前教育所需的费用水平对子女所需的教育支出进行预估。这样就可以完成教育金规划的基础工作。

（二）对将来教育费用增长速度进行预估

通常情况下，在计算将来可能需要的教育支出时，会考虑到子女教育支出的增长率以及通货膨胀率，一般是根据通货膨胀情况再加上两个至三个百分点。

（三）子女教育金缺口的计算

此环节专业性相对来说比较强一些。要求父母综合考虑子女教育金的需求量、目前家庭经济情况以及未来家庭收入状况，从而计算出家庭子女教育金的缺口。

（四）选择最佳的子女教育金投资理财产品

这个环节非常关键。父母需要结合家庭的风险偏好以及投资理财期限，从而选定最佳的投资理财方法和投资组合，而且应当严格根据计划执行。父母需要每过一定的时间段就检查子女教育金理财投资的进展情况，并且及时进行一定的子女教育金投资理财计划调整，因为随着越来越临近子女需要大额教育金的时间点，而且教育金的总金额也在不断增长，为了降低风险，投资理财计划应当逐渐调整为比较保守的模式。

第三节 子女在各阶段所需教育成本

根据中国国情进行分析，子女教育支出主要分为必要性的支出以及可选择性的支出。其中，必要性的支出包括子女在各个年龄段的教育所需学杂费，而可选择性支出包括了除去必要性的支出的其他所有子女教育所需的支出，例如子女参加各种兴趣班和学习辅导班的花销。

一、教育的必要性支出

（一）九年义务教育

根据《中华人民共和国义务教育法》的相关规定，子女在小学六年以及初中三年这个时间段是出于义务教育阶段，也就是说在这个阶段父母不需要缴纳子女的学费，只需要缴纳一定的杂费。所以，在子女上小学的过程中，每年所需的教育花销平均在 1 000 元左右。当子女上初中时，每年所需的教育花销平均在 1 200 元左右，这个数值是大部分家庭都可以承担的教育支出。

（二）高中阶段

在子女开始上高中的时候学校会收取学费。在重点高中上学的子女，父母需要在每个学期为他们缴纳在 1 200~2 000 元的学费；在一般高中就读的子女，父母则需要在每个学期为他们缴纳大致在 900 元左右的学费。而重点高中收取的学杂费每年是在 2 800~5 000 元之间。

（三）大学阶段

根据统计数据显示，2017 年中国大部分公立大学每年学费在 4 000~8 000 元之间，民办大学每年学费在 8 000~15 000 元之间，而一些和其他国家的大学进行联合培养学生的专业学费会更高，每年学费在 10 万元左右。住宿费是 1 000~1 500 元。生活费是每年 5 000~9 000 元之间。

（四）研究生阶段

数据显示，现在各个高校以及科研院所对研究生进行的收费是每年8 000~20 000元之间。不过，因为不同地方收取学杂费的标准有所不同，所以以上提供的收费标准仅能作为一个参考值。也就是说，父母在对子女进行教育金规划的时候，需要根据不同地区现在的实际收费标准进行预算。

二、可选择性的支出

（一）学前教育的支出

目前，我国幼儿园教育阶段并不属于义务教育的范畴。父母为了让子女不输在起跑线上，基本上在子女3~6岁之间上幼儿园开始学习知识。现在一些公办的幼儿园每个月需缴纳的费用是在400元左右，还会有入学子女的区域限制。总体上，每年的花费是在5 000元。而那些民办的幼儿园收费标准会更高，大约是一般公办的幼儿园收费标准的3倍，也就是说每年父母需要为子女缴纳15 000千元左右。至于那些中外合办的双语幼儿园收费标准是每年1万美元左右。

（二）才艺班的支出

目前，有一些子女参加的才艺班是由民办的幼儿园组建成立的附属班型，他们多数会另外进行招生活动。这些才艺班的课程类型被分为美术课程、儿童英语课程、音乐课程等。每次上才艺课的收费标准是50元左右。假设子女报名了美术课程和儿童英语课程这两个才艺班，而且这些课程在每个星期都会上一次，这样每年才艺班方面的花费是5 000元左右。如果是上一些乐器课程如钢琴、手风琴等；一些舞蹈课程如民族舞、街舞等，相关的收费也会更高一些。

（三）补习班或辅导班的支出

在初中和高中阶段，很多学校会为学生设立辅导班，为了帮助一些在个别课程学的不是很好的学生。收费大约是每学期每补习一科是500元左右，也就是每学年收费标准为 1 000 元。而学生如果需要把数学、英语、生物、物理等多个课程都进行辅导的话，每年的辅导班支出是 4 000 元左右。如果是选择找一些学习成绩特别优秀的大学生在家里辅导子女学习，收费标准是每个小时 30~50 元。而如果是选择请一些课程的老师在家里对子女进行辅导，收费标准是每个小时 100~200 元之间。如果是补习一个课程每月需要 500 元的支出的话，补习两科每个月的家教支出将会是 1 000 元左右。

第四节 子女教育金规划的理财技术

目标基准点法是规划子女教育金时常用的方法。通常会把子女上大学的那一年，一般为 18 岁，设立为基准点。在基准点以前的阶段属于子女教育金的长期积累阶段，在基准点以后的阶段属于子女教育金的支出阶段。第一步，父母需要综合多种情况去预估在子女上大学的那一年可以积累多少子女教育金，这个作为子女教育金的总供给。假设现在的子女教育金总金额是 PV，把预期投资收益率设定为 i，每一期的定额储蓄理财投资设定为年金 PMT，子女教育金的规划年限是指从现在到子女 18 岁上大学的年限 n，然后就可以通过计算得出子女在 18 岁上大学时候的教育金总供给也就是终值 FV。另外，需要计算出子女在 18 岁上大学时的教育金总需求，也就是 PV 值。这时应当把子女每年需要交纳的学费支出设定为年金 PMT，把子女在完成学业之后剩余的教育金设定为 FV，这部分资金后续可以帮助子女实现创业梦想。然后要把学费增长率设定为 g，把子女参加高等教育的总年限设定为 n，把实际报酬率设定为 i，根据：

实际报酬率=［（1+投资报酬率）/（1+学费成长率）］-1

通过相关的计算就可以得出现值 PV 了。最后，需要把教育金的总供给和总需求进行比较，假设是总供给大于了总需求，表示可以实现子女教育的目标。假设是总供给小于总需求，这表示子女的教育目标无法完成，也就是说父母应当及时调整当前的子女教育金规划，增加相应的金额或者是提高定期投资理财产品的投资额，在可以接受的风险水平内提高对高收益型投资理财产品的投资额度。

第五节　子女教育金的筹集方法和储蓄方式

一、子女教育金的筹集方法

能够为子女教育金提供充分资金保障的是父母稳定的收入以及足够的资产。然而，实际生活中，很多家庭税后可以支配的收入有限，而且还要用于家庭其他方面的各种花销，所以能够用于子女教育金储蓄方面的资金就更少了，尤其是那些家庭条件比较差的，更是一个很难解决的问题。而充分了解和运用其他的子女教育金筹集方法就可以帮助家庭非常有效的节约成本。

（一）政府提供的教育资助

目前，我国还有大量的贫困学生在教育资金上存在困难。不仅如此，相对于以前，属于农村家庭的那些贫困学生人数一如往年，然而属于城市家庭的那些贫困学生人数逐渐在增加，这是由于有很多贫困学生父母都属于下岗职工。为了尽可能的帮扶贫困学生完成学业，大部分的高等院校都具有了贫困生的帮扶体系，具体包括贫困生助学贷款、勤工俭学、各类奖助学金、特困学生的补助和学费减免等。为了免除一些学生因为承担不起学费辍学的现象，一些高等院校为这些需要帮助的贫困生提供“绿色通道”，也就是说在贫困学生大一刚刚入学报道的时候，经过相关部门进行审核确定了学生的家庭经济收入情况之后，学生能够申请暂时延缓学杂费的缴纳。不仅如此，高等院校每年还需要根据国家规定把10%的学生学费收入用于帮助贫困学生，从而保障学生可以不受家庭经济情况的影响继续完成学业。

（二）特殊身份的补助

父母在进行子女教育金规划的时候，可以去充分了解国家颁布的各种优惠政策以及不同类型学校的收费标准。例如就读师范类院校、公安院校、军校以及少数民族可以入读的民族学校，都会有一定的学费减免或者是学费减半的政策。

（三）申请各类教育贷款

第一类贷款是国家助学贷款，这是一种为了帮扶家庭经济情况有困难的贫困生顺利完成学业，国家通过提供给贫困学生优惠贷款来帮助学生缴纳所需的学费以及学杂费的信用助学贷款方式。所有高等院校中符合政策要求的申请标准的专科生、本科生、研究生以及第二学位学生都可以申请这项国家助学贷款。目前，国家助学贷款是由国家助学贷款经办银行进行负责发放工作。和其他普通贷款相比，国家助学贷款拥有两大优惠政策，第一大优惠是指不需要有借款人想办法提供一定的担保来申请国家助学贷款，第二大优惠是指中央财政或是省级财政会对国家助学贷款进行一定的补贴，所以，从长远来看，国家助学贷款可能会是帮助贫困学生解决困难的主要方式方法。

第二类是商业性的助学贷款，此类贷款是商业银行以向贫困学生发放一定金额人民币贷款的方式去帮助家庭条件有困难的学生缴纳完成其学业需要的教育费用。但是，商业性的助学贷款和国家助学贷款有所不同，在办理商业性的助学贷款的时候贷款申请者必须提供一定的担保才可以申请贷款。

二、子女教育金的储备方式

因为子女教育金不具有时间弹性也不具有费用弹性的特点，所以父母在对子女教育金进行规划的时候应当注意追求资金的稳妥为主，尽量不要选择风险过高的理财投资产品。目前，在我国普遍选择的子女教育金规划方式有子女教育金储蓄、房产投资、子女教育金保险、投资基金等。他们各有特点，分别具有自身的优势和劣势，所以父母在对子女教育金进行规划的时候应当根据家庭资金情况以及理财目标进行合理分析，通过选择和组合这些理财投资工具，尽力去完善子女教育金的规划方案，在风险较低的情况下，提高子女教育金的收益率。

（一）子女教育金储蓄

按照我国的有关规定，父母在指定的银行进行开户并存入所规定的金额专项用于子女教育的储蓄被称为教育储蓄。子女教育金储蓄具有非常稳妥的特点。相对于一般的储蓄，子女教育金储蓄能够获得两大优惠：一是可以在到期提取资金的时候免除征收利息税；二是父母按照零存整取的方式储蓄，却是可以获得整存整取的利息。不过，子女教育金储蓄也有很多局限性。一是可以适用这种储蓄方式的投资人的范围很小，二是适用都有着严格的相关规定。规定要求每个子女教育金储蓄账户的金额不能超出2万元。而且每个人最多有三次享受额度不超过2万元的子女教育金储蓄的利率优惠以及免税政策。这三次机会分别是在子女上高中、大学、研究生的三个不同阶段，每个阶段可用一次。另外，如果每一份子女教育金储蓄的本金超出2万元或者一次性就存够了2万元，都不能够享受子女教育金储蓄免税政策。因此，仅仅是依靠子女教育金储蓄的方式进行子女教育金规划是远远不够的，而且现在子女教育金储蓄的收益比较低，无法承担通货膨胀的影响。所以，父母在选择教育储蓄作为一种规划子女教育金的方式的同时，也要选择其他一些投资方式进行投资组合，从而实现规划目标。

（二）债券类的投资

和子女教育金储蓄的方式相比，债券类的投资理财会有更高一些的收益，但是整体上这些收益也只能用于消除通货膨胀的影响。所以，债券类的投资理财只能起到保值的效果，甚至有一些债券还要承担一定的亏损风险。由于子女教育支出增长速度很快，所以债券类的投资理财产品也还能作为子女教育金规划的一部分。

（三）房产投资

很多父母会选择具有保值增值功能的房产作为子女教育金规划的一部分。因为父母可以通过租房来供养房子，把收取的租金用于还付房贷，而在子女到了需要运用高额的教育资金的时候，父母可以选择吧房子卖掉。而在实际操作中，这种投资方式也会有很多弊端。首先是目前我国的房产投资普遍前期投入很高，对于很多一般的家庭并不适用，而且，如果父母不是考虑后续要供应子女去国外读书的话，房子的首付已经和子女教育支出的总额相差不多了。第二是房贷的利息很高。假设首付为20%的总房价，剩余80%通过贷款30年的方式还款，总体需要归还利息额度就已经和本金额度相差不多了。而且，目前房子的租金并不高，例如，在北京地区的民用住宅的房租收益率大致多低于4%。当房贷高额的利息和相对较低的房租相对比时，把房产投资设定为子女教育金规划的一部分就不太合适了。最后一点是，由于子女教育金缺乏时间弹性，当到了需要交纳子女高额的学费的时候，房产有可能遇到有市无价或者是有价无市问题，所以需要有些运气才能在比较合适的时间段内按照比较合适的价位把房子卖出来支付子女教育费用。

（四）基金定投

基金定投存在的风险远远大于子女教育金保险，但是因为子女教育金需要很长时间的积累，所以时间越长，基金定投就会风险越低，基金定投的效果也会更好，在定投到期之后可以选择再次续定。另外，基金定投是一种非常灵活的投资方式，如果在投资期间有停止，也不会存在任何额外损失。基金定投平摊成本的方法主要是运用基金净值的不断波动。指数型基金和股票型基金是基金定投很好地选择，而且选择分红再投资以及后端收费比较好。从理论上进行分析，基金的定投不需要选择时机，但是如果目前市场震荡而且预估有非常大的可能中长期的向上有所突破，这时将特别适合基金定投。

综上，基金定投方式简单、方便投资者追踪绩效、具有较强的变现性、有可能获得较高的效益增值、净值透明，长期规划可以有效降低风险。但是，应当如何合理有效地采用基金定投来完成子女教育金储蓄的目标呢？可以参考以下步骤。

第一，选择基金公司时应当选择具有良好信誉水平的。因为子女教育金的投资规划具有长期性，所以应当选择绩效稳健、可以长期持有的基金产品和公司。这样虽然无法完全保证这个基金产品的绩效，但是如果所选择的基金公司有着完善的公司制度、良好的业界口碑，对所投资的资产的安全性也是有所帮助的。

第二，投资者应当同时做好对资产配置以及定期定额的规划。定期定额是指为了把投资时点分散开在一定的时间按一定的金额进行投资。因为投资市场会不断有波动，而分散时点的方式可以把整体上的进场成本降低下来。另外，在不会对生活质量有所影响的条件下，运用时间产生的复利效果以及一定时间的小额理财投资，可以帮助投资者实现预期的理财目标。资产分配方面为了把投资标的分散开来，要求我们要把基金分为“卫星基金”以及“核心基金”两大类。核心基金目的是为了使收益能够稳健成长，如债券组合型基金以及股债平衡型基金。而风险相对较高的卫星基金的作用在于提升投资的收益，如股票类型的基金。

第三，做一个有纪律的投资者。因为子女教育金规划是一个长期的投资过程，所以要求投资者不能被市场中的短期波动而影响，假设是在投资过程中遇到了基金净值因为某一个重大事件而出现急速下滑的现象，这时候投资者应当继续保持信心，这样长期投资下来才能产生很好的绩效。作为成功的基金投资者，纪律应当是他们需要具备的素质之一。当确定了投资计划以后，投资者就应当坚持有纪律的进行基金投资，不能随意被市场变化所左右从而经常变动投资计划。在现实生活中，很多投资者很容易在市场信息不匹配的时候跟风而动，一路追涨杀跌，往往却是在高点的时候买进。在低点的时候又卖出，最后一无所获。

（五）子女教育金保险

子女教育金保险可以解释为把把一大笔短时间内急需的金额分散到逐年进行储蓄。而这个投资期限不等，最高是 18 年。因此，父母选择在越早的时间进行投保，则面临的缴费压力也会越小，最后能够获得的子女教育金也会越充裕。子女教育金保险的主要功能有投资理财功能，保障以及豁免的功能和强制性储蓄的功能。保障以及豁免的功能是指如果父母遭遇了身故或者全残的不幸，保险公司会豁免投资人所有未能缴纳的保费，从而保障子女可以继续完成学业。

根据子女教育金保险的投资理财方式，可以分为以下两个大类：

1. 投资连接型的保险

这是一种类似于基金的专家投资理财型的保险产品。这种保险相对于基金有着特有的一些优势。第一个优势是普遍情况下，保险公司要比基金公司实力更加雄厚，也会有更充裕的资本，而且法律上是不允许保险公司出现破产的情况，所以相对来说投资保险类的理财产品会具有更强的稳定性。而且，在我国，保险业要比基金公司经营发展的历史更长，中国投资市场的动荡时期大多数的投资连接型保险都曾经历过，所以相对而言也就具有更加丰富的投资理财经验。第二个优势是指投资连接型保险的持仓比例会更加灵活一些，具有更加强大的风险分散效果，更加多样的投资渠道，更重要的是不会像基金一样受到国家规定的限制，要求持仓比例必须不低于 60%。第三个优势是，一般情况下，投资连接型保险会被按照不同的风险级别而设定为多个账户。投资者可以免费在市场动荡中进行多个账户之间的转换，从而有效地缩小了投资者买进卖出时的成本。当然，投资连接型的保险也有一定的劣势，相对于基金而言，它前期需要支付比较高的赎回费用，市场中的销售数量已经服务渠道也会少很多，各种手续的办理也会比较繁琐一些。

2. 分红型保险

分红型保险的特点是具有较为稳定的收益，保障性强，本金不需要承担风险，而且附加上医疗或者是重大疾病等基础型保险。不过，此类保险也有一些缺陷，产品收益率低，投资时回报周期很长。另外，由于国家规定了保险的预定利率必须是不超过 2.5%，所以子女教育金保险产品拥有额定利率是 1.8%~2.5%之间。也就是说，分红型的保险只能帮助投资者获得类似于债券投资的收益率。

另外，根据子女教育金保险涵盖的保证阶段可以分为三个类型：第一类是属于纯粹的子女教育金保险，这一类保险能够为子女提供高中阶段以及大学阶段的教育支出费用，还有些可以提供子女在初中阶段的教育费用。第二类是指的专门针对于某一阶段性的子女教育金保险，一般情况下针对的是子女在初中、高中以及大学中的某一个阶段，这种保险经常是附加险的模式。第三类是可以一定量的教育经费的同时，也可以为子女在接下来创业阶段、婚嫁阶段以及退休养老阶段等按照生存金的形式提供资金。

第六节 子女不同年龄阶段筹划教育金

一、子女幼儿阶段

当子女是幼儿的时候，这时的父母大多属于青年阶段，家庭的各方面花销很大，家庭所能承担的风险很低。这时候父母能够用于子女教育金积累的金额非常有限，所以如果父母在每个月或者每年除去其他各种花销还有一些剩余的话，可以选择每个月或者每年积累一定资金的方式为子女开始筹备教育金，具体可以使用教育保险和子女教育基金定投的方法。

二、子女九年义务教育阶段

在子女上小学和初中的这两个阶段，因为属于九年义务教育阶段，所以可以享受到子女教育费用的减免政策优惠。也就是说，在这个阶段父母只需要为子女缴纳生活费和书本费，花销很少。而且，在这个阶段父母已经在工作中有了一定的成功，家庭收入也会比之前增加很多，父母就会有更多盈余的资金用于子女教育金的储蓄，父母在子女教育金的筹集方式上也会有多种可以选择。例如开放式偏股基金以及设立教育储蓄是非常合适的选择。

三、子女高中阶段

当子女上高中的时候，这时的父母在已经处于工作的繁荣时期，家庭收入稳定且较高，房贷也差不多还清，所以家庭的负担很小，家庭储蓄比较充裕。因为这时候已经临近子女 18 岁上大学的时间点，所以父母既要检查子女教育金是否准备充裕，如果是发现和预期的子女教育金总额还有很大的一段差距，就需要父母及时进行调整，尽快准备妥当。而且，在子女教育金的筹集方式上也要进行调整，应当选择比较稳健的筹集方式，此时还是可以继续购买教育金保险、基金等，但是为了降低风险，父母应当选择偏债型或者平衡型的基金，或者选择债券，购买一些无风险的 3 年期限的国债等，减少风险比较高的股票型理财投资产品。而银行的一些理财产品具有风险低且预期收益比同期存款利率要高一些的特点，父母也可以进行选择性购买。

第十章　家庭养老金规划

通过了解家庭养老金的基本发展趋势，养老金的危与机，并从中思考如何做好养老金规划以及制定和调整养老方案。

第一节　人口老龄化

一、我国老龄化的发展趋势

1982 年，联合国在维也纳召开世界老龄问题大会，会议对“老龄型”社会进行首次界定，是指 60 岁及以上人口占总人口 10%以上，或者 65 岁及以上人口占总人口超过 7%。新世纪初，我国已经迈入人口老龄化社会行列，并呈现出人口老龄化、高龄化与空巢化并行的特征。截至 2017 年，我国老龄人口占总人口比重达到 17. 3%，老年人口总量达到 2. 41 亿，成为世界上唯一老龄人口超亿人的国家。我国在社会转型过程中，家庭结构发生了较大改变，“4-2-1”型核心家庭占据主流，家庭养老功能呈现弱化趋势；养老院、老年公寓等机构养老尚不完善。因此，探索适应中国国情的养老方式，应对人口老龄化带来的诸多社会问题和挑战，具有一定的现实意义和紧迫性。2017 年老人每年增加 1000 万，预计到 2050 年前后，我国老年人口数将达到峰值 4. 87 亿，占总人口的 34. 9%。

二、我国养老保险制度现状

2016 年 3 月，中国人民银行、民政部、银监会、证监会和保监会五部门联合下发《关于金融支持养老服务业加快发展的指导意见》，标志着养老金融服务上升为国家意志，得以贯彻实施。该意见提出积极应对人口老龄化，大力推动金融组织、产品和服务创新，改进完善养老金融领域服务，加大对养老服务业的金融支持力度，促进社会养老服务业的发展，力争到2025年建成与人口老龄化进程相适应的金融服务体系①。2016年12月，国务院办公厅印发《关于全面放开养老服务市场，提升养老服务质量的若干意见》，提出规范和引导金融机构开放老年金融产品，满足老年人金融服务需求，强化老年人投资风险意识，切实保护老年人金融消费的合法权益，养老金融的发展得到国家决策者及有关主管部门的高度重视。

与发达国家相比，我国人口老龄化速度快、基数大，同时伴随着高龄化、空巢化、家庭小型化，老年服务体系建设具有紧迫性和重要性，尤其对失能、高龄、空巢、失独等特殊老年群体的照料服务成为当前亟待解决的社会问题，做好制度顶层设计，结合当前经济社会发展水平和政府财政支付能力，发挥市场对养老资源配置的功能，增强政府宏观政策在老年保障领域的指导作用。金融对养老服务的支撑作用是老年保障制度的核心，因为充足的养老资金是“老有所养”的基本保证；而且，养老金融对金融业发展有巨大的推动作用，金融机构通过提供养老理财等金融产品，满足日益增加的老年人群体投资理财需求，通过资产管理为养老保险基金、企业年金等长期稳定的资产提供增值渠道，是开拓金融服务领域，鼓励金融制度创新的必然要求。随着人口老年化的快速发展，相比老年群体增长的金融服务需求，养老金融的供给侧方面则较为滞后，供求错位，一定程度上制约了养老服务产业化、市场化的进程。

第二节 养老金规划的必要性

一、养老金规划

基于个人退休生活需求，统筹安排个人收入资产，保证实现退休生活目标的财务安排，是老年期重要的储备。养老金规划是家庭从中年阶段开始考虑的

---

① 《布局养老金融业务——基于供给侧角度》银行频道-和讯网，http：//bank.hexun.com/2016-05-17/183898960.html。

规划内容，经过退休前期的集中储备，弥补退休金的资金需求。

养老金规划的基本原则：

（一）提早规划原则

因为存在复利倍增效益，养老金投资规划时间越早，效果越明显。如张三在20岁时，参加每月定投200元的养老基金帐户，以年平均收益8%计算，到60岁时，帐户额达到658500元，如果张三是21岁才开始，同样年平均收益8%，60岁时帐户余额412300元，相差近25万。

（二）弹性化原则

养老金规划要考虑在生命周期前期，可以充分应用投资市场经验和机遇，不断调整投资工具，选择适宜投资组合，减少投资市场风险，在接近退休期，宜采取稳健的投资原则，保证退休金安全。

二、养老金储蓄的困境

（一）养儿防老

我国长期计划生育政策，众多独生子女承受巨大的养老压力，见图10-1所示。

养儿防老的三个基本要素：子女的经济能力；父母与子女亲情状况；子女配偶配合程度。

如图10-1：独生子女能成为父母宽裕老年生活的经济来源吗？而作为疼爱孩子的父母，又怎么忍心成为孩子的负担呢？

家庭规模的收缩对家庭养老构成了挑战，今天的老年人通常有几个孩子分担赡养，但人口出生率的下降将很快改变这一切。中国人民大学乔晓春教授指出：年轻人尽管有养老的愿望，但却没有条件和能力去赡养老人。这就导致：一方面，老年人的养老不足；另一方面，年轻人花了大量的精力在其父母的养老问题上，又会影响年轻人的发展，影响他们自己的职业。从全国老龄办召开的人口老龄化国情教育新闻发布会上获悉，截至2017年底，我国60岁及以上老年人口有2.41亿人，占总人口的17.3%，2017年新增老年人口首次超过1 000万，预计到2050年前后，我国老年人口数将达到峰值4.87亿，占总人

图 10-1　家庭养老图

口的 34.9%。①

养老遭遇的困境：

1. 子女压力大：越来越多子女因晚婚、不婚、失业或无力购房，当父母退休时还要父母供给吃住；

2. 社会出现了“啃老族”：父母被子女挪用花光退休金时有所闻。

（二）社会养老保险

1. 社保的原则和特点

社会保险“广覆盖（所有用人单位，具备条件的企业、个体经济组织、自由职业者），低水平（保证基本生活）”，不能为每个人提供保障，低水平的保障只能满足最基本的保障需求，不能完全满足中层阶级以上人群的保障问题。

2. 领取方式

社保养老金：社会统筹账户：上年度在岗职工月平均工资的 20%；个人账户：个人账户余额/139（原来是 120）注：个人所交 8%计入个人账户（原来交 3%计入 11%）。

3. 领取年龄

男：60 岁；

---

① 数据来源：人民政府网站，http://www.gov.cn/xinwen/2018-02/26/content_5268992.htm。

女：55 岁。

必须保证缴费满 15 年，否则只能一次性领取账户余额，不得享受基本养老金。

举例：

张先生 25 岁参加工作，每月的工资是 3000 元，按规定缴纳养老金，60 岁退休时，其个人账户余额为 100 800，2010 年退休。退休时在岗职工月度平均工资为 2 489 元/月，其每月养老金为：

社保统筹金：2 489×20%＝497. 8 元

个人账户：100 800/139＝725. 2 元

张先生每月可领取：497. 8+725. 2＝1 223 元

为退休前平均工资的 40%，如果月收入 5 000，退休时只能领取 1 706 元，仅占原工资的 34%。

（三）储蓄养老

啃老族：据有关统计，在城市里，65%的家庭存在“啃老”问题，“啃老族”成为影响未来家庭生活的“第一杀手”。

（四）商业养老保险

以人的生命或身体为保障对象，在被保险人年老退休或保险届满时，由保险公司按合同规定支付养老金。目前商业保险中的年金保险、两金保险、定期保险、终身保险都有不同程度养老金储存目的，这些保险可以作为一种强制储蓄的手段，未雨绸缪，规划养老资金，其特征是：

1. 安全稳定：不输才能赢，安心享受晚年
2. 保值增值：你有我才有，你多我才多
3. 专款专用：储蓄强制化，年老有保证

第三节 养老金规划

有效的养老金规划是持续的、稳定的、增长的、不可挪用的现金，只有符合这五个要素才是养老金的解决之道。

一、养老规划

养老规划是人们为了在将来拥有高品质的退休生活，而从现在开始进行的财富积累和资产规划。所谓“兵马未动，粮草先行”。一个科学合理的退休养老规划的制定和执行，将会为人们幸福的晚年生活保驾护航。退休养老规划就是为了保证客户在将来有一个自立、尊严、高品质的退休生活，而从现在开始积极实施的理财方案，如图 10-2 所示。

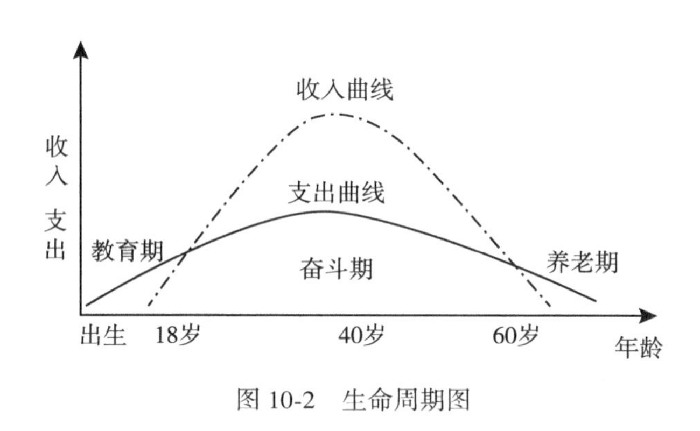

图 10-2　生命周期图

二、退休养老基金规划的目标

退休目标是指人们所追求的退休之后的生活状态，一般以当前的生活水平来估算，以不降低当前生活水平为目标，同时，可以合理增加老年阶段的开销。可以将退休目标分解成两个因素：退休时间和退休后的生活质量要求。

（一）退休时间

退休时间直接影响着退休规划的其他内容，希望退休的时间越早，需要积累的退休储备金就越大，也就意味着每年为退休预留更多的钱，或者在投资中冒更大的风险来达成退休目标。近几十年来，世界各国普遍有一种推迟退休年龄的趋势，某些行业的员工可能工作到 70 岁甚至更久。此外，不同人群对退休时间的选择也不相同，一些个人从业人员对退休时间的选择具有更大的自主权，但是对于大多数人来说，退休年龄一般都在 55～65 岁。即从两个方面考虑：(1) 希望退休的年龄；(2) 退休后生活的年数（一般根据社会平均余寿适当增加 5~10 年)。

(二) 退休后的支出水平

退休后的生活水平的设定主要考虑两个方面的开支，即经常性开支和非经常性开支。经常性开支包括基本生活服务费开支、医疗费用开支；非经常性开支的确定比较困难，可以根据自己的情况进行评估，如退休生活所在地的生活水平旅游计划、遗产计划等。退休生活水平的高低既取决于客户制订的退休规划，也受到客户职业特点和既往生活方式的约束。

三、养老规划的制定

(一) 估算养老需要用费

估算养老所需要的费用，既包括每年度需要支付养老费用的额度，也包括预期存活年龄，预期存活余命是难以预计的，每年度的养老用费，尤其是重病医疗用费更难以预测。实际上，要准确地预计养老究竟需要多少费用是做不到的，它受到生存寿命、通货膨胀率、存款利率变动、个人和家庭成员的健康状况、医疗和养老制度改革等各种因素的影响。理财师为客户做养老规划时，常常会按照客户目前的生活质量、需求偏好进行预算。

(二) 估算能筹措到的养老金

如何处在一个静态的经济环境中，估算能筹措的养老金会简单得多。现实情况是个人财务预算和财务状况受到不断变化的经济环境，包括薪资水平变化、投资市场环境变化等的影响。只有把问题和困难考虑得多一些，做最坏的打算，才能争取到最好的结果。

(三) 估算养老金的差距

如能比较科学合理地估算出养老需要的费用和自己能筹措到的养老费，寻找两者之间的差距就比较容易了。

(四) 制定养老金筹措增值计划

持续性投资可以让退休金账户不断升值，从而减轻自己的养老负担。用于养老金的投资应当以稳健为主，有较大风险承受能力的低龄老人可以尝试股票、外汇等风险大收益也相对较高的投资，但需要在投资前做好详细的规划。有个方法可做出较好的目标设定，就是在记录本上明确写下来。如下表 10-1 所示：

表 10-1 理财目标表

目标	达成时间	所需年数	所需金额	现有金额	现有金额增长率（8%）	尚需金额	每年需存金额（利率 8%）
退休养老规划	2030 年年底	12 年	25 000 元	1 500 元	4 000 元	21 000 元	1 100 元

表 10-1 中的百分比都以年率表示，其中现有金额是指现在已准备好要在将来用做退休金的金额，每年需存金额是依据复利表从尚需金额中估算出来的，现有金额增长率则依据现有金额计算。必须强调的是，每个人想追求的退休生活和自身所处的情况（像年龄、工作、收入及家庭状况等）都有较大不同，不同的人群设定的目标会有较大差异。即使同一个人的理财目标也会有长期、中期和短期之分，不论目标期限如何，设定时都必须明确而不含糊。

四、养老金规划内容

(一) 养老基金的一般状况

社会养老保障虽然可以为老年客户退休后的生活提供一定保证，但这笔钱财数额相对较小，一般只够支付客户的基本生存用费。若客户希望保障退休后的生活质量不致过度下降，则需要另作妥善的财务安排。基于这一需要，许多国家的保险公司或基金管理机构都为居民提供了各种养老寿险或养老基金。这类养老基金由客户根据自己的需要和财务状况自主随意购买，和政府提供的固定数额的社会保障有较大不同。

（二）生命周期基金“动态养老”

生命周期基金属于一种动态配置过程，所提供的资产配置组合能根据投资者在生命周期中的不同阶段的需求而变化。这种基金一般会设定一个目标日期，其资产配置将随目标日期的到来而调整，越接近目标日期，高风险性资产配置越低，低风险性资产配置越高，非常符合普通个人投资者储备养老金过程中风险承受能力下降、投资期限缩短的特点。这类产品在设计理念上引入了保险产品的一些要素，是从持有人的角度进行设计，为其一生作出中长期的理财规划。

（三）退休养老规划计算基本思路

退休养老规划的实质，是计算退休养老金的供应量和需求量，检查两者的差异，并据以采取相应措施。王先生夫妇今年均刚过 35 岁，打算 55 岁退休，估计夫妇俩退休后第一年的生活费用为 9 万元，考虑到通货膨胀的因素，夫妇俩每年的生活费用估计会以每年 3%的速度增长。夫妇俩预计可以活到 80 岁，并且现在拿出 10 万元作为退休基金的启动资金，每年年末投入一笔固定的资金作为退休基金的积累。夫妇俩情况比较特殊，均没有缴纳任何社保费用。夫妇俩在退休前采取较为积极的投资策略，假定年回报率为 6%，退休后采取较为保守的投资策略，假定年回报率为 3%。问夫妇俩每年年末应投入多少资金？

第一步：预测资金需求：

1. 生活费用估计会以每年 3%的速度增长；
2. 退休后采取较为保守的投资策略，年回报率为 3%；
3. 退休后第一年的生活费用为 9 万元；
4. 预计可以活到 80 岁；
5. 折算到 55 岁初的时候，退休金共需：25 年×9 万＝225 万元

第二步：预测退休收入：

据给出的信息，夫妇俩退休后没有任何收入。

第三步：计算退休基金缺口：

1. 目前 10 万元的退休启动资金至 55 岁时增值：320 714 元

N＝20；I/Y＝6；PV＝100 000；FV＝320 714

2. 退休基金缺口＝2 250 000−320 714＝1 929 286 元

第四步：制订方案：

1. 如上规划可能需要作出修订的情形如下：

（1）退休后养老生活费的社会普通标准已经有较大提升；

（2）投资收益率没有达到预想的标准，养老金出现较大短缺；

（3）通货膨胀率超出预定标准，每个月需要支付的生活费远远超出预期标准；

（4）每个月的生活费结余大大减少，或者要用到其他事项；

（5）希望给予子女留下一定数额的遗产；

（6）寿命超出预想期限且大大延长；

（7）漫长的退休生活中，出现了大病、重病等各类事项，致使费用开销远远超出了预算；

（8）适当留有余地，备而有余，勿使短缺。

退休金供应不足时应采取的对策如下：

（1）试图降低生活质量，节约晚年各类费用开销；

（2）延长退休年龄或者退而不休，继续从事有报酬的职业劳动；

（3）整理好投资组合，搞好投资项目，提升投资收益率；

（4）想方设法增加其他收入来源渠道，如子女赡养金等；

（5）从四五十岁开始，尽早作出退休理财的打算；

（6）加强身体锻炼，提升自身素养，减弱退休后的医药保健费用开销；

（7）利用房子在自己身故后仍然具有的价值，提前变现套现，实现以房养老；

（8）变换养老场所，到生态环境优越的农村或养老基地生活居住，减少生活费用，提升养老质量。

第四节 养老规划案例及分析

一、家庭养老金的规划

以现在通货膨胀对于家庭长期资金积累的影响，家庭在很大程度上会受到一定的影响，而一些相对投资收益能够保证抵御通货膨胀率的投资方式还相应的具有一定的投资风险，为了更好的保证家庭资金的积累，家庭可以考虑选择适合的投资产品进行投资，有效地保证资金的保值增值。

王先生的家庭是属于中产阶级的家庭，家庭收入比较稳定，每年的收入为15万元，目前家庭有一定的资金结余，由于王先生的家庭生活压力较小，因此王先生的家庭一直保证着一定的生活质量，但是考虑到家庭的成长，家庭长期的资金积累以及家庭需求的办理开支，家庭目前的资金储备相对就不是很合理，为了能够更好地保证资金的积累，王先生希望选择适合的投资理财产品进行投资，有效地保证资金长期积累下的保值增值。

目前王先生的家庭生活比较稳定，家庭有一定的资金结余，但是家庭的资金储备并不适合很合理，很难保证资金长期的积累下保证资金的保值增值，因此，家庭应该通过合理的资产配置，有效的保证资金的保值增值。

首先为了更好地保证家庭的成长，家庭应该确保较为完善的抗风险能力，保证家庭的成长，对于家庭成长的保障，家庭可以考虑通过办理一定的商业保险来进行配置，通过办理意外以及医疗方面的保障进行配置，确保家庭的抗风险能力，同时家庭还可以考虑准备一定的流动资金来应对家庭日常生活中的压力，对于这部分资金的储备，家庭可以考虑通过货币基金以及银行活期的方式进行组合投资，有效的保证资金的安全性以及流动性，同时还能确保资金的保值增值。

而对于家庭资产的投资，以目前的家庭情况来说，家庭在未来的家庭成长中会承受一定的压力，同时考虑到家庭的生活质量的维持，家庭应该首先通过一定的稳健型投资方式进行投资，选择投资债券以及基金类的投资产品，有效地保证资金的保值增值，并确保家庭资产的保值增值。同时家庭还可以考虑采取长期的投资策略进行投资股票，有效的降低投资风险，保证资金的安全性，获得相对较高的投资收益，保护家庭资产的积累。

二、30岁养老规划——未雨绸缪早计划

（一）案例背景

李先生是一位律师，今年30岁，月收入1万元，妻子汪女士是一家公司的法律顾问，今年27岁，月收入在4 000元左右。再加年终奖约1万元，目前家庭年度总收入为16.8万元，年度开支为8万元。李先生预计日后收入会

有较大增长，妻子收入相对稳定。

李先生计划在1年后按揭贷款买一辆10万~15万元的私家车，并在两三年后生育一个小孩。李先生和妻子的兴趣爱好比较简单，目前未涉足任何投资领域。他们对股票、债券和基金等金融投资方式均不感兴趣。

李先生希望自己能于60岁正常退休，退休后的生活水平与目前的生活水平基本相当。李先生一家的资产负债及收入支出、保障安排等基本状况见表10-2至10-5。

表10-2 **每月收支状况** 单位：元

	收入		支出
本人收入	10 000	基本生活开销	4 000
配偶收入	4 000	医疗	100
其他收入	无	房贷	1 500
合计	14 000	合计	5 600
结余	8 400		

表10-3 **年度收支状况** 单位：元

	收入		支出
年终奖金	10 000	保险费	4 800
其他	无	赡养父母	4 000
合计	10 000	外地旅行	4 000
结余	−2 800	合计	12 800

表10-4 **家庭资产负债状况** 单位：元

	资产		负债
银行存款	50 000	公积金住房贷款	70 000
房地产（自用）	550 000	商业住房贷款（限期10年）	100 000
资产总计	600 000	负债总计	170 000
资产净值	430 000		

表 10-5 家庭保障安排情 单位：元

	个 人 保 障	单位保障
本人	养老保险（附加医疗险及意外险），年交保费 4 800 元，交 20 年，48 岁开始领取养老金	四金
妻子	无	四金
父母	无	四金

（二）养老规划分析

1. 估算养老需要用费
2. 估算能筹措到的养老金
3. 估算养老金的差距
4. 制定养老金筹措增值计划

三、40 岁养老规划——增值和稳健并重

养老资金是整个人生理财规划中最为关键的一个部分。从某种意义上讲，所有的个人理财规划，最终都是为富足养老服务的。40 岁左右的人群，应该是投资养老的积极分子，毕竟老年生活已近在眼前了，40 岁是养老金规划的临界点。

40 岁左右人群的家庭处于成长期，随着子女逐渐长大，时间上相对宽裕，经过 20 多年的打拼，工作和生活步入正轨，丰富的社会经验让他们的工作能力增强，家庭收入进入高峰期，这一时期是家庭资产的重要增值期。但同时，与年轻人群相比，“上有老下有小”的他们往往承受着很大的风险和压力，退休后的退休金将无法维持现在的生活质量。为了过上有钱有闲的晚年生活，每个人都应及早制定养老资金筹划方案，通过多种投资组合，不断充实自己的养老账户。

（一）40 岁养老规划的情形

1. 一般家庭自保为主

对于 40 岁左右、家庭经济并不宽裕的人来说，一般性的家庭开支还能应

付，而不断增长的子女教育费，可能会成为生活的负担。夫妇俩的收人几乎是家庭唯一的经济来源，一旦两人当中有一方下岗、生病或发生伤残等意外事故，家庭的财务状况很可能岌岌可危。

因此，这样的家庭，未来夫妇俩的自身保障显得更为重要。可以选择将收人的一部分用于购买商业保险，具体说，可以购买部分低额的终身寿险（最好含养老）、重大疾病险，加上最需要的医疗险、意外险等。

2. 富裕家庭合理搭配

对于40岁左右的成功人士，他们已经通过投资积累了相当的财富，净资产比较丰厚，不断增长的子女教育费用不会成为生活的负担，对于一般性的家庭开支和风险也完全有能力应付。因此，在购买了足够的保险后还可以抽出较多的余钱来发展其他的投资事业，比如购买一套房产或者尝试实业投资。

40岁的家庭应该是投资理财的主体，努力通过多种投资组合使现有资产尽可能增值，不断充实自己的养老金账户，但养老规划总的来说应该以稳健为主，稳步前进。

对此前已通过投资积累了相当财富，净资产不会成为生活负担。一般性家庭开支和风险也完全有能力应付，可以抽出较多的余资发展大的投资事业，如再购买一套房产或尝试投资实业等。

（二）养老金规划实例

王教授是一个让人羡慕的准退休族，49岁的她已是北京某大学的博士生导师。王教授如今的月薪在8 000元左右，再加上平日里搞研究，写学术性论文等各种各样的津贴收入，王教授的月总收入在12 000元以上。另外，王教授还经常外出进行技术咨询与讲学，有一笔不菲的咨询费收入。加上退休金，一个月的收入有4 000多元。王教授夫妇虽然不用为生活发愁，但一直在考虑知何过好自己的后半生。由于工作忙，王教授不太热衷于投资，家中的主要资产仅是银行存款。至于保险，“一直想买，但没找到合适的”。他们也担心退休之后生病．但好在攒了一笔养老金，准备用来应付医疗费。王教授希望60岁以后，保险公司加上社会保障部门发的养老金每月能达到七八千元，再加上他们适当的一些外快收入，能让夫妇俩拥有一个金色的晚年。

专家建议：人老最怕病来磨。尤其是对高薪准退休族来说，紧张或者无规律的生活状态、巨大的工作压力都无可避免地为其留下一些职业病，或许现在毫无感觉，然而一旦在退休后发作，将会带来一些经济上的被动，保险是应对这种风险的较佳策略。一般而言，这个时期应重视更周全、保险金额更高的住院医疗保险、重大疾病保险及防癌保险、资产保值增值的养老分红保险等。在专家的建议下，王教授夫妇每人在选择了一份保额不大的健康保险的基础上，投资了一份保额较丰厚的养老保险。

第五节 家庭养老金规划方案定制

如何制定和完善今后的退休金规划，让自己的退休生活更如意呢?

一、了解自己的经济现状

要想为今后的退休生活制定一个规划，当然需要先了解自己当前的状况。首先，要对自己目前的家庭资产、现金流、职业发展状况、家庭成员的结构变化等进行一下评估。准确了解自身各类投资、资产的价值，有助于确定自身包括配偶今后还需攒多少钱来为退休计划做准备。其次，除了依靠现有的家庭资产来积累今后的养老金，还要计算一下其他可能为自己的退休生活带来收入的来源。比如，社会基本养老保险、医疗保险，还有已经投入的商业养老保险、企业年金等，算一下这些品种，在将来退休后能帮助你多少（主要是算一下这些将来可能获得的收入，可以占到将来退休后生活费用所需的百分比）。

二、完善投资组合

正确的投资组合是成功的关键，多元化投资是一个长期战略，需要数十年的时间，而不是几个月或几年就能成功的，因此要坚持投资组合。多元化投资还可以降低重大损失的风险。作为一般规则，金融顾问建议你，在资产的配置比例上，40 多岁时可将 70%投资于股票，50 多岁时可将 60%投资于股票，60 多岁时可将 40%~50%投资于股票，其余的资产可投资于债券和价值稳定的基金。当你离退休越来越近的时候，还需要努力增加你的现金储蓄。将相当于 2~3 年生活费用的钱变换为存款单或货币市场基金，这意味着当股票或债券下跌时你不会被迫将它们卖掉。此外，在投资时限的考虑上，也要特别注意一个问题，那就是如果你恰巧在股市大跌之际退休，因为股票资产迅速缩水，那么你的资金短缺的可能性将会大增。为此，你可以考虑一个折中的解决办法，即在退休后的 3~5 年内（一个周期）放弃股票投资，将股票资金转为较平稳和安全的资产，这样就能保住多年来储蓄的退休金，将资金短缺的风险降低很多。

三、努力延长工作年限

尽可能延长工作时间，不仅可以推迟动用社会保障金，并且当你最终退休时月收入还会更高。同时，退休时间被缩短，那么靠储蓄养活的时间也被缩短在经济衰退期间找到一份工作对 50 多岁的人来说要比 30 多岁的人难得多。因此，现在就要开始着手准备打好基础，比如重新联系上一些熟人，加入专门的网络群体根据自身特长做一些社会服务工作等，想尽一切办法寻找就业机会。很多人在退休后重新进入企业工作，或是开始自己创业，除了满足自身的精神需求外，还有很大的缘由就是想要为自己积累更多的退休金。

四、充分利用房屋资产

在我们国内，真正实现以房养老的老人几乎没有，但以房养老的理念已经在近几年被广泛宣传。一旦金融机构在对房屋的处理权上有了突破，房产抵押市场的流动性就会快速增加，到时候，以房屋养老也就可以真正实现了。

五、重新调整期望值

经过了 2008 年下半年以来的严重金融危机，人们都意识到，膨胀的欲望不能持久，生活还是要理性为上。对准退休族而言，也要以此为鉴，对自己的退休规划，特别是退休金数额、退休后的住房条件等具体目标做一些恰当的调整。俗话说，“期望越高，失望越大”，我们不妨把退休目标稍微定得低一点，更为实际些，保持轻松心态享受退休时光。

第十一章　家庭遗产规划

我们要理解遗产规划的定义，遗产规划对于家庭成员的重要性。熟悉遗产规划工具及需要注意的策略，了解遗产税并尽可能地避税，熟知遗产规划的步骤。

第一节　遗产规划概述

一、遗产规划概念

（一）遗产的概念

遗产是被继承人死亡时一流的个人所有财产和法律规定可以继承的其他财产权益，包括积极遗产和消极遗产。积极遗产指死者生前个人享有的财物和可以继承的其他合法权益，包括所有的现金、证券、公司股权、不动产和收藏品等。消极遗产指死者生前所欠的个人债务，包括贷款、应付医疗费用和税收支出等。根据《继承法》第3条的规定，遗产具有如下法律特征：

1. 遗产是已死亡自然人的个人财产，具有范围限定性，他人的财产不能纳入作为遗产。

2. 遗产是自然人死亡时尚存的财产，具有事件的特定性。

3. 遗产是自然人死亡时遗留的合法财产。具有合法性。

4. 遗产是自然人死亡时遗留下来能够依法转移给他人的财产，具有可转移性，不能转移给他人承受的财产，如名誉权等，则不能作为遗产。

5. 遗产只存在于继承开始到遗产处理结束这段时期。公民生存时拥有的财产不是遗产，只有在该公民死亡，民事主体资格丧失，遗留的财产才能成为遗产。遗产处理后即转归承受人所有，也不再具有遗产属性。

（二）遗产规划的概念

遗产规划是将个人财产从一代人转移给另一代人，从而实现个人为其家庭所确定的目标而进行的一种合理财产安排。其主要目标是帮助投资者高效率地管理遗产，并将遗产顺利地转移到受益人手中。

二、遗产规划的原因

人总要去世，怎样才能使财产最大限度地留给后人呢？当重病的时候，又怎样来保证后续的治疗费用呢？又有谁老安排好配偶和子女的未来呢？遗产规划可以起到很好的帮助作用，为医生的遗产规划画上一个圆满的句号。

概括而言，遗产规划起码有两个作用：一是通过规划尽可能顺利地将遗产传承给希望的继承人，避免纠纷。如果事先有周密的遗产计划和善后安排，就能尽可能多地将遗产以留给自己愿意分配的对象。二是通过规划以尽可能少的成本将遗产传承下去，避免耗损。合理的遗产规划可以减少遗产转移过程中的费用。首先是遗产税，在国外也叫“死亡税”。目前，全世界大约有 2/3 的国家和地区征收这种税，很多国家对遗产制定了很高的税率。其次，有的国家虽然没有开征遗产税，但是在进行遗产处理的时候仍然需要缴纳公证、判决等费用。

遗产规划是个人理财规划中不可缺少的部分，又是一个家庭的财产得以世代相传的切实保障。西方国家对公民的遗产传承有着严格的管理和税收规定，所以其国民对于遗产规划有着很高的需求和认识。遗产税是一个国家或地区对死者留下的遗产进行征税的制度。早在 2004 年 9 月，财政部就出台了《中华人民共和国遗产税暂行条例（草案）》，并于 2010 年进行了修订。虽然该草案至今未予实施，但是理论上讲，遗产税如果征收得当，对于调节社会成员的财富分配、增加政府和社会公益事业的财力和促进社会公平有一定的现实意义。因此，遗产税的征收是大势所趋。我国虽然还未正式开征遗产税，在不久的将来也有可能提上议事日程，所以学习遗产规划的知识对于我们来说是非常必要的。

第二节 遗产规划工具

遗产规划的工具主要有：遗嘱、遗产委托书、遗嘱信托、人寿保险、赠与等。具体如下：

一、遗嘱

（一）遗嘱的含义

遗嘱是遗产规划中最重要的工具，是指遗嘱人生前在法律允许的范围内，按照法律规定的方式对其遗产或其他实物所作的个人处分，它给予了被继承人很大的遗产分派权力。很多人由于没有制定或及时更新遗嘱而无法实现其目标。我们需要按照一定的程序订立遗嘱文件，明确如何分配自己的遗产，然后签字认可，遗嘱即可生效。一般来说，在遗嘱内，需指定受益人，也就是有权利获得遗产的个人；要指定一位遗嘱执行人，有时也可以称为个人代表，他将会负责执行遗嘱中的条款；还要指定一位监护人，他或她要负责监护年龄不满18周岁的孩子，并管理他们的财产。遗嘱是健全的遗产规划必要的工具。

（二）遗嘱关系人

1. 遗嘱订立人。是指制订遗嘱的人，借此将自己的遗产分配给他人。在遗产规划编制中，理财师通过对客户财务状况和目标的分析为其提供服务。在西方各国，对立遗嘱人的资格要求不尽相同，但一般均有以下要求：（1）年龄，一般规定只有成年人才有立遗嘱资格；（2）精神状态，法律要求立遗嘱人在立嘱时应清楚地知道他所从事事务的状况及其后果；（3）环境要求，法院否认在立遗嘱人受威胁的条件下所立遗嘱的合法性。

2. 遗嘱受益人。是指当事人在遗嘱中制订接受其遗产的个人和团体，包括遗嘱订立人的配偶、子女、亲友或某些慈善机构等。

3. 遗嘱执行人。是指负责执行遗嘱指示的人，也成为当事人代表，通常由法院指定，代表遗嘱订立人的利益，按照遗嘱内容对其财产进行分配和处理。其主要责任时管理遗嘱中所属的各项财产。遗嘱执行人在遗嘱兑现中的责任重大，立遗嘱人须慎重抉择。如生前没有指定遗嘱执行人，则由法庭指定，执行人的佣金一般由法律规定。在必要时，遗嘱执行人可聘请律师协助其办理有关事宜，律师费用从遗嘱订立人的遗产中扣除。

（三）遗嘱的类型

遗嘱可以分为正式遗嘱、手写遗嘱和口述遗嘱三种。其中正式遗嘱最为常用，法律效力也最强。它一般由当事人的律师来办理，要经过起草、签字和见证等若干程序后，由个人签字认可，也可以由夫妇两人共同签署生效。手写遗嘱是指由当事人在没有律师的协助下手写完成，并签上本人姓名和日期的遗嘱，除非有两个以上的见证人在场，否则多数国家也不认可此类遗嘱的法律效力。为了确保遗嘱的有效性，一般建议采用正式遗嘱的形式，并及早拟定有关文件。

（四）遗嘱遗产

遗嘱的重要内容是规定遗嘱遗产。这是在所有者死亡时，由遗嘱执行人或管理人处理并分配的遗产，包括：（1）以已故者自己的名义直接拥有的财产；（2）作为共同拥有者持有的财产权益；（3）在遗嘱人去世时，应支付给已故者遗产的收入或收益金；（4）共同体财产中属于已故者的部分。

（五）遗嘱检验

遗嘱检验是法庭验证立嘱人最后订立遗嘱或遗言有效性的一种法律程序。遗嘱检验首先是由遗嘱执行人向法院递交有关文件，要求法院确认遗嘱的有效性。法庭在收到申请后，通知各有关利益主体在规定时间到法庭听证。在听证会上，遗嘱证明人要出庭作证，并出示有关材料。如遗嘱证明人已经死亡，或因其他原因无法到庭作证，在对遗嘱有效性不存在任何疑义的条件下，法庭即可确认遗嘱的合法性。

（六）遗嘱争议

人们对遗嘱的合法性可能提出争议，遗嘱听证会是解决遗嘱争议的较好机会，是证明遗嘱有效或无效性的法律程序。从法律角度看，遗嘱争议的焦点主要集中在以下几个方面：（1）遗嘱手续不当，如无足够的证人；（2）立遗嘱人没有立遗嘱能力；（3）立遗嘱人在受威胁环境下立嘱；（4）遗嘱具有欺诈性质；（5）遗嘱已经立遗嘱人修改，本份文件是修改前或修改后难以认定；（6）立遗嘱人先后立了多份内容互相矛盾的遗嘱，最终难以认定先后真伪。

二、遗产委托书

遗产委托书是遗产规划的另一种工具，它授权当事人指定的一方在一定条件下代表当事人指定其遗嘱的订立人，或直接对当事人遗产进行分配。通过遗产委托书，可以授权他人代表自己安排和分配其财产，从而不必亲自办理有关的遗产手续。被授予权力代表当事人处理其遗产的一方称为代理人。在遗产委托书中，当事人一般要明确代理人的权力范围。后者只能在此范围内行使其权力。

遗产规划涉及的遗产委托书有两种：普通遗产委托书和永久遗产委托书。如果当事人本身去世或丧失了行为能力，普通遗产委托书就不再有效。所以，必要时，当事人可以拟定永久遗产委托书，以防范突发意外事件对遗产委托书有效性的影响。永久遗产委托书的代理人，在当事人出世或丧失行为能力后，仍有权处理当事人的有关遗产事宜。所以，永久遗产委托书的法律效力要高于普通遗产委托书。在许多国家，对永久遗产委托书有着严格的法律规定。

三、遗嘱信托

遗嘱信托是指通过遗嘱这种法律行为而设立的信托，也叫死后信托，当委托人以立遗嘱的方式，把财产的规划内容，包括交付信托后遗产的管理、分配、运用及给付等，详订于遗嘱中。等到遗嘱生效时，再将信托财产转移给受托人，由受托人依据信托的内容，也就是委托人遗嘱所交办的事项，管理处分信托财产。与金钱、不动产或有价证券等个人信托业务比较，遗嘱信托最大的不同点在于，遗嘱信托是在委托人死亡后契约才生效。

遗嘱信托有时候能够解决其他法律制度无法解决的问题，特别是在遗产处理方面更具有独特的作用。遗嘱信托规划在国外早已普及，但是由于我国忌于谈及身后之事，加之原无信托制度，所以造成诸多的遗产纠纷，既损害亲情，又不利于社会的安定。2001 年 10 月 1 日，《中华人民共和国信托法》生效，标志着我国信托制度的真正确立。

遗嘱信托适合以下人群：一是欲立遗嘱，却不知如何规划的人；二是对遗

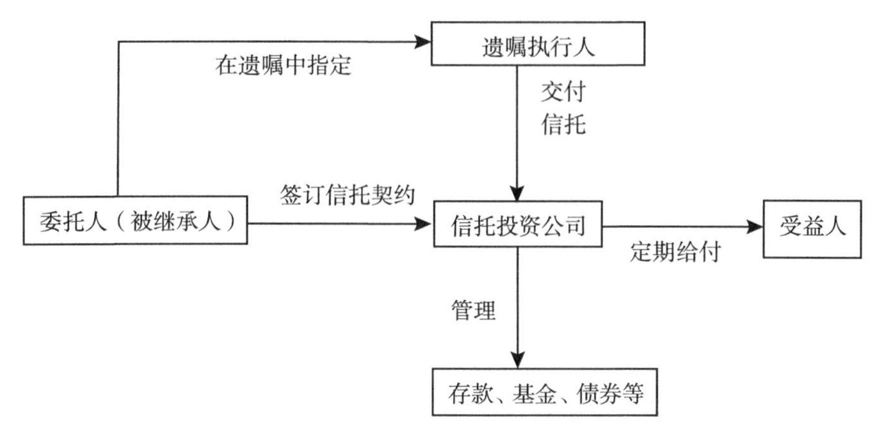

图 11-1　遗嘱信托流程图

产管理及配置由专业需求的人；三是欲避免家族争产，妥善照顾遗族的人。

遗嘱信托的特点是：（1）延伸个人意志，妥善规划财产；（2）以专业知识及技术规划遗产配置；（3）避免继承人争产、兴讼；（4）结合信托，避免传统继承事务处理的缺点。

通过遗嘱信托，由受托人依照遗嘱人的意愿分配遗产，并为特定人员而做遗产规划，不但能有效防止纷争，并因结合了信托的规划方式，而使该遗产及继承人更有保障。因此，遗嘱信托具有以下功能：

可以很好地解决财产传承，使家族永保富有和荣耀。通过遗嘱信托，可以使财产顺利地传给后代，同时，也可以通过遗嘱执行人的理财能力弥补继承人无力理财的缺陷。

可以减少因遗产产生的纷争。因为遗嘱信托具有法律约束力，特别是中立的遗嘱继承人介入，使遗产的清算和分配更公平。

可以避免巨额的遗产税。遗产税开征后，一旦发生继承，就会产生巨额的遗产税，但是如果设定遗嘱信托，因信托财产的独立性，就可以合法规避该税款。

遗嘱信托，由于设定灵活，不同情况有不同的信托安排，所以信托的执行也就不同。被继承人可以安排在其去世后由遗嘱执行人清算其财产，然后按照其在遗嘱中的安排分配给继承人。这种安排，遗产分配后，信托关系终结。被继承人可以安排由遗嘱执行人经营管理财产，指定其继承人为受益人。这种安排一般使继承人年龄尚小或者因某种原因无理财能力。这种安排，在特定条件成就或信托目的实现后终结。当然，被继承人在设定遗嘱信托时，可以根据继承人的状况以及财产状况，非常灵活地进行设定，以实现财产的传承以及其他特定的愿望。

总之，信托制度弥补了原有继承制度的不足。被继承人能够通过信托实现财富的传承，还可以通过信托涉及实现自己的各种未了的心愿。

四、人寿保险

人寿保险在遗产规划中也有很大作用，在遗产规划中的作用主要体现在以下两方面：一是可以用身故保险金支付个人企业和其他不动产的遗产税，防止因无钱支付遗产税而被迫链家出售企业或不动产；二是在许多国家（包括我国），身故保险金属于免税资产，终身寿险具有规避遗产税的功能，能减少遗产转移的成本。一直以来，保险就是一种非常有效的合法避税手段，特别是额度较高的人寿保险。其实，保险公司按照保险条款支付给受益人的死亡保险金是用来保障受益人基本生活需要的。它是一种原始取得而非继承所得，无须用来偿还死者生前债务，也无须缴纳个人所得税和遗产税。在国际上，保险金免税是通行的惯例，而且许多国家的税法也都将受益所得的保险金列为免税范围。在遗产税避税方面，人寿保险主要有三方面的优势。

（一）具有很强的变现能力

遗产税的缴纳必须以现金的形式，继承人在得到遗产之前，首先必须缴纳大笔遗产税。如果继承人本身没钱，则只能通过拍卖固定资产的方式来获取大量现金，这会造成财富缩水。但如果之前购买了足额的人寿保险，当被保险人死亡后，其指定受益人（一般为法定继承人）则可以马上获得保险公司支付的大笔现金，用以缴纳遗产税，能够避免因变现财产而致使财富流失情况的出现。

（二）可降低资产总额

由于终身首先的保险责任较重，其费率也较高。对于一名 50 岁的男性而言，终身首先纯费率约为 50%。也就是说，如果这位男士想要购买保额为

2 000万元的人寿保险，则需一次性缴纳1 000万元的保费。高额的保费可以有效降低资产总额，从而降低应纳税遗产净额，少缴遗产税。

(三) 提供充足的风险保障

保险的初衷便是为人们提供风险保障，将人民未来可能面临的风险及时分散和转移出去。如果事先能够购买足额的人寿保险，则能够在被保险人死亡后留给儿女一笔可观的财富，保障其生活需要。

五、赠与

赠与是指当事人为了实现某种目标将某项财产作为礼物赠送给他人，而使该项财产不再出现在遗嘱条款中。采取这种方式一般是为了减少税收支出，因为很多国家对于赠与财产的征税要远远低于对遗产的征税。这种方法的缺点在于，一旦财产赠与他人，则当事人就失去了对该财产的控制，可能无法将其收回。

赠与虽然不可能成为社会中财产所有权转移的主要形式，也起不到直接促进社会经济发展的作用，但在现代社会，赠与仍具有相当的社会意义。赠与一方面可以在一定程度上对社会财富平衡分配；另一方面，赠与可以沟通赠与双方当事人的感情，进而融洽社会气氛，减少社会矛盾。赠与合同是典型的无偿合同和单务合同，即赠与人无对价而支付利益，受赠人不负担任何对待给付义务即可获得利益，这一合同关系导致合同双方的权利义务严重违反公平和等价有偿的交易原则。因此，为均衡赠与人与受赠人之间的权利义务关系，在赠与合同的立法中，立法者都尽可能采取措施优遇赠与人。

六、最后指令书

最后指令书是帮助遗产管理人更好的管理遗产，在遗嘱之外另行起草的一种文件。指令书的主要内容，是文件起草人希望自己死后别人按其意志执行的，但又不便在遗嘱中写明的各种事项。主要包括：（1）遗嘱存放处；（2）葬礼指示；（3）其他有关文件存放处；（4）企业经营指令；（5）没有给予某继承人某项遗产的原因说明；（6）对遗嘱执行人又用但又不便或不愿意在遗嘱中公开的有关私人隐秘；（7）推荐有关会计、法律事务服务机构等内容。

最后指令书不是一种法律性文件，不可用来取代遗嘱，一般在立遗嘱人即将死亡时开出。

第三节　遗产规划步骤

遗产规划的步骤包括计算和评估个人的遗产价值、确定遗产规划的目标、制订遗产计划以及定期检查和修改四个方面。

（一）计算和评估个人的遗产价值

进行遗产规划的首要工作就是计算和评估自己的遗产价值。通过计算和评估遗产价值，可以帮助其了解自己拥有资产的种类和价值，了解与遗产有关的税收规定，为制定遗产计划奠定基础。

（二）确定遗产规划目标

在了解了个人的遗产价值之后，就要根据个人的目标期望、价值取向、投资偏好等确定遗产目标了，以下因素会影响遗产规划目标的确定：

（1）年龄；

（2）家庭成员和其他受益人的年龄；

（3）受益人的需要；

（4）遗产的现值；

（5）受益人的其他资产；

（6）受益人自己处理财务的能力。

具体的遗产目标包括：

（1）确定谁是遗产继承人，以及各自的遗产份额；

（2）确定遗产转移的方式；

（3）在与遗产的其他目标不冲突的情况下，尽量降低遗产转移的成本；

（4）为遗产提供足够的流动性资产以偿还其债务；

（5）保持遗产规划的可变性；

（6）确定遗产清算人员的构成以及遗嘱执行人等；

（7）计划慈善赠与 。

遗产规划目标的特别之处在于：这一目标只有在当事人去世之后才能实现，而且必须通过相应的遗产清算人员和遗嘱继承人的帮助才能完成。

（三）制订遗产计划

制订遗产计划是遗产规划的关键步骤，一个合适的遗产计划既能确保未来的意愿得以实现，亦能继续满足目前的需要，让人安枕无忧。遗产计划的作用在于：

（1）确保妥善分配资产；

（2）尽量降低遗产税与其他开支；

（3）避免遗嘱认证以及监护权聆讯所导致的费用、资料公开及延误；

在制订遗产计划时，应该针对不同个人的不同类型，制定不同的遗产规划工具组合。一般来说，应该注意以下几个原则：首先要保证遗产计划的可变性；其次要确保遗产计划的现金流动性；最后是尽量减少遗产纳税金额。

（四）定期检查和修改

个人的财务状况和遗产规划目标不会一成不变，遗产计划必须能够满足其不同时期的需求，所以对遗产计划的定期检查是必需的，这样才能保证遗产计划的可变性。一般而言，应该每年或每半年对遗产计划进行重新修订，下面列出了一些常见的事件，当这些事件发生时，遗产计划常常需要进行调整：

（1）子女的出生或死亡；

（2）配偶或其他继承者的死亡；

（3）结婚或离异；

（4）本人或亲友身患重病；

（5）家庭成员成年；

（6）继承遗产；

（7）房地产的出售；

（8）财富的变化；

（9）有关税制和遗产法变化。

第四节 遗产规划策略

一、遗产税制度框架

(一) 遗产税的类型

目前世界各国实行的遗产税制度，按照课税主体不同，可分为总遗产税制、分遗产税制和混合遗产税制。

(二) 遗产税制要素

遗产税制度的基本要素包括纳税人、征税范围、税率、税收减免等。

1. 纳税人

遗产税纳税人既可以是遗产继承人，也可以是受遗赠人，纳税时可以由遗嘱执行人或者遗产管理人代扣代缴。

2. 征税范围

多数国家对课税对象采用宽税基，包括本国居民境内、境外取得的遗产和非本国居民从本国境内取得的遗产，比如不动产、动产和其他具有财产价值的权力等。

3. 税率

遗产税一般采用累进税率，即按遗产或继承、受遗赠财产的多少，划分若干等级，设置由低到高的累进税率。见表 11-1。

表 11-1 **遗产税税率**

级别	应税遗产总额（万元）	税率（%）	速算扣除数（万元）
1	超过 10~25 的部分	10	1
2	超过 25~50 的部分	20	3.5
3	超过 50~75 的部分	30	8.5

续表

级别	应税遗产总额（万元）	税率（%）	速算扣除数（万元）
4	超过 70~100 的部分	40	16
5	超过 100 的部分	50	26

4. 税收减免

在计算遗产税应纳税额时，可以允许由一定的税收减免，主要包括扣除项目、免征项目和免税额。

香港艺人梅艳芳女士在 2003 年年底因癌症去世，留下了大额的遗产，在去世之前，她留下了一份遗嘱将亿元的遗产转移到汇丰国际信托有限公司。

她通过遗嘱信托的方式使其母亲每月可以获得 7 万元的生活费，给外甥与侄女设立了读书基金支持其上完大学，并且约定在其母亲去世后将剩余的财产交给佛学会。梅艳芳通过设立遗嘱信托，以汇丰国际信托公司为委托人，父母兄长等为受益人，安排好母亲与兄长的生活，避免了将财产一次性的转移给没有自制能力的母亲。

在我们现有的继承制度当中，更强调的是财产的一次性转移，继承人在被继承人死后一次性的取得被继承人的财产并且随意使用，如果继承人没有一个良好的理财习惯与能力，会因继承人滥用遗产而导致财产很快被败光。遗嘱信托可以在遗嘱当中通过对受托人赋予一定的自由裁量权，使受益人不必因为挥霍浪费或是不善理财而拖累。根据遗嘱信托的特性，受托人通过对信托财产的管理，使信托财产保值增值，并且阶段性的给受益人分利，形成长远的保障，避免了受益人一次性取得财产而无限挥霍。

通过各种遗产规划工具可以帮助我们减少遗产传承过程中的成本，在进行遗产规划的过程中我们还需要制定一些有效的策略。

审查遗嘱和财产规划，以确定需要采取哪些调整，从而可以受益于遗产税、赠与税方面的变化，并避免代价高昂的潜在陷阱。尤其要考虑是否需要改变或取消现有的免税信托的安排。

利用可以最大限度节省遗产税的资产所有权形式，如有限责任公司或有限合伙公司的股权。

审查对合资企业所有权的利用情况。确保配偶中每一方的名下都有足够的资产放在免税信托或其他遗产避税工具中。

不要浪费政策中规定的每年免税赠与（如美国2006年为每人120 000美元）。

将预期能够增值的资产赠与子孙辈，因为他们的收入税率较低（如在美国，对于未成年人，这样的资产的长期增值部分他们只需按照5%缴纳收入税，不过要小心儿童税法）。为赠受者直接向教育机构支付学费或直接向保健提供商支付保健费。如果合适的话，可以考虑多年学费赠与方式。将现有的寿险保单转换成寿险信托。购买任何寿险保单都通过寿险信托来进行。将迅速增值的遗产放入让渡人持有的年金信托，或将这类资产出售给一个有意缺陷信托（intentionally defective trust）。重新考虑信托资产的组合情况，以利用较低的股利和资本收入税率；利用资产所有权的估值折价。

二、制订遗产分配方案的原则

在制订遗产分配方案时，需注意以下几个原则。

人们的财产状况在经常变化之中，遗产规划必须与时俱进，具有可变性。在制订遗产分配方案时，要保证它在不同时期都能满足立嘱人的需要。遗嘱和可撤销性信托时保证遗产规划可变性的重要工具，可以随时修改和调整。立嘱人可借此控制自己名下的所有财产，将财产制定给有关受益人，同时尽量减少纳税金额。立嘱人还可以在信托资产中使用财产处理权条款，授予指定人在当事人去世后拥有财产转让的权利。被指定人可以在必要时改变立嘱人在遗嘱中的声明，将遗嘱分配给他认为有需要的其他受益人。

以下三种情况将会降低遗产规划的可变性。

遗产中有立嘱人与他人共同拥有的财产。立嘱人没有完全拥有此项财产，不享有完全的财产处置权，除非特有财产的其他各方授权给客户，否则不能擅自违背原先约定。

立嘱人可以在其生前将部分遗产作为礼物赠给他人，而非在死后将遗产交给受益人，能大幅降低遗产税收支出。这种方式一旦采用，就不能随意撤销，为适应环境和客户意愿的改变，应慎重选用捐赠的形式分配遗产。

客户在遗产规划中采用不可撤销性信托条款，以减少立嘱人的纳税金额。但因它是不可撤销的，就降低了遗产规划的可变性。立嘱人可以限制这以条款的适用范围，从而保留对有关遗产的部分处置权。

西方国家的税法对遗产继承有严格规定，个人遗产有很大部分要用于缴纳遗产税。立嘱人死亡时，家人还要为其支付如临终医疗费、葬礼费用、法律和会计手续费、遗嘱执行费、遗产评估费等资产处置费用。在扣除这类费用支付并偿还其所欠债务后，剩余部分才可以作为遗产纳入分配。如遗产中的现金数额不足以支付这些费用时，反而会导致其家人陷入债务危机。为避免这种情况的发生，立嘱人必须在遗产中保留足够的现金以满足所需要的支出，确保遗产规划执行的现金流动性。

现金收入来源通常有以下方式：(1) 支付给客户配偶的社会保障金；(2) 银行存款单；(3) 人寿保险赔偿金额；(4) 可变现的有价证券；(5) 职工福利计划收益；(6) 其他收益性资产。

如立嘱人是某公司的合伙人，可以签署资产出售协议，在其去世后将本人在公司所持的股份出售给他人。这样可保障持续的现金流入，又将公司的控制权转让给其信任的人，保持经营的持续性。

为了保证遗产规划中现金的流动性，立嘱人应尽量减少遗产中的非流动性资产，如住宅、长期债券、珠宝和收藏品等。这些资产不仅无法及时提供所需的现金，还会增加遗产处置费用。客户应尽量将其出售或捐赠给他人，从而降低现金支出。

多数立嘱人都希望尽可能留下较多的遗产。然而，在遗产税率很高的国家，立嘱人尤其是遗产数额较大的立嘱人要支付很高的遗产税。遗产税不同于其他税种，受益人将全部遗产登记后，必须险筹集资金把税款计算交清，才可以继承遗产。遗产规划的重要缘由是减少税收支出，一般而言，采用捐赠、不可撤销性信托和自主慈善机构等，可以达到这一目的。

需要强调的是，尽管纳税最小化在遗产规划中相当重要，但它并不适于所有的立嘱人。我国目前并未开征遗产税，即使将来开征此税，初期税率也不会很高，人们在制订遗产分配方案时，首先要考虑如何将遗产正确地分配给他希望的受益人，而非首先减少纳税。

对遗产规划进行了阐述，包括遗产规划工具，遗产规划的步骤以及遗产规划的策略，遗产规划工具中详细地阐述了常用工具——遗嘱。并对遗嘱信托这一遗嘱规划的特色产品进行阐述，从而展示了遗产规划的特色之处。以遗嘱规划策略中的遗产税和遗产规划遵循的原则来提醒大家在遗产规划中需要注意的问题。随着时代的不断发展，人们对于遗产规划的认可度越来越高，同时人们对于遗产规划的重视度和需要程度也在逐渐提高。一个好的遗产规划，可以保障一个家庭的完整传承，可以为子女留下一笔丰富的死后财产，从而保证假如发生意外后自己的下一代依然可以拥有一个比较好的生活环境。

第十二章　家庭税收筹划

纳税是每位公民应尽的义务，家庭税收筹划是在合法前提下，减少税收支出或延期交税，了解家庭主要税种和个人税收筹划的概念和内容、特点、风险，熟知个人税收筹划的流程，掌握个人税收筹划基本方法和基本策略。

随着我国经济的快速发展，个人收入水平不断提高，收入来源和形式也日趋多样化。除了工资薪金收入以外，一些人还利用自己的业务水平和各种技能，在业余时间获取合法的劳务报酬。取得收入的同时，依法纳税也是每个公民应尽的义务。

按照财务学的理念，税收是一种现金流出，如果合法减少这种流出，也就是一种收益。税收作为家庭理财工具的一部分，日益受到重视。我们究竟应该缴纳什么税，缴纳多少税，以及如何在法律允许的范围内尽可能减少我们的税收负担，是每个家庭普遍关注的问题。

税收是指国家为实现其政治和经济职能，凭借其政治权力，依法无偿参与国民收入分配的一种形式。税收具有强制性、无偿性和固定性的特征。也就是说，税收是国家凭借政治权力取得收入的一种形式，是不以纳税人是否愿意纳税的意愿为转移的。虽然国家筹集税收的目的是为了国家的正常运转以及各项建设，具有“取之于民，用之于民”的性质，但是当我们支付税收的时候，国家是不会直接给予我们任何补偿的。此外，税收关系中的一方必然是国家，所以存在着一定的权利和义务的不对等性。因此，税收通过税法的形式固定下来，便于明确双方的权利义务，同时对国家的征税行为进行一定的约束。税收关系是一种从上至下的关系，税收的支付没有对应补偿，是一种纯粹的支出项目，因此家庭纳税理财的关键问题，就是我们如何在合法的前提下，合理安排我们收入取得的时间、金额，降低税赋的负担，这些业务就属于税收筹划，是家庭理财中非常重要的一项业务。

第一节　家庭主要税种

我国的所得税包括企业所得税和个人所得税两种，但是并不是所有的企业都是要缴纳企业所得税，并不是非企业的组织就未必不缴纳企业所得税。例如，个人独资企业与合伙企业需要缴纳的是个人所得税而不是企业所得税。而一些非营利性团体，例如一些协会、党派等，虽然不属于企业，但是只要在我国从事了盈利性的活动，同样需要交纳企业所得税。

我们在进行税收筹划之前，首先要把我们应该缴纳的税种明确清楚。我国的这两种所得税类型，在性质上有着很大的区别。作为企业所得税，无论我们的所得是生产经营所得、提供劳务所得、投资所得、租金所得还是其他所得类型，在计算企业所得税的时候，都是把应税的收入加总在一起，乘以企业所得税税率（一般税率为25%）。而对于个人所得税，则是区分不同的所得类型，分别按照不同的标准和税率进行征税。由于家庭理财，涉及最多的是个人所得税的筹划问题。因此在本章我们主要讨论家庭个人所得税的筹划，包括个人所得税征税制度和征税范围。

我们国家的个人所得税，实行比例税率和累进税率等多种税率形式。例如，对于个人的工资、薪金所得，适用3%~45%的七级超额累进税率。对于个体工商户的生产、经营所得，企事业单位的承包经营、承租经营所得、个人独资企业和合伙企业的生产经营所得适用5%~35%的五级超额累进税率，而对于个人的稿酬所得、劳务报酬所得、特许权使用费所得、财产租赁所得、财产转让所得、利息、股息、红利所得、偶然所得和其他所得适用20%的比例税率。比例税率比较容易理解，就是在计算出来的个人收入的基础上乘以20%来交税。而超额累进税率就相对复杂一些。简单来说，所谓的超额累进税率，就是将收入划分为不同的段，分别乘以不同的税率，高收入者多纳税，低收入者少纳税。这样做的目的主要是考虑到减轻不同收入人群之间的收入差距。见表12-1所示。

表 12-1 **工资、薪金所得适用税率表**

级数	全年应纳税所得额	税率（%）
1	不超过 36 000 元的部分	3
2	超过 36 000 元至 144 000 元的部分	10
3	超过 144 000 元至 300 000 元的部分	20
4	超过 300 000 元至 420 000 元的部分	25
5	超过 420 000 元至 660 000 元的部分	30
6	超过 660 000 元至 960 000 元的部分	35
7	超过 960 000 元的部分	45

注 1：本表所称全年应纳税所得额是指居民个人取得综合所得以每一纳税年度收入额减去费用六万元以及专项扣除，专项附加扣除和依法确定其他扣除后的余额。

注 2：非居民个人取得工资、薪金所得，劳务报酬所得，稿酬所得和特许使用费所得，依照本表按月换算后计算应纳税额。

2018 年 8 月 31 日，全国人大通过修改个人所得税法的决定，个税起征点从每月 3500 元上调至每月 5000 元，从 2019 年 1 月 1 日正式实施，最新个人所得税税率表，见表 12-2。

表 12-2 **个人所得税税率**

级数	全年应纳税所得额	税率%
1	不超过 30 000 元的	5
2	超过 30 000 元至 90 000 元	10
3	超过 90 000 元至 300 000 元	20
4	超过 300 000 元至 5000 000 元	30
5	超过 500 000	35

注：本表是经营所得适用税率

个人所得税的征税范围包括境内所得和境外所得，有 11 项内容：工资、薪金所得，个体工商户的生产、经营所得，对企事业单位的承包经营、承租经营所得，劳务报酬所得，稿酬所得，特许权使用费所得，利息、股息、红利所得，财产转让所得，偶然所得，其他所得。

第二节　家庭税收筹划策略与案例

一、家庭税收筹划概述

（一）家庭税收筹划的概念

家庭税收筹划，是指在税法规定的范围内，通过对经营、投资、理财等活动的事先筹划和安排，尽可能地获得“节税”的税收利益。税收筹划的概念，说明了这种行为的前提条件是必须符合国家法律及税收法规。税收筹划的方向，应当符合税收政策法规的导向；税收筹划的行为，只有在投资理财活动之前才是有效的；税收筹划的目标是使纳税人的税收利益最大化，包括税负最轻，还包括税后利润最大化、个人资产价值最大化等内涵。家庭税收筹在现已日益成为纳税人理财或经营管理决策中必不可少的一个重要部分。

（二）家庭税收筹划的特点

税收筹划的根本目的是减轻税负以实现个人税后收益的最大化，但与减轻税负的其他形式如逃税、欠税及避税比较，税收筹划至少应具有以下特点：

1. 合法性

税法是处理征纳关系的共同准绳，作为纳税义务人的个人要依法缴税。税收筹划是在完全符合税法、不违反税法的前提下进行的，是在纳税义务没有确定、存在多种纳税方法可供选择时，个人作出缴纳低税负的决策。依法行政的税务机关对此不应反对。这一特点使税收筹划与偷税具有本质的不同。

2. 超前性（预期性）

税收筹划一般都是在应税行为发生之前进行谋划、设计、安排的，它可以在事先测算个人税收筹划的效果，因而具有一定的超前性。在经济活动中，纳税义务通常具有滞后性。个人取得各项收入以后，才会发生纳税义务，才可能缴纳个人所得税；企业交易行为发生后，才会发生纳税义务，才可能缴纳有关流转税；收益实现或分配后，才缴纳所得税；

个人理财财产取得或应税行为发生之后，才可能缴纳财产、行为税。这在客观上提供了在纳税前预先作出筹划的可能性。此外，个人的劳务、经营、投资和融资等经济活动是多方向的，税法规定也是有针对性的。纳税人和纳税对象的性质不同，税收待遇也往往不同，这为纳税人选择较低税负提供了机会。税收筹划不是在纳税义务发生之后想办法减轻税负，而是在应税行为发生之前通过纳税人充分了解现行税法知识和财务知识，结合个人的经济活动进行有计划的规划、设计、安排来寻求未来税负相对最轻，经营效益相对最好的决策方案的行为，是一种合理合法的预先筹划，具有超前性特点。如果这些经济活动已经发生，应纳税率、税款就已经确定，再去“谋求”少缴税款，也就不属于税收筹划行为，而是税务违法行为。

3. 专业性

税收筹划作为一种综合的经济管理活动，所采用的方法是多种多样的。从环节上看，包括预测、决策、规划等方法；从学科上看，包括统计学、运筹学以及会计学等学科的方法。更重要的是，税收筹划需要对我国相关财税法律、法规具有比较深入的理解和研究。因此，税收筹划是一项专业性很强的业务活动。作为家庭理财业务中的一种，税收筹划需要丰富的专业知识，需要有理财师来谋划。如果某些个人还掌管自己的公司企业，那么这样的税收筹划就需要专门的税务代理、咨询及筹划业务方面的中介机构来完成了。

4. 目的性

纳税人对有关行为的税收筹划是围绕某一特定目的进行的。家庭进行税收筹划的目标不会是单一的目标，而可能是一组目标：直接减轻税收负担是纳税筹划产生的最初原因，是税收筹划最本质、最核心的目标；此外，还包括有：延缓纳税、无偿使用财政资金以获取资金时间价值；保证纳税申报正确、缴税及时足额，不出现任何关于税收方面的处罚，以避免不必要的经济、名誉损失，实现涉税零风险；确保自身利益不受无理、非法侵犯以维护主体合法权益；根据主体的实际情况，运用成本收益分析法确定筹划的净收益，保证家庭作为一个整体获得最佳经济效益。

5. 筹划过程的多维性

首先，从时间上看，税收筹划贯穿于家庭经济活动的全过程，任何一个可能产生税金的环节，均应进行税收筹划。其次，从空间上看，税收筹划活动不仅限于家庭成员的本职工作，还涉及家庭成员从事业余工作的收入。如果家庭成员还从事经营活动，那么则需要从企业经营的角度，寻求节税的途径。

（三）家庭税收筹划风险

家庭税收筹划的目的在于节约税收成本，进行个人税收筹划要遵循一些基本的原则，以求取最大税后效益，同时尽可能降低涉税风险。虽然，税收筹划可尽可能提高税后收益，但也面临着各种不确定因素。因此，不管是理财规划师、会计师还是客户本人，在进行家庭税收筹划时，都必须警惕这些风险，避免对双方的利益造成损害。

1. 违反反避税条款的风险

在理论上，税收违法和犯罪与合法的家庭税收筹划之间存在明显的区别。家庭税收筹划是完全合法的行为，但这并不代表个人税收筹划就不需要考虑反避税条款。反避税是对避税行为的一种管理活动。其主要内容从广义上包括财务管理、纳税检查、审计以及发票管理；从狭义上理解就是通过加强税收调查，堵塞税法漏洞。一般来说，各国政府为了规范税收的征缴，防止纳税人利用税法的漏洞逃避纳税义务，都制定了相应的反避税条款，凡是违反反避税条款的行为都要受到法律的制裁。理财规划师或会计师在为客户制定税收筹划方案时，应当充分考虑反避税条款，避免所提出的税收筹划建议违反反避税条款，从而损害理财规划师或会计师自己以及客户的利益。

2. 法律、法规变动风险

家庭税收筹划受法律、法规的影响是多方面的。由于税收法律的不明晰性，各级税务机关在执法时未按相关法律或法定程序受理税收筹划事项也会导致风险。首先，我国尚未制定统一的税收基本法，现有的税收法律、法规层次较多，部门规章和地方性法规众多，所以个人及其企业可能要应对这样一些复杂的局面。而且因税收法律法规庞杂，税收筹划人员在筹划时可能对税法精神认识不足，引致税收法律选择风险。其次，税务机关拥有税法的具体执行权和解释权，而且在具体执法过程中还有一定的自由裁量权，所以筹划人员所面临税务机关税收执法不规范，甚至受违法行为侵害的风险很大，例如税务机关可能将合法的税收筹划认定为非法避税或逃税甚至偷税等。最后，法律、法规的不确定性，也是造成这种风险的重要原因。在市场经济比较成熟的发达国家，一般法律、法规的变动较少。在我国，由于其整个经济体系尚不成熟，社会、政治、经济状况变动比较频繁，因而法律、法规的变动风险较大。因此，筹划者必须时时关注有关税收政策的出台和变化，从宏观上把握政策的利用时机。比如，国家出台的某一项税收优惠政策，是针对某一个时期而制定的，过期即作废。在这种情况下，理财规划师应当将所有可能潜在的法律、法规变动风险向客户做充分的揭示，以便帮助客户及时把握机会，果断地付诸行动，这样，才有可能筹划成功。

3. 经济风险

家庭税收筹划是与经济状况紧密相关的，宏观或微观的经济波动都有可能会对纳税人的税负产生一定的影响。政府课税（尤其是所得税）体现政府对个人和企业既得利益的分享，但政府并未承诺承担相应的经济风险，经济风险通常是由国家的整体经济状况决定的，是理财规划师个人无法改变的。因此，理财规划师在进行家庭税收筹划时，应当对未来的经济风险有清晰的认识，并且将这些因素考虑在内。

家庭税收筹划一般与税法的立法意识并不完全一致。家庭税收筹划，是利用税法的不足进行反制约、反控制的行为，但并不影响或削弱税法的法律地位。因此，家庭税收筹划实质上就是纳税人在履行应尽法律义务的前提下，运用税法赋予的权利保护既得利益的手段。家庭税收筹划是以履行法律规定的义务为前提的，而不是对法定义务的抵制和对抗。

家庭税收筹划是纳税人应该享有的权利，即纳税人有权依据法律“非不允许”进行选择和决策。国家针对家庭税收筹划活动暴露出的税法的不完备、不合理，采取修正、调整举措，也是国家拥有的基本权力，这正是国家对付避税的唯一正确的办法。

纳税人享有依法降低自己税负的权利，没有超过法定标准多纳税的义务。对此，在一些英美法系国家的著名的判例和判决中，早就作出了比较明确的回答。例如，美国著名的汉德法官曾指出：“人们通过安排自己的活动来达到降低税负的目的是无可厚非的。无论他是富翁还是穷人，都可以这样做，并且这完全是正当的。任何人都无须超出法律的规定来承担税负。税收不是靠自愿捐献，而是靠强制课征，不能以道德的名义来要求税收。”

（四）家庭税收筹划流程

家庭税收筹划的基本流程，可以分为收集信息、确定工作步骤和签订委托书、税收筹划方案设计，以及税务策划方案的执行和控制等步骤。收集信息是税收筹划的起点，在此基础上通过客户的税务目标分析，确定税收筹划的方向和范围，然后根据情况设计多种方案并进行比较，从中筛选出最佳的方案。在税收筹划方案的执行过程中，还要根据实际情况的变化进行调整。

1. 收集环境信息和家庭信息

家庭是在一定的环境中生存和发展的，外界条件制约着家庭的经济活动，也影响着活动的效果。税收筹划前，首先必须掌握家庭成员生活、工作的环境信息，尤其是针对那些从事个体工商户生产、经营，或者从事对企事业单位的承包经营、承租经营的家庭，收集环境信息尤为重要。这些信息主要包括：

（1）税收法规。这是处理国家与纳税人税收分配关系的主要法律规范，包括所有调整税收关系的法律、法规、规章和规范性文件。税收筹划是以这些法律法规为前提的，不能违反税务法规，税收筹划人要认真掌握和研究税收法规，找到其中可供税收筹划利用之处。税收法规常会随着经济情况的变动或为配合政策的需要而修正，修正次数较其他法律要频繁得多。因此，家庭进行税收筹划时，对于税法修正的内容或趋势，必须加以密切注意并适时对筹划方案做出调整，以使自己的行为符合法律规范。

（2）其他政策法规。税收筹划的内容涉及家庭参与的一些经济活动，要做到有效运用税收筹划策略，不仅要了解熟悉税法，还要熟悉会计法、劳动法、劳动合同法、著作权法、公司法、经济合同法、证券法等有关法律规定，才能分辨什么行为违法，什么行为不违法，在总体上确保自己税收筹划行为的合法性。全面了解各项法律规定，尤其是熟悉并研究各种法律制度，可以为税收筹划活动营造一个安全的环境。

（3）主管税务机关的观点。在理论上，税收筹划与偷税虽然有不同的含义，能够进行区别；但是在实践中，要分辨某一行为究竟是属于税收筹划行为，还是偷税行为却比较困难，一般要通过税务机关的认定和判断，而认定和判断又随主观和客观条件的不同而有不同的结果。因此，任何纳税义务人在运用税收筹划时，除必须深入研究税法及相关法律规定外，还必须进一步了解税务部门从另一角度认识的可能性，在反复研讨的基础上作出筹划，否则，一旦税收筹划被视为偷税，就会得不偿失。

（4）个人和家庭成员的出生年月。有些国家，某些节税方法只适用于一定年龄以上的个人，或一定年龄以下的个人。我国现行法律中，还没有因纳税人年龄不同，而适用不同的纳税方法的情况。但年龄作为个人和家庭成员基本情况，仍然属于家庭税收筹划中需要了解的基本信息，对于年老、或者年轻的个人，税收筹划安排仍然可能会存在差异。

（5）婚姻状况。在其他国家，纳税人的婚姻状况会影响某些税种、纳税人类别和扣除。而我国个人所得税只针对个人，而不考虑家庭的收入状况。然而，作为家庭理财业务中的一项业务，个人税收筹划完全可能作为整个理财策划中的一部分。因此，了解相关信息仍然是必要的。

（6）财务情况。个人税收筹划包括多达11项内容，其中也包括财产租赁、财产转让等项目。只有在全面和详细地了解纳税人财务情况，以及其是否存在承包、经营等经济活动后，才能构思针对纳税人的税收筹划安排。纳税人的财务情况包括纳税人的收入情况、支出情况及财产情况，财产包括纳税人的动产和不动产以及是否个体工商业者等。进行税收筹划时，应比较个人收入所得税的11个项目，详细了解相关情况。

（7）投资意向。理财客户寻求税务策划的目的，是希望在投资中有效地节税，因而，了解个人的投资意向就显得特别重要。理财客户个人的投资意向，包括个人的投资方向和投资额，而客户个人的投资方向和投资额的大小与税收筹划的投资方向、投资形式、投资优惠筹划、适用税率设计、风险分析等，都直接相关。

（8）风险偏好。税收筹划存在一定风险，在进行税收筹划的时候，应该尽量避免违反税收方面的法律法规，和国家的税务机关进行沟通了解。否则，因违反税收方面的法律法规而受到处罚，那么这样的税收筹划就得不偿失了。不仅如此，税收法律法规的频繁变动，导致税收筹划失效的情况也并不鲜见。因此，在为客户提供税收筹划的时候，必须充分了解客户个人的风险偏好，提供客户希望的税收筹划安排。

（9）纳税历史情况。个人理财业务中的税收筹划，是指目前为客户个人或者家庭未来的涉税行为提供事先的设计、安排。了解客户个人纳税的历史，往往会对目前的税收筹划具有相当的帮助，这些历史情况包括以前所纳税的税种、纳税金额以及减免税的情况。

2. 税收筹划师的工作步骤

税收筹划工作通常包括：客户提出要求、注册税务师与客户磋商谈判、对客户的情况进行初步调查、提出建议书、签订合同、开始工作、中期报告和最终报告等几个步骤。然而，由于各类纳税人的行业、业务和委托进行纳税筹划的内容不同，因此注册税务师进行纳税筹划的程序并不完全一样，而是各有特色的。

注册税务师与客户洽谈，正式受理其委托，着手进行税收筹划工作，一般应该签订书面的委托合同，明确双方的权利和义务。委托合同一般包括以下内容：合同双方的信息；客户对承担税收筹划工作的税务师，是否具备这项任务的技术水平和经验的，确能恰当地完成该项目所规定的筹划任务的认可；税收筹划事项；酬金及计算方法；税收筹划成果的形式与归属。

此外，书面的委托合同还应该包括保护委托人权益的规定：事先规定各个阶段工作的进程和完成日期；为了保证业务质量，纳税筹划受托人除书面征得委托人同意外，不得将承担的业务全部或部分转包给他人等。

除以上方面外，委托合同还应包括保护纳税筹划人权益的规定：对超出合同规定范围的业务，要求额外支付报酬；如要承担原订合同以外的业务时，税务师事务所可以向委托人提出更改合同条件的要求等。

3. 设计税收筹划方案

（1）分析税收筹划对象。一般而言，税收筹划，是理财业务的重要环节，需要从理财的总体目标上考虑这个问题。在筹划税收方案时，不能一味地考虑税收成本的降低，而忽略了该筹划方案的实施引发的其他费用的增加或者个人收入的减少。在筹划税收方案时，必须综合考虑采取该税收筹划方案所要付出的实际成本、机会成本，以及能给理财客户自身带来的收益。只有当新发生的费用或损失小于取得的利益时，税收筹划方案才是合理的。理财客户对税收筹划的共同要求都是尽可能多地节减税额，获得税收利益，增加财务收益。然而，不同纳税人的具体目标可能有所不同。

（2）明确是增加短期收益还是长期收益。在税收筹划中，理财客户对由此带来的财务利益的要求大致有三种：①要求最大限度地降低每年税收成本，扩大纳税人每年的可支配的税后收益；②策划最佳纳税方案，以便纳税人在若干年后，达到所有者权益的最大增值；③既要求增加短期税后利润，也要求长期资本增值。这种策划要求，可能需要平衡短期和长期收益，找到长短期综合筹划的最佳点。

（3）投资要求。如果理财客户有投资意向，但投资目标、投资方案尚未明确，税收筹划师可以事先参与理财客户的投资方案的制定，将税收筹划纳入投资方案制定的全过程，例如投资地点选定、投资项目构思、投资期限确定等，将税收筹划的因素考虑在内。也就是说客户在考虑投资方案的时候，税收筹划是其方案的重要方面，而不仅仅是投资的成本与收益的平衡。这样，在投资方案实施的时候，就不会因为税务方面的失策，影响其投资业绩。有时，理财客户已经有了一些投资意向，这时税收筹划人就必须了解该客户的具体要求，根据纳税人的要求来进行税收筹划，提出建议。

为理财客户设计纳税方案，是税务策划业务中最关键的步骤。因为税收筹划是一个长期的、战略性的安排。如果在方案设计的时候，对相关税收法规理解不深，对未来的投资、收入等安排考虑不周，将带来非常严重的后果。在进行方案设计前，首先需要对有关纳税方案的一些问题进行调查和研究。

4. 税收筹划方案构思与选定

（1）分析理财客户的业务背景。只有对税收筹划的理财客户的业务背景进行了解、分析，才可能构思纳税方案，这是具体进行税收筹划的第一步。这些分析，包括理财客户所处的行业，所从事的业务范围以及法律规定应该缴纳的税种，是否享受税收优惠待遇等。在调查分析了这些情况以后，才能考虑该客户的纳税方案。

（2）分析相关的税收法律法规。在分析理财客户的业务背景的基础上，对与该客户有关的税收法律、法规以及政策进行分析，避免陷入法律纠纷。在具体问题把握不准的情况下，可以就疑难问题咨询税务机关的意见。相对于其他类型的法律法规，税收法律法规变化相对频繁。因此，进行税收筹划的时候，还需要进行适当的预测，应该针对短时期内，税收法规、政策是否会出现变化，以及如何变化作出预测。

（3）应纳税额的计算。在此基础上，税收筹划师构思几套纳税方案，然后，分别对不同的纳税方案，计算出相应的应纳税额，分析、测算每一备选方案。所有备选方案的比较都要在成本最低化和效益（利润）最大化的分析框架里进行，并以此标准确立能够产生最大税后净回报的方案。

税收筹划师通过计算应纳税额，根据税后净回报，并且考虑纳税人未来工作、业务变化的情况下，选定纳税筹划方案。值得注意的是，最佳方案是在特定环境下选择的，这些环境能保持多长时间的稳定期，事先也应有所考虑，尤其是进行国际税收筹划时，更应考虑这个问题。在选定方案的时候，还要充分考虑降低，或者避免税收风险等因素。最后，将选定的方案向客户提出，由客户最后确认。如果客户觉得满意，税收筹划方案便可以付诸实施；如果不满意，就需要进行修改，直至满意为止。

5. 税务策划方案的执行和控制

税收筹划方案付诸实施后，要随时注意税收筹划方案的具体运行状况，验证实施结果是否与当初的测算、估算相符，若有偏离之处，应及时调整，再运用信息反馈制度，为今后的税收筹划提供参考依据。

在执行过程中，要注意收集、分析反馈信息，并对后续的税收筹划方案作出必要的调整。反馈渠道是注册税务师与客户之间保持沟通，比如半年或一年聚在一起沟通情况。如果客户因为纳税与征收机关发生法律纠纷，纳税策划人应该按照法律规定或业务委托及时介入，帮助客户渡过纠纷过程。

二、家庭税收筹划的基本方法

家庭税收筹划的基本方法有许多种，主要包括：免税、减税、利用税率差异的方法、利用税额抵扣的方法、利用抵免的方法、利用延期纳税的方法和利用税收优惠政策等。在具体操作中，这些方法并非一成不变，而是可以相互转化的。

（一）免税

免税，是税务机关按照税法规定免除全部应纳税款，是对某些纳税人或征税对象给予鼓励、扶持或照顾的特殊规定，是世界各国及各个税种普遍采用的一种税收优惠方式。它是国家对特定地区、行业、企业、项目或情况给予纳税人完全免征税收优惠或奖励的一种措施。从政府角度来讲，免税是把税收的严肃性和必要的灵活性有机结合起来制定的措施。作为纳税人，可充分利用免税政策，降低自身的税收负担。免税一般可以分为法定免税、特定免税和临时免税三种。

1. 法定免税

法定免税是指在税法中列举的免税条款。在这三类免税中，法定免税是主要方式，其他两种免税是辅助方式，是对法定免税的补充。世界各国一般都对特定免税和临时免税有极严格的控制，尽量避免这类条款产生的随意性和不公正性。由于我国正处于转型时期，所以税法中存在大量的特定免税条款和临时免税条款。这类免税一般由有税收立法权的决策机关规定，并列入相应税种的税收法律、税收条例和实施细则之中。这类免税条款，免税期限一般较长或无期限，免税内容具有较强的稳定性，一旦列入税法，没有特殊情况，一般不会修改或取消。

法定免税，主要是从国家（或地区）国民经济宏观发展及产业规划的大局出发，对一些需要鼓励发展的项目或关系社会稳定的行业领域，所给予的税收扶持或照顾，具有长期的适用性和较强的政策性。如：按照《中华人民共和国增值税暂行条例》第 15 条的规定，对农业生产者销售的自产农产品免征增值税。法定免税实质上相当于财政补贴，一般有两类免税：一类是照顾性免税，另一类是奖励性免税。照顾性免税的取得需要满足比较严格的条件，所以纳税筹划不能利用这项条款达到节税的目的。通常，要获得国家奖励性质免税的条件相对容易。在运用免税的过程中，应注意在合理合法的情况下，尽量使免税期延长，免税期越长，节减的税就越多，同时，还要尽量争取更多的免税项目。

2. 特定免税

这种类型的免税，是根据一定时期内国家的政治、经济情况，以及贯彻某些税收政策的需要，对国内某地区、某行业的个别、特殊的情况专案规定的免税条款。特定免税，一般是在税法中不能或不宜一一列举而采用的政策措施，或者是在经济情况发生变化后作出的免税补充条款。这类免税一般由税收立法机构授权，由国家或地区行政机构及国家主管税务的部门，在规定的权限范围内作出决定。特定免税的免税范围较小，免税期限较短，免税对象具体明确，多数是针对具体的个别纳税人或某些特定的征税对象及具体的经营业务。特定免税具有灵活性、不确定性和较强的限制性。获得特定免税，一般都需要纳税人首先提出申请，提供符合免税条件的有关证明文件和相关资料，经当地主管税务机关审核或逐级上报最高主管税务机关审核批准，才能享受免税的优惠。

3. 临时免税

这类免税，是对个别纳税人因遭受特殊困难而无力履行纳税义务，或因特殊原因要求减除纳税义务的，对其应履行的纳税义务给予豁免的特殊规定。临时免税，一般在税收法律、法规中均只作出原则规定，并不限于哪类行业或者项目，通常是定期的或一次性的免税，具有不确定性和不可预见性。因此，这类免税与特定免税一样，需要由纳税人自己提出申请，税务机关在规定的权限内审核批准后，才能享受免税的照顾。例如：2008 年 10 月，上海市公布的《关于促进本市房地产市场健康发展的若干意见》列出了 14 条意见和优惠政策。其中包括免税政策，对个人销售或购买住房暂免征收印花税；对个人销售住房暂免征收土地增值税。

（二）减税

2018 年 3 月，李克强总理政府工作报告指出，2018 年进一步减轻企业税负，改革完善增值税，按照三档并两档方向调整税率水平，重点降低制造业、交通运输业等行业税率，提高小规模纳税人年销售额标准。大幅扩展享受减半征收所得税优惠政策的小微企业范围。继续实施企业重组土地增值税、契税等到期优惠政策。全年再为企业和个人减税 8 000 多亿元，促进实体经济转型升级。减税，或者称为税收减征，是按照税收法律、法规减除纳税人一部分应纳税款，是对某些纳税人、征税对象进行扶持、鼓励或照顾，以减轻税收负担的一种特殊规定。税收减征分为统一规定减征和临时申请批准减征两种。其中，统一规定减征，是指在税收基本法规中列举，或者由国务院、财政部或国家税务局作出统一规定；临时申请批准减征，则是指由纳税人提出申请，然后由主管税务机关按照税收管理体制规定，报经有权批准减免的部门批准后执行。

减税，属于减轻纳税人负担的措施。国家作此规定，是为了给予某些纳税人以鼓励和支持，其意义主要是：（1）体现国家的产业政策。如新中国成立初期颁布的《工商业税暂行条例》规定对有利于国计民生的行业，分别减征10%~40%的所得税。（2）吸引外国企业来华投资。如原《中外合资经营企业所得税法》规定新办的中外合资经营企业，合营期在 10 年以上的，从开始获利年度起，在第 1~2 年免征所得税后，第 3~5 年减半征收所得税。（3）鼓励企业出口创汇。如现行税制规定外商投资的产品出口企业，凡当年出口产品的产值达到全部产品产值的 70%以上的，可以按照现行税率减半缴纳企业所得税（不低于 10%）。（4）照顾纳税人由于外部条件变化等客观原因造成的实际困难。

在运用减税时，应该在合理合法的情况下，尽量使减税期最长化，减税时间越长，节减的税收越多；而且应尽可能多地利用减税项目，提高节税效益。2018 年 10 月 1 日，个人所得税法修订草案正式实施，首次增加子女教育支出、继续教育支出、大病医疗支出、住房贷款利息和住房租金等专项扣除，减轻税赋负担。

（三）其他税务筹划的方法

1. 利用税率差异的方法

利用税率差异的方法，是指在税收筹划过程中，在其他条件相同或相近的情况下，一般就低不就高，利用税率差异，在合情合理的情况下达到节约税款的目的。在开放的经济条件下，一个企业完全可以根据国家有关的法律和政策决定自己企业的组织形式、投资规模和投资方向，利用税率差异，少缴纳税款。例如：有 A、B、C 三个国家的所得税税率分别是 33%、45%、40%，有一家投资公司 M，在其他条件基本一致的情况下，肯定会选择税率较低的 A 国进行投资，这样可以降低税负，达到节约税款的目的。

税率差异的运用。应注意尽可能地寻找税率最低的地区、产业，降低纳税负担。税率差异一般具有时间性和稳定性两个特征，并非一成不变。随着时间的推移和税法制度的改变，它会发生变化，如政策的变化和享受优惠政策时间的到期，都会使税率发生变化。作为纳税人来说，要注意这种变化。

2. 利用税额抵扣的方法

利用税额抵扣的方法，是指纳税人按照税法规定，在计算缴纳税款时对于以前环节缴纳的税款准予扣除的一种税收优惠。由于税额抵扣是对已缴纳税款的全部或部分抵扣，是一种特殊的免税、减税，因而又称之为税额减免。税额扣除与税项扣除不同，前者从应纳税款中扣除一定数额的税款，后者是从应纳税收入中扣除一定金额。因此，在数额相同的情况下，税额抵扣要比税项扣除少缴纳一定数额的税款。

税额抵扣广泛应用于各个税种。通过税额抵扣的规定，避免重复征税，鼓励专业化生产已成为世界各国的普遍做法。由于增值税只对增值额征税这一基本原理，决定了税额抵扣在增值税中的经常、普遍的采用，构成了增值税制度的重要组成部分。例如：《中华人民共和国增值税暂行条例》第 8 条规定，纳税人从销售方取得的增值税专用发票上注明的增值税额和从海关取得的海关进口增值税专用缴款书上注明的增值税额，其进项税额准予从销项税额中抵扣。

3. 利用延期纳税的方法

利用延期纳税的方法，就是纳税人应纳税款的部分或全部税款的缴纳期限适当延长的一种特殊规定。这种纳税筹划只是一种相对节省税款，并不是真正意义上的绝对少纳税。延期纳税，利用了税款的时间价值，相当于得到了一笔无息贷款。可以增加纳税人本期的现金流量，有可能给纳税人带来更大的资本增值机会。延期纳税，是政府为了照顾某些纳税人由于缺乏资金或其他特殊原因造成的缴税困难，许多国家都在税法中规定了有关延期缴纳的税收条款。有的是对某个税种规定准予缓税，有的则是对所有税种规定准予缓税。

按照《税收征收管理法》，纳税人因有特殊困难，不能按期缴纳税款的，经省、自治区、直辖市国家税务局、地方税务局批准，可以延期缴纳税款，但最长不得超过三个月。经税务机关批准延期缴纳税款的，在批准期限内，不加收滞纳金。

延期纳税的适用范围，按照国税发［1998］98 号文件的通知规定，纳税人遇有下列情形之一导致资金困难的，可以书面形式，向县及县以上税务机关提出申请延期纳税。包括水、火、风、雹、海潮、地震等人力不可抗拒的自然灾害；可供纳税的现金、支票以及其他财产等遭遇偷盗、抢劫等意外事故；国家调整经济政策的直接影响等。

4. 利用税收优惠

税收优惠，是指国家在税收方面给予纳税人和征税对象的各种优待的总称，是政府通过税收制度，按照预定目的，减除或减轻纳税义务人税收负担的一种形式。个人所得税筹划可以通过合理设计，享受税收优惠带来的节税好处，主要应争取更多的减免税待遇，充分利用起征点、免征额，递延纳税时间，缩小纳税依据等。

三、家庭税收筹划策略

（一）避税筹划

避税筹划是指纳税人利用税法允许的办法，作适当的财务安排或税收策划，在不违反税法规定的前提下，达到减轻或解除税负目的的一种事前谋划行为。合理避税并不是逃税漏税，它是一种正常、合法的活动，国家只能采取反避税措施加以控制（即不断地完善税法，填补空白，堵塞漏洞）。

（二）节税筹划

节税筹划是指纳税人在不违背税法立法精神的前提下，当存在着多种纳税方案的选择时，纳税人通过充分利用税法中固有的起征点、减免税等一系列优惠政策，通过对筹资、投资和经营等活动的巧妙安排，以税收负担最低的方式来处理财务、经营、交易事项。节税是在合法的条件下进行的，是在对政府制定的税法进行比较分析后进行的最优化选择。纳税人通过节税最大限度地利用税法中固有的优惠政策来享受其利益，其结果正是税法中优惠政策的立法意图，因此，节税本身正是优惠政策借以实现宏观调控目的的载体。节税需要纳税人充分了解现行税法知识和财务知识，结合个人的贷款、投资或其他经营活动，进行合理合法的策划。没有策划就没有节税。由于各国税法的不同，会计制度的差异，世界各国的节税行为也各有不同。一般来说，一国税收政策在地区之间、行业之间的差别越大，可供纳税人选择的余地也就越大，节税形式也就更加多样。

四、家庭税收筹划案例

我们所讨论的家庭税收主要是个人所得税，在进行个人所得税筹划的时候，可以采用如下几种方法进行理财：

（一）选择不同的企业类型

不同类型的企业缴纳的税种不同，公司制企业需要缴纳企业所得税，而个人独资企业和合伙企业则需要缴纳个人所得税。当我们选择自主创业的时候，在不影响经营的情况下，只要进行企业类型的选择，就可以实现纳税理财的目的。例如，假设我们要成立一个家族式的小企业，可以作为个体工商户，也可以由夫妻二人成立一个合伙企业。假设这个小公司的收入为 6 万元。如果我们把这个小企业注册为个体工商户，则作为个体工商户的生产经营所得，我们应缴纳的个人所得税为 8 250 元。而如果我们将这个企业以夫妻二人为合伙人成立合伙企业，夫妻二人出资比例为 2∶1，则丈夫应纳个人所得税为 4 250 元，妻子应纳个人所得税为 1 250 元。夫妇二人一共缴纳个人所得税为 5 500 元，共节省了 2 750 元的税收。这种纳税理财不仅无需付出直接的成本，而且其节约的税收支出还是相当可观的。

（二）收入向费用转化

收入对于我们来说是利益的流入，而费用对于我们来说是利益的流出。从税收的角度上看，收入是需要纳税的，而费用是不需要纳税的，如果我们可以通过适当的方式，将收入转化为费用，则可以大大节省我们的税收支出。假设一个作家与出版社签订协议，撰写一部游记，双方约定稿费为 30 万元，而作家外出采风需要花费的费用为 5 万元。如果出版社将全部的稿费收入支付给作家，由作家自行安排采风活动，则作家应纳个人所得税为 33 600 元，作家净收入为 216 400 元。如果由出版社安排采风活动，将扣除相关费用后的余款作为稿酬发放给作家，则作家应纳个人所得税为 28 000 元，作家收入为 222 000 元，收入增加了 5 600 元。从本例不难看出，通过费用不同的确认方式，也可以起到纳税理财的目的。

（三）利用税收优惠制度

个人所得税的优惠政策，是指我国政府出于各种经济目的，对减轻个人纳税义务人的税赋负担的有关规定。在税务筹划的过程中可以充分利用国家税收优惠政策。通过免征额、境外已纳税额的扣除规定，合理安排收入项目及收入次数，以实现节约税款的目的。税收优惠是每部实体法重要的组成部分，对于个人所得税，同样有很多税收优惠。熟悉和了解这些税收优惠规定，同样有助于我们的纳税理财。根据《中华人民共和国个人所得税法》规定，目前我们对 12 项个人所得实行免税制度，包括：省级人民政府、国务院部委和中国人民解放军军以上单位，以及外国组织、国际组织颁发的科学、教育、技术、文化、卫生、体育、环境保护等方面的奖金，国信和国家发行的金融债券利息，个人取得的教育储蓄存款利息，按照国家统一规定发放的补贴、津贴，福利费、抚恤金、救济金、保险赔款，军人的转业安置费、复员费，按照国家统一规定发给干部、职工的安家费、退职费、退休工资、离休工资、离休生活补贴费，依照我国有关法律规定应予免税的各国驻华使馆、领事馆的外交代表、领事官员和其他人员的所得，中国政府参加的国际公约、签订的协议中规定免税的所得，经国务院财政部门批准免税的所得等。

利用公积金的优惠政策，免交部分个人所得税。根据财税字［1999］267号《财政国家税务总局关于住房公积金、医疗保险金、基本养老保险金、失业保险基金个人账户存款利息所得免征个人所得税的通知》的有关规定：企业和个人按照国家或地方政府规定的比例提取并向指定机构实际缴付的住房公积金、医疗保险金、基本养老保险金，不计入个人当期的工资、薪金收入，免予征收个人所得税。个人领取原提存的住房公积金、医疗保险金、基本养老保险金时，免予征收个人所得税。企业可充分利用上述政策，利用当地政府规定的住房公积金最高缴存比例为职工缴纳住房公积金，职工建立一种长期储备。该部分资金不但避开了个人所得税，同时享受了无利息税的存款利息。利用公积金进行贷款购置房产，还可盘活公积金账户中的资金，享受公积金贷款的优惠利率。对于个体工商户、个人独资企业、合伙企业及分次取得承包、承租经营所得的纳税人，实行分月（次）预缴，年终汇算清缴制度，因此可通过合理预缴税款，以取得递延纳税的好处。

（四）工资薪金与劳务报酬相互转化

劳务报酬所得，是指个人从事设计等劳务取得的所得。劳务报酬所得，属于一次性收入的，以取得该项收入为一次；属于同一项目连续性收入的，以一个月内取得的收入为一次。劳务报酬所得，每次收入不超过4000元的，减除费用800元；4 000元以上的，减除20%的费用，其余额为应纳税所得额。

劳务报酬所得适用的是20%~40%的3级超额累进税率表，工资、薪金所得适用的是3%~45%的七级超额累进税率。相同的收入采用不同的劳务报酬或工资、薪金方式计算的应纳税所得会产生很大差异。这就要求纳税人在纳税义务发生前提前筹划，在不违反税法规定的情况下，采用最有利的方式确定税目。通过测算，当收入额小于19 375元时，采用工资、薪金所得的形式税负较轻；当收入额大于19 375元时，采用劳务报酬所得的形式税负较轻。一般情况下，当收入少时按照工资、薪金所得纳税税负轻，而当收入多时按照劳务报酬所得纳税税负轻。

通常情况下，企业只为与其签订了劳动合同的职工缴纳社会保险费；当然，劳动者也可以作为灵活就业人员自己缴纳社会保险费。当节税额较大时这种转换也是可行的。但是，领取劳务报酬所得要考虑各地代开发票的不同要求。

（五）降低税基筹划

利用降低税基避税的方法，是在工资、薪金收入或劳务报酬获得，在时间分布上不均衡时，才能进行相关的税务筹划。目前，个人所得税采用了级超额累进税率，纳税人的应税所得越多，其适用的最高边际税率就越高，从而纳税人收入的平均税率和实际有效税率都可能提高。所以，如果纳税人能够均衡上下波动的收入，使得各个纳税期内的收入尽量均衡，就可以减轻纳税人的纳税负担。

1. 工资、薪金所得

工资、薪金所得的税收策划主要通过降低税基来达到目的。尤其是对于各月不均衡的工资、薪金收入的企业，应采用年薪制。由于我国个人所得税对工资薪金所得采用的超额累进税率，随着应纳税所得额的增加，其适用税率也随着攀升。如果某个月份的收入特别多，其相应的个人所得税税收比重就越大。其他月份收入下降，却无法获得节税的效益。一些季节性波动比较大的企业，更加需要关注这个问题。这类企业的业务，淡季、旺季的差异非常明显，若采用月薪制或计件工资制，职工的工资收入将会极不平均，税负将也会很高。《个人所得税法》第 9 条第 2 款规定，特定行业的工资、薪金所得应纳的税款，可以实行按年计算，分月预缴的方式计征。这些行业包括采掘业、远洋运输业、远洋捕捞业以及财政部确定的其他行业。

例如：某公司职员每月工资3 500元，全年奖金 24 000 元，在两种发放情况下比较个人收入所得税的负担：

（1）假设该公司根据工作业绩实行年度嘉奖的薪酬管理办法。假设该职工当年年度取得奖金 24 000 元，则该职工每月应缴纳的个人所得税为：［（3 500+24 000÷12）−5 000］×3%＝15 元。全年支付的个人所得税为：15×12＝180 元。

（2）如果该公司根据工作业绩实行季度嘉奖的薪酬管理办法。假设该职工当年每季度取得奖金 6 000 元，则 3 月、6 月、9 月应缴纳个人所得税［（3 500+ 6 000）− 5 000］× 10% ＝ 450 元，12 月的个人所得税为：［（3 500+6 000÷12）−5 000］×3% ＝0 元。其他月份无需缴纳个人所得税。那么，该职工全年所需要承担的个人所得税为：450×3+0＝1 350 元。

筹划分析：如果该公司将年终奖按每月 2 000 元随工资一起发放，或者到年终一次性发放 24 000 元，则职工全年需要缴纳所得税是最低的。

2. 将劳务报酬等收入尽可能转化为多次性收入

根据我国个人所得税的规定，劳务报酬等收入项目应按次计算应纳税额。纳税人取得一次收入，就可以扣除一次费用（股息、红利、利息、偶然所得除外），然后计算出应税所得和应纳税额。在收入额一定的情况下。如果是纳税人多次取得的收入，其可以扣除的费用金额就会加大，适用的税率也会降低，应税所得和应纳税额也会减少。

按照我国个人所得税法规定，劳务报酬所得凡属一次性收入的，以取得该项收入为一次，按次确定应纳税所得额；凡属于同一项目连续性收入的，以一个月内取得的收入为一次，据以确定应纳税所得额；但如果纳税人当月跨县（含县级市、区）提供了劳务，则应分别计算应纳税额。因此，如果一个纳税人要给某企业提供咨询服务，则咨询服务最好是跨月进行。

总而言之，通过税收进行理财的手段非常多，并且随着税法的变化，筹划方法也相应地发生改变，因此我们不可能将所有的纳税理财手段一一列举，但是我们在运用这种理财工具时，还是要注意一些特别的事项：

首先，通过纳税筹划进行理财，要求我们具有丰富的税法知识和良好的筹划能力。这还是具有相当高的专业性的，如果我们自己对税法不是很了解，可以考虑求助于税务师等专业人员来帮助我们进行筹划。

其次，一定要注意理财的合法性。我们运用纳税理财手段，必须是在国家法律框架允许的范围内，合理地减少我们的税收支出。如果我们的行为违反了相关法律，不仅要受到经济上的处罚，严重的可能要承担刑事责任。

最后，我们要时刻关注税法的变化。税法无时无刻不在发生变化，而每一个变化都体现了国家宏观调控的某项意图。因此，恰当的理解这些变化，充分地运用税法所赋予我们的权利，是纳税理财的关键所在。

第十三章　家庭婚姻与理财

家庭婚姻与财富管理紧密相连，结婚是两个独立账户的结合，家庭财富的实力增强了，而离婚是一个家庭账户的分离，削弱了家庭的财务能力，结合新婚姻法关于婚前和婚后财产的规定，理性处理婚姻资产和债务的关系，让婚姻多一重保障。

第一节　结婚前家庭财产处理

一、婚姻的定义

本章所讲述的关于婚姻家庭财产处理是基于合法婚姻的基础上，所谓合法婚姻，是指在男女双方完全自愿且达到法定婚龄（现行《婚姻法》第 6 条规定：男不得早于 22 周岁；女不得早于 20 周岁），男女双方亲自到婚姻登记机关进行结婚登记，婚姻登记机关按照相关登记程序对结婚登记人进行审查，审查合格者准予颁发结婚证，即法律承认的婚姻关系成立。

二、结婚前家庭财产处理

随着经济的发展，女性收入地位的提高，人们在婚姻中对于情感的需要越来越大，婚姻不再是搭伙过日子，离婚率近年来呈上升趋势。相关数据显示，2017 年上半年全国新婚 558 万对夫妇，同时有 185 万对离婚，比去年同期上升了 10.3%，全国离婚率达到 33%，其中北京、上海、深圳的离婚率达到 39%、38%、36.25%。所以进行婚前家庭财产处理是一件很有必要的事情，婚前家庭财产处理包括：财产归属、负债划分等方面。

(一) 婚前财产归属

根据现行《中华人民共和国婚姻法》第十八条有下列情形之一的为夫妻一方的财产：(1) 一方的婚前财产；(2) 一方因身体受到伤害获得的医疗费、残疾人生活补助费等费用；(3) 遗嘱或赠与合同中只归夫或妻一方的财产；(4) 一方专用的生活用品；(5) 其他应当归一方的财产。

《中华人民共和国婚姻法》第19条规定：夫妻可以约定婚姻关系存续期间所得的财产以及婚前归各自所有、共同所有或部分各自所有、部分共同所有。约定应当采用书面形式。没有约定或约定不明确的，适用本法第17条、第18条的规定。(引者注：此处第17、18条即夫妻关系存续期间财产多数情况属共有，婚前财产及其他一些符合条件的属一方所有)

夫妻对婚姻关系存续期间所得的财产以及婚前财产的约定，对双方具有约束力；夫妻对婚姻关系存续期间所得的财产约定归各自所有的，夫或妻一方对外所负的债务，第三人知道该约定的，以夫或妻一方所有的财产清偿。①

一方的婚前财产主要包括动产与不动产，其中动产是指能脱离原有位置而存在的资产，如各种流动资产、各项长期投资和除不动产以外的各项固定资产。② 不动产是指实物形态的土地和附着于土地上的改良物，包括附着于地面或位于地上和地下的附属物。不动产不一定是实物形态的，如探矿权和采矿权。③

1. 婚前财产关于动产的财产归属问题

根据最高人民法院关于我国《婚姻法》司法解释三第5条“夫妻一方个人财产在婚后产生的效益，除孳息和自然增值外，应认定为夫妻共同财产”的规定。男女双方的婚前动产包括婚前个人银行存款、股票、汽车、公司债券、保险等一定数量的财产，以及个人财产产生的孳息与自然增值。主要表现在婚前所购买保险离婚后如何分割。保险包括财产保险、责任保险和人身保险。其中由于财产保险和家庭中的主要责任保险机动车辆责任保险由于时间较短，时间一般不会超过一年，而且保费金额并不大，在离婚时分割难度并不大。而离婚中价值较大的是人身保险，而人身保险中的人寿保险由于其交费时

---

① 中华人民共和国婚姻法：http://www.gov.cn/banshi/2005-05/25/content_847.htm.

② 李红勋：《资产评估与管理》，中国林业出版社2000年版。

③ 中国资产评估协会：《资产评估》，经济科学出版社2012年版，第498页。

间长，保险费数额大、现金价值也大、因此离婚时人寿保险的分割难度较大。具体表现在保单的现金价值可否作为夫妻共同财产分割，人寿保险不仅仅有保险的作用，还兼有储蓄的功能，在缴纳多年的保险金后，保单的价值=保险金+保险公司返还的投资收益，所以分割保单不是分割缴纳的保险金，而是分割保单的现金价值。如果保险费是用夫妻共同财产缴纳的，人寿保险的保单现金价值属于夫妻共同财产；如果保险费是用夫妻个人财产缴纳的，保单现金价值属于个人财产，离婚时候不作为共同财产分割。

2. 婚前财产关于不动产的财产归属问题

在男女婚姻关系中常见的不动产的财产归属问题常表现为房屋所有权的归属问题。具体体现在婚前个人首付买房，婚后共同还贷离婚时房屋权利归属问题；父母为子女出资购房，离婚时房屋权利归属；

婚前个人首付，婚后共同还贷离婚时房屋权利归属问题。

根据《中华人民共和国婚姻法》第10条的规定，夫妻一方婚前签订不动产买卖合同，以个人财产支付首付款并在银行贷款，婚后用夫妻共同财产还贷，不动产登记于首付款支付方名下的，离婚时该不动产由双方协议处理。即房屋属于夫妻共同财产，应由夫妻双方协商处理，婚前由个人财产支付的房屋首付款的属于个人财产，婚后由夫妻双方共同财产还贷部分及相应的房屋增值部分属于夫妻共同财产，按照夫妻双方的付款比例按比例分割该资产，由夫妻双方共同处理。

父母为子女出资购房，离婚时房屋权利归属问题。

根据《婚姻法解释（三）》第7条的规定：婚后由一方父母出资为子女购买的不动产，产权等记在出资人父母名下的，可按照婚姻法第18条第（3）项的规定，视为只对自己子女一方的赠与，该不动产认定为夫妻一方的个人财产。由双方父母出资购买的不动产，产权登记在一方子女名下的，该不动产认定为双方按照各自父母的出资份额共有，当事人另有约定的除外。

3. 婚前个人债务婚后由个人偿还还是共同偿还？

根据《最高人民法院关于婚姻法司法解释（二）》第22条的规定："债权人就一方婚前所负个人债务向债务人的配偶主张权利的，人民法院不予支持。但债权人能够证明所负债务用于婚后家庭共同生活的除外。"

（二）婚前财产负债处理方式

为了使个人能够在婚姻生活中获得情感需要，避免因个人婚前债务而影响配偶的生活质量，夫妻双方可以采取签订婚前财产协议、进行婚前财产公证、信托、保险等手段来保障资产持有人的合法权利。

《中华人民共和国婚姻法》第 19 条规定："夫妻可以约定婚姻关系存续期间所得的财产以及婚前财产归各自所有、共同所有或部分各自所有、部分共同所有。约定应当采用书面形式。"

实际生活中并不是所有的财产都需要进行婚前财产公证，对于产权明晰，比较易举证的财产如房屋、店铺不需要进行婚前财产公证而对于难举证的如存款、玉器、贵重饰品等则需要进行婚前财产公证。对于高净值的人群在寻求伴侣时可以采取信托的方式，信托资金具有不受债务困扰的危险，当企业破产时，股票、债券、存款等都会被冻结，但信托财产不被冻结；债权人无权要求信托资产的受益人以信托资产来偿还债务，但信托基金起投金额需达到 1000 万元以上。信托资产是独立、不可分割的财产，根据《信托法》的规定，信托资产一旦成立，就从委托人、受托人、受益人的财产中分割出来，成为一笔独立运作的资产，它不能被抵债、清算和破产。受益人（可以是委托人自己）对信托财产的享有不因委托人破产或发生债务而失去，同时信托财产也不因受益人的债务而被处理掉。因此将婚前个人资产用于购买信托，将不会受到婚后由于债务纠纷，离婚后财产分割的困扰。由于信托中受益权设定可以附有相对灵活的分配条件，并且信托存续时间较长，信托设立人的去世也不影响信托的继续存在。最后信托的设立也可以避免继承纠纷。

案例及解析：

中华人民共和国最高人民法院民事裁定书①（2017）

再审申请人（一审被告、二审被上诉人）：中卫市正东阳投资有限责任公司。住所地：宁夏回族自治区中卫市沙坡头区文萃家园南大门 2 号营业房。法定代表人：李某，该公司经理。委托诉讼代理人：张若冰，内蒙古英南律师事务所律师。委托诉讼代理人：姚某，内蒙古英南律师事务所律师。

被申请人（一审原告、二审上诉人）：饶某，女，1978 年 5 月 15 日出生，汉族，住北京市。

被申请人（一审被告、二审被上诉人）：陶某，男，1966 年 3 月 7 日出生，汉族，住北京市。

---

① 案例来源：http：//www.lawsdata.com/detail？id = 5a2777f4e1382327972d408a&key=最高法民申 3817 号。

再审申请人中卫市正东阳投资有限责任公司（以下简称正东阳公司）因与被申请人饶某、陶某离婚后财产分割纠纷一案，不服海南省高级人民法院（以下简称海南高院）（2016）琼民终152号民事判决，向本院申请再审。本院依法组成合议庭对本案进行了审查，现已审查终结。

正东阳公司申请再审称，（一）海南高院二审判决认定事实错误。在2010年正东阳公司购买涉案房产时，陶某为正东阳公司的法定代表人，其身份即代表公司购买海南大阳房地产投资有限公司（以下简称大阳公司）的房产，陶某为了购买涉案房产而产生的借款应认定为正东阳公司的借款。本案是离婚后财产分割案件，陶某对涉案房产是否具有份额及份额多少的问题是本案的争议焦点。海南高院对涉及借款的证据不认真分析，造成事实认定错误，使陶某和饶某在未支付任何购房款的情况下却取得了正东阳公司购买房产54%的份额，严重侵害了正东阳公司的合法权益，依法应予纠正。（二）海南高院二审判决适用法律错误。海南高院只认定饶某对涉案房产享有27%的份额，对其债务未作认定，严重侵害陶某和正东阳公司的利益。海南高院在对陶某和正东阳公司支付的购房款无法区分时，即判决各占50%，无任何法律依据。当时陶某是正东阳公司的法定代表人，其与公司共同支付房款无法查清，则应认定均为正东阳公司的支付行为。综上，正东阳公司依据《中华人民共和国民事诉讼法》第二百条第二项、第六项的规定申请再审。

法院认为，为饶某和陶某在离婚后就案涉房产的分割问题产生的纠纷。案件再审审查的焦点问题是：陶某对案涉房产是否享有所有权，如果享有所有权，其份额如何认定。

首先，关于陶某对案涉房产是否享有所有权的问题。根据原审已查明的事实看，案涉房产在2010年购买时，陶某和正东阳公司作为买方与卖方大阳公司订立《商品房买卖合同》，这说明陶某和正东阳公司是案涉房产的共同买方。2011年，陶某和正东阳公司又作为共同原告起诉大阳公司，请求大阳公司将案涉房产过户到二者名下，这说明陶某和正东阳公司均自认该房产是二者共有。现已生效的海南高院（2011）琼民一终字第51号民事判决支持了陶某和正东阳公司的诉讼请求，判决大阳公司将案涉房产过户登记至陶某和正东阳公司名下，海南省海口市中级人民法院作出的（2015）海中法执监字第16号执行裁定书亦裁定将案涉房产产权过户至陶某和正东阳公司名下，这进一步说明，生效法律文书已经确认陶某和正东阳公司是案涉房产的共有人。基于此，海南高院认定陶某对案涉房产享有所有权是正确的。

正东阳公司主张陶某仅是作为当时的法定代表人代表公司购买大阳公司房产，显然不能成立。

其次，关于所有权份额的问题。根据本案原审和海南高院（2011）琼民一终字第 51 号一案已查明的事实看，案涉房产的总价款 10 907 712 元，陶某用个人婚前财产 175 万元支付房款，另陶某借昆明凯成杰经贸有限责任公司 200 万元和李鸿雁 260 万元用于支付房款。此外，北京正东阳建筑咨询有限责任公司（以下简称北京正东阳公司）证明为陶某和正东阳公司垫付购房款 150 万元，北京正东国际建筑工程设计有限公司（以下简称北京正东国际公司）证明为陶某和正东阳公司垫付购房款 100 万元。由于没有证据区分北京正东阳公司和北京正东国际公司为陶某和正东阳公司各自垫付的具体金额，海南高院根据等分原则，确定为陶某和正东阳公司各自垫付 50%，相对公平合理。正东阳公司主张不能区分的金额则全部属于为正东阳公司垫付的购房款，没有法律依据，不能成立。因此，陶某借款支付房款的总金额为 585 万元，占案涉房产总价款的 54%。由于案涉房产购买发生于陶某和饶某夫妻关系存续期间，海南高院据此认定饶某对案涉房产享有 27%的份额是妥当的。在确认饶某对案涉房屋享有的所有权份额后，饶某是否应承担购买该房屋时借款产生的债务，不属于本案原审审理的内容，当事人可以另行解决。

综上所述，正东阳公司的再审申请不符合《中华人民共和国民事诉讼法》第二百条规定的情形。依照《中华人民共和国民事诉讼法》第二百零四条第一款、《最高人民法院关于适用〈中华人民共和国民事诉讼法〉的解释》第三百九十五条第二款的规定，裁定如下：

法院驳回中卫市正东阳投资有限责任公司的再审申请。

第二节 婚后家庭财产处理

当男女双方正式结为夫妇。开始婚姻生活时，便免不了各项支出，前面家庭成长周期出发对家庭理财作出了合理规划，本节主要是从在婚姻存续期间的共同财产、共同负债来进行家庭财产处理。

一、婚后夫妻共同财产

法定夫妻共同财产是指在夫妻双方婚前或婚后未对夫妻财产作出约定或者约定无效的情况下，直接适用法律规定的夫妻财产制度。我国《婚姻法》对夫妻财产制采取的是法定财产制与约定财产制相结合的制度，并明确规定，在没有约定或约定不明确时，才适用法定财产制。法定财产制中又可分为法定共同财产制和分别财产制，剩余共同财产制，联合财产制等。根据我国新婚姻法规定，我国的法定财产制包括了第 17 条规定的法定婚后所得共同制和第十八条规定的法定特有财产制。①

相关法律条款如下：

《婚姻法》第 17 条对夫妻在婚姻关系存续期间所得的、应归夫妻共同所有的财产范围作了规定，即夫妻在婚姻关系存续期间所得的下列财产归夫妻共同所有：

1. 工资、奖金，指在夫妻关系存续期间一方或双方的工资、奖金收入及各种福利性政策性收入、补贴；

2. 生产、经营的收益，指的是在夫妻关系存续期间，夫妻一方或双方从事生产、经营的收益；

3. 知识产权的收益，指的是在夫妻关系存续期间，夫妻一方或双方拥有的知识产权的收益；

4. 继承或赠与所得的财产，是指在夫妻关系存续期间一方或双方因继承遗产和接受赠与所得的财产。对于继承遗产的所得，指的是财产权利的取得，而不是对财产的实际占有。即使婚姻关系终止前并未实际占有，但只要继承发生在夫妻关系存续期间，所继承的财产也是夫妻共同财产，但本法第 18 条第 3 项规定的除外；

5. 其他应当归共同所有的财产。

6. 双方实际取得或者应当取得的住房补贴、住房公积金。

7. 双方实际取得或者应当取得的养老保险金、破产安置补偿费。

8. 发放到军人名下的复员费、自主择业费等一次性费用的婚姻关系存续期间应得部分夫妻共有。

---

① 中华人民共和国婚姻法 http：//www. gov. cn/banshi/2005-05/25/content_847. htm。

最高人民法院关于适用《中华人民共和国婚姻法》若干问题的解释：

第五条 夫妻一方个人财产在婚后产生的收益，除孳息和自然增值外，应认定为夫妻共同财产。

关于夫妻共同财产，常见的难点如下：

（一）住房公积金→关键在于婚前还是婚后

每月拿到的住房公积金，积累几年也是一笔不小的钱。在离婚案件中具体处理住房补贴和住房公积金问题时，关键在于婚前还是婚后。离婚时分割的只是婚姻关系存续期间的住房补贴和住房公积金。即要计算出两个人婚姻关系中的住房公积金及住房补贴的总额，再进行分割。如果住房公积金因某些原因无法提取，可以由一方根据其拥有的公积金及住房补贴的差额来给对方补偿。

（二）保险→根据保险的种类，情况不同

保险业内给客户介绍的保险各项好处时，总会伴随着一句“保险属于您的个人财产，如将来发生经济纠纷，您的先生/太太无权拿走您的保单强行取走保险金，就算是离婚，这笔钱也还是您的”。

那保险到底算不算夫妻共同财产？

由于我国法律对于当事人自行出资购买的商业保险所产生的保险利益却并未涉及，所以一般情况下要看具体情况。

比如，具有理财性质的分红型保险和养老保险，该类保险在购买时，一般都是以夫妻一方名义作为被保险人或受益人，之后也以夫妻共同财产定期缴纳保费，目的则是为了将家庭财产达到增值保值的效果。如果认定为个人财产，对另一方来说是相当不公平的。在司法实践中，一般将该类保险的保单现金价值认定为夫妻共同财产。

再比如，人身险（含意外、健康等险种）以共同财产所缴纳的个人保险费，这是较有争议的一点。有案例显示，某男士因患病获得了公司为其投保的人身意外综合险赔付的保险金，在离婚时被判为个人财产。

所以，保险财产分割的关键点主要和婚前婚后投保，是否是共同财产投保，保险的险种等各个因素有关。具体分割一般要看具体情况。

(三) 房产→婚后父母出资也未必是共同财产

房产基本是财产分配的大头。婚前个人购买的房产当然是归属于个人的。但一般情况下，现在很多年轻人买房，是由父母出资一起帮忙买的，这种情况该如何分配呢？具体情况要具体分析。

1. 父母出全资未登记

如果一方父母出资发生在其子女结婚前，则该出资资金应根据条例规定认定为对其子女一方的赠与。受赠一方子女可以获得该债权转化物——不动产的所有权。

如果一方父母出资发生在其子女结婚后，则根据条例规定将该出资认定为对夫妻双方的赠与，除非有证据证明父母明确表示赠与一方子女。相应的，子女双方以该共同受赠的出资购买的不动产，是婚后夫妻共同财产购买的财产，属于夫妻共同财产。

2. 父母出全资已登记

婚后由一方父母出资为其子女购买不动产，产权登记在其子女名下，视为只对自己其子女一方的赠与。

由双方父母出资购买的不动产，产权登记在一方子女名下的，该不动产可认定为双方按照各自父母的出资份额按份共有，但当事人另有约定的除外。

3. 父母部分出资（往往是首付款）

以父母自己名义签订不动产买卖合同并将不动产所有权过户到子女一方名下的情形。

如果该不动产过户发生在子女结婚之前，显然，该房子所有权应属于子女婚前财产。

如果该不动产过户发生在子女结婚后且该不动产登记在出资父母一方的子女名下，则仍可适用本条例，视为只对自己子女一方的赠与，该不动产应认定为夫妻一方的个人财产。

如果该不动产过户发生在子女结婚后且该不动产登记在夫妻中非子女一方名下或夫妻双方名下，用夫妻共同财产偿还该不动产的贷款，则该不动产应认定为夫妻双方共同财产。

(四) 承租权、转租权→算做夫妻共同财产

婚姻关系存续期间，夫妻一方取得的铺位承租权、转租权，因夫妻一方的

铺位承租权、转租权具有财产权的性质，可带来财产性的收益，根据租赁关系的法律特征，应认定为夫妻一方或双方的其他共同所有财产的其他形式，也属于夫妻共同财产。在审判时，可从有利生产、方便生活、方便管理的原则进行处理。

（五）夫妻公司→收益是夫妻共同财产，股权靠商量

离婚案件中如何处理“夫妻公司”及夫妻对公司享有的股权，工商登记中载明的夫妻投资比例并不绝对等同于夫妻之间的财产约定，如果有证据证明工商登记所载明的事项只是设立公司时形式上的需要，则应按夫妻双方真实的意思表示去处理。在离婚案件中处理有关“夫妻公司”问题时，既要以《婚姻法》为依据，又要兼顾《公司法》中的规定。在婚姻关系存续期间，无论是用一方婚前的个人财产还是用夫妻共同财产投资设立“夫妻公司”，公司经营所产生的收益均应属于夫妻共同财产。

（六）奖牌、奖金→奖金是个人财产

常言道，军功章有你的一般也有我的一半。那么体育运动员在奥运会中所获奖牌、奖金，在现实生活中如果离婚是属于夫妻共同财产还是运动员的个人财产？法律规定，一方在体育竞赛中获得的奖牌、奖金，是对其获得的优异成绩的奖励，是运动员个人的荣誉象征，具有特定的人身性质，应视为是个人所有财产。

（七）关于知识产权与收益→婚后变成钱才算夫妻共同财产

判定以该知识产权的财产性收益是否在婚姻关系存续期间为判断标准，不是知识产权本身取得时间为判断标准，离婚以现有财产进行分割，智力成果只有转化为有形财产后才属于夫妻共同财产，没有实现其价值的财产性收益不能估价予以分割，配偶在共同生活中付出的劳动，可从其他财产中予适当补偿，照顾。

（八）发放到军人名下的复员费、自主择业费

以夫妻婚姻关系存续年限乘以年平均值，所得数额为夫妻共同财产。①

---

① 见《最高人民法院关于适用〈中华人民共和国婚姻法〉若干问题的解释（二）的补充规定》第二十四条。

二、婚后共同负债

（一）相关法条

2003年12月4日最高人民法院审判委员会第1299次会议通过，根据2017年2月20日最高人民法院审判委员会第1710次会议《最高人民法院关于适用〈中华人民共和国婚姻法〉若干问题的解释（二）的补充规定》修正，《最高人民法院关于适用〈中华人民共和国婚姻法〉若干问题的解释（二）》第二十四条的内容：① 债权人就婚姻关系存续期间夫妻一方以个人名义所负债务主张权利的，应当按夫妻共同债务处理。但夫妻一方能够证明债权人与债务人明确约定为个人债务，或者能够证明属于婚姻法第19条第3款规定情形的除外。夫妻一方与第三人串通，虚构债务，第三人主张权利的，人民法院不予支持。夫妻一方在从事赌博、吸毒等违法犯罪活动中所负债务，第三人主张权利的，人民法院不予支持。最高人民法院关于审理涉及夫妻债务纠纷案件适用法律有关问题的解释》已于2018年1月8日由最高人民法院审判委员会第1731次会议通过，自2018年1月18日起施行。②

第一条　夫妻双方共同签字或者夫妻一方事后追认等共同意思表示所负的债务，应当认定为夫妻共同债务。

第二条　夫妻一方在婚姻关系存续期间以个人名义为家庭日常生活需要所负的债务，债权人以属于夫妻共同债务为由主张权利的，人民法院应予支持。

第三条　夫妻一方在婚姻关系存续期间以个人名义超出家庭日常生活需要所负的债务。

包括以下几个方面：

1. 婚前一方借款购置的财产已转化为夫妻共同财产，为购置这些财产所负的债务；

2. 夫妻为家庭共同生活所负的债务；

3. 夫妻共同从事生产、经营活动所负的债务，或者一方从事生产经营活动，经营收入用于家庭生活或配偶分享所负的债务；

---

① 《最高人民法院关于适用〈中华人民共和国婚姻法〉若干问题的解释（二）》第二十四条。

② 最高人民法院关于审理涉及夫妻债务纠纷案件适用法律有关问题的解释。

4. 夫妻一方或者双方治病以及为负有法定义务的人治病所负的债务；

5. 因抚养子女所负的债务；

6. 因赡养负有赡养义务的老人所负的债务；

7. 为支付夫妻一方或双方的教育、培训费用所负的债务；

8. 为支付正当必要的社会交往费用所负的债务；

9. 夫妻协议约定为共同债务的债务；

10. 其他应当认定为夫妻共同债务的债务。

关于共同财产共同负债相关处理措施：其中争议较大的是婚姻法第二十四条，它规定债权人就婚姻关系存续期间夫妻一方以个人名义所负债务主张权利的，应当按夫妻共同债务处理。很多人因此在离婚后因配偶的高额举债而背上巨额债务，为了让婚姻多一份保障，让财富更加安全。笔者建议从以下方面进行财产保全管理：

（1）加强对债务真实性的审查，包括借贷合意证据的真实性、款项交付的事实，是否已实际偿还等；（2）对于涉嫌虚假诉讼的，依法作出答辩，并要求法院或公安、检察机关按照虚假诉讼依法处理；（3）对于因赌博直接欠下的赌债，或从事其他违法犯罪如高利贷、非法集资、包养情妇等行为所借债务，协助法院查明事实，要求法院判决驳回，必要时及时向公安机关报案；（4）对于为归还赌债对外所借债务，如果债权人是明知的，协助法院查明事实，要求依法驳回；（5）积极寻找证据，举证证明所借债务并非用于夫妻共同生活；（6）从公平原则出发，坚持债务没有共同举债的合意以及没有用于夫妻共同生活，要求法院适用《婚姻法》第四十一条和93年司法解释第17条。

（二）相关案例解析

湖北省十堰市中级人民法院

民事判决书①

（2017）鄂03民终762号

上诉人（原审被告）：卢某，女，汉族，1970年11月4日生，住湖北省十堰市郧西县。

委托诉讼代理人：谌某，湖北正星律师事务所律师。

① 湖北省十堰市中级人民法院民事判决书（2017）鄂03民终762号。

被上诉人（原审原告）：杨某，男，汉族，1977 年 1 月 17 日生，住湖北省十堰市茅箭区。

原审被告：陈某，男，汉族，1968 年 3 月 7 日，住湖北省十堰市茅箭区。

上诉人卢某因与被上诉人杨某、原审被告陈某民间借贷纠纷一案，不服湖北省十堰市茅箭区人民法院（2014）鄂茅箭民二初字第 00852 号民事判决，向本院提出上诉。本院于 2017 年 3 月 27 日受案后，依法组成合议庭，于 2017 年 4 月 27 日公开开庭进行了审理。上诉人卢某及其委托代理人谌某、被上诉人杨某、原审被告陈某到庭参加了诉讼。本案现已审理终结。

上诉人卢某上诉请求：撤销一审判决，驳回被上诉人杨某对上诉人卢某的全部诉讼请求或发回重审。事实与理由：一审判决认为本案借款发生在夫妻关系存续期间，认定该债务属于夫妻共同债务，并判决卢某承担还款责任，不符合法律规定，应依法予以纠正。首先，借条明确载明“……直至债权人起诉期间产生的一切费用由本人承担，陈某”，由此可以看出，该笔债务属于夫妻共同债务。其次，婚姻法二十四条对夫妻共同债务有明确的除外规定，本案债务属于陈某的个人债务，应由其偿还，与卢某没有关系。二、一审判决认定事实错误，导致判决显失公平公正。第一，一审没有对该笔债务怎么出借的，怎么使用的，用于何处没有查清；第二，该笔债务直接进入案外人陈某账户，卢某并不知情。陈某长期赌博，借款用于偿还赌债；第三，一审判决偿还 10.12 万元的利息没有法律依据。三、一审判决程序违法，请求二审法院发回重审。

被上诉人杨某答辩称，一审认定事实清楚，适用法律正确，应予维持。

原审被告陈某陈述，借款确实没有用于家庭共同生活，卢某不应承担还款责任。

一审法院认定：2014 年 4 月 21 日，被告陈某向原告杨某出具借条一张，载明“今借到杨某现金 24 万元，借款人陈某，2014.4.21，此款未还清前，若双方未能达成协议，直至债权人起诉期间所产生的一切费用由本人承担，陈某，2014.4.21”。但陈某向杨某实际借款金额为 22 万元，另 22 万元为利息，利率为 5 分。被告陈某未向杨某偿还借款，引起诉讼。

另查明：陈某与卢某于 2015 年 1 月 30 日离婚。

一审法院认为，被告陈某向原告杨某借款，有借条和收条相互印证，借款金额为 22 万元。被告陈某已偿还借款本金 10.1 万元，该还款应在借款本金中予以冲减。被告陈某在一审庭审中自愿以借款本金 22 万元，从 2012 年

5 月 22 日至 2014 年 4 月 21 日按照银行同期贷款利率的 4 倍计息。因该债务发生在陈某、卢某夫妻关系存续期间，属夫妻共同债务。故被告卢某应对该债务承担民事责任。据此，判决：一、被告陈某、卢某在本判决生效十日内共同偿还原告杨某借款本金 11.9 万元，（本金 11.9 万元，利息从 2014 年 4 月 22 日计算至判决生效之日止，按中国人民银行同期贷款利率 4 倍计算），利息 10.12 万元。二、驳回原告杨某的其他诉讼请求。案件受理费 7 900 元，由被告陈某负担。

在二审指定的举证期间内，上诉人卢某向本院提交的新证据如下：证据一、银行流水，拟证明借款没有用于家庭生活，证据二、陈某的证言，拟证明借款用于赌博。

被上诉人杨某向本院提交了如下新证据：证据一、借款协议书及承诺，证明借款用于工程项目。

原审被告在二审指定的举证期间内，未向本院提交新的证据。

经庭审质证，对上诉人卢某提交的证据一，被上诉人杨某认为，转款属实，至于钱的用途我不清楚。对上诉人卢某提交的证据二，被上诉人杨某认为不能达到其证明目的。对被上诉人杨某提交的证据一，上诉人卢某认为不能达到其证明目的。

原审被告陈某对上诉人提交的证据予以认可。对被上诉人杨某提交的证据的质证意见与上诉人卢某一致。

对上述有争议的证据，包括上诉人提交的证据一、证据二，被上诉人提交的证据一，本院认为，需结合案件的其他证据及当事人在一审、二审中的陈述综合认定、评判。

根据当事人的陈述和经审查确认的证据，本院认定事实如下：2012 年 5 月 22 日，杨某与陈某签订《借款协议书》一份，陈某向杨某借款 22 万元，用于“移土培肥及坡改梯工程项目招标操作经费”，担保人为张某。同日，杨某按照陈某的指示向案外人陈某账户转款 20 万元。后因该款没有偿还，陈某先后在 2012 年 8 月 20、9 月 8 日向杨某出具还款承诺书各一份。2014 年 4 月 21 日，杨某将上述借款协议作废，由陈某另行向杨某出具借条一张，载明“今借到杨某现金肆拾肆万元整（￥440 000.00），借款人陈某。并注明：此款未还清前，若双方未能达成协议，直至债权人起诉期间所产生的一切费用由本人承担（包括律师费）。”2014 年 7 月 16 日，陈某变卖十堰大都会的房产向杨某还款 10.1 万元，剩余款项因陈某没有及时还款，引起诉讼。

在二审中，杨某自愿放弃要求卢某对借款本金11.9万元在2014年4月22日之后按年息24%计付利息的还款责任。

综合上诉人的上诉请求、理由及事实，被上诉人的答辩意见，原审被告的陈述，确定各方当事人对本案的争议焦点为：一、借款本息如何计算？二、卢某是否应承担还款责任？

（一）关于借款本息如何计算问题。本院认为：虽然杨某有转款支付凭证的出借金额为20万元，但借款协议书及两份还款承诺均能证实借款金额为22万元。卢某、陈某不认可借款金额为22万元，但又不能提供充分的证据证实剩余的借款2万元没有实际支付，故按照证据优势原则，本院认定借款金额为22万元。已支付的10.1万元在借款本金中予以扣减，尚欠借款本金11.9万元。关于利息计算，一审认定2012年5月22日至2014年4月22日期间的利息为10.12万元，该利息计算的标准为年利率24%［（10.12万÷22万）÷（计息时间23月÷12月/年）］，符合法律规定，处理正确。2014年4月22日以后的利息按中国人民银行同期贷款利率4倍计算，处理正确，亦无不当。

（二）关于卢某是否应承担还款责任问题。本院认为：陈某向杨某借款的用途在《借款协议书》中明确约定为用于"移土培肥及坡改梯工程项目招标操作经费"。2014年7月16日，陈某向杨某还款10.1万元，亦是变卖夫妻共同财产十堰大都会的房产还债。二审庭审中，虽然上诉人卢某申请证人陈甲出庭作证，但证人陈甲系陈某的妹妹，与卢某、陈某有利害关系，且其证言不能直接证明该借款用于打牌。鉴于证人陈甲的证言不足以推翻杨某提交的相关证据的证明效力。故该证言不能达到卢某的证明目的。因卢某不能提供充分的证据证明该借款属于最高人民法院关于适用《中华人民共和国婚姻法》若干问题的解释（二）第二十四条的规定的除外情形，故一审法院认定夫妻共同债务，并无不当。

综上所述，杨某自愿放弃要求卢某对借款本金11.9万元在2014年4月22日之后按年息24%计付利息的还款责任，属于当事人对民事权利的处分，符合《中华人民共和国民事诉讼法》第十三条的规定，本院予以确认。一审判决卢某对借款本金11.9万元及2012年5月22日之后的全部利息承担共同还款责任，因案件情况发生变化，本院予以变动。即：卢某对借款本金11.9万元及2012年5月22日—2014年4月22日的利息10.12万元承担共同还款责任。上诉人卢某主张对借款本金11.9万元不承担还款责任及一审程序违法的上诉理由，本院不予支持。《中华人民共和国民事诉讼法》第一百七十一条第一款第一项规定，判决如下：

（一）撤销湖北省十堰市茅箭区人民法院（2014）鄂茅箭民二初字第00852号民事判决；

（二）改判陈某在本判决生效十日内偿还杨某借款本金11.9万元及利息（2012年5月22日—2014年4月22日的利息10.12万元；本金11.9万元从2014年4月23日至判决生效之日止，按中国人民银行同期贷款利率4倍计息）；卢某对债务本金11.9万元及利息10.12万元承担共同还款责任；

（三）驳回杨某的其他诉讼请求。

如果未按照本判决指定的期间履行金钱给付义务的，应当依照《中华人民共和国民事诉讼法》第二百五十三条之规定，加倍支付迟延履行期间的债务利息。

一审案件受理费7900元，由陈某负担。二审案件受理费7900元，由陈某负担。

本判决为终审判决。

第三节　离婚后家庭财产处理

一、离婚的定义

登记离婚，又称行政登记离婚，即婚姻当事人双方达成离婚的合意并通过婚姻登记机关解除婚姻关系的制度。① 从离婚的方式是在行政机关登记的角度来讲，登记离婚又叫行政登记离婚；从夫妻双方自愿的角度讲登记离婚又叫协议离婚，或者双方自愿离婚；在外国法中又称为两愿离婚，合意离婚。登记离婚具备如下的特征：一是离婚是双方自愿的行为；二是双方当事人对子女的抚养、财产清割以及债务清偿等事项意思表示一致；三是双方通过婚姻登记的行

① 笔者注：关于离婚自由与限制的研究，参见夏吟兰：《离婚自由与限制论》，中国政法大学出版社2007年版；关于离婚制度的人文主义研究，参见冉启玉：《人文主义视阈下的离婚法律制度研究》，群众出版社2012年版。

政程序解除婚姻关系。

二、登记离婚的程序

登记离婚的具体程序包括申请、审查、登记三个环节。

（一）申请

2003年《婚姻登记条例》第10条规定，男女双方应当共同到一方当事人常住户口所在地的婚姻登记机关办理离婚登记。要求男女双方共同到婚姻登记机关办理离婚登记，是婚姻登记机关办理离婚的基本要求。目的是通过双方当事人的见面，确认离婚是出自当事人的自愿，并且双方当事人已经就离婚可能涉及的子女、财产等问题达成了一致的协议。① 现行《婚姻法》第31条规定，男女双方自愿离婚的，准予离婚。双方必须到婚姻登记机关申请离婚。此规定也体现了双方当事人亲自到场的要求

离婚协议书应载明双方当事人自愿离婚的意思表示以及对子女抚养、财产以及债务等事项协商一致的意见。②

（二）审查

2003年《婚姻登记条例》第13条规定："婚姻登记机关应当对离婚登记当事人出具的证件、证明材料进行审查并询问相关情况。"据此，登记机关应当对当事人的离婚申请进行审查，查明当事人所带证件和证明材料是否齐全，询问当事人是否自愿离婚，当事人对子女抚养、财产。债务等问题达成的协议是否合法有效。这种审查主要是形式审查，即只要登记机关对当事人所提供的证件和证明材料审查尽了应有的谨慎义务，婚姻登记机关所做的登记是合法有效的。并且婚姻登记机关在审查过程中，可以根据自愿、合法原则对具有和好可能的夫妻双方进行调解。

（三）登记

2003年《婚姻登记条例》第23条规定："对当事人确属自愿离婚，并已

---

① 《婚姻登记条例知识问答》，法律出版社2003年版，第78~79页。

② 2003年《婚姻登记条例》第11条第2款。

对子女、抚养、财产、债务等问题达成一致处理意见的，应当当场予以登记，发给离婚证。”对不符合《婚姻法》和《婚姻法登记条例》规定的，登记机关不予登记，并向当事人说明理由。

三、离婚后财产分割

相关法条：《最高人民法院关于适用〈中华人民共和国婚姻法〉若干问题的解释二》第十五条：“夫妻双方分割共同财产中的股票、债券、投资基金份额等有价证券以及未上市股份有限公司股份时，协商不成或者按市价分配有困难的，人民法院可以根据数量按比例分配。”

《婚姻法》第十九条第二款规定：“夫妻对婚姻关系存续期间所取得的财产以及婚前财产的约定，对双方具有约束力。”

第三十九条　离婚时，夫妻的共同财产由双方协议处理；协议不成时，由人民法院根据财产的具体情况，照顾子女和女方权益的原则判决。

夫或妻在家庭土地承包经营中享有的权益等，应当依法予以保护。

第四十条　夫妻书面约定婚姻关系存续期间所得的财产归各自所有，一方因抚育子女、照料老人、协助另一方工作等付出较多义务的，离婚时有权向另一方请求补偿，另一方应当予以补偿。

第四十二条　离婚时，如一方生活困难，另一方应从其住房等个人财产中给予适当帮助。具体办法由双方协议；协议不成时，由人民法院判决。

现行《婚姻法》第 17 条到第 19 条明确了夫妻共同财产是在夫妻关系存续期间取得的财产，以列举式和概括式的方式规定了夫妻共同财产的内容。该法也规定了夫妻共同财产的分割有协议分割和判决分割两种做法。离婚时，双方有合法婚姻财产约定的，依约定。一方的特有财产归本人所有。夫妻共有财产一般应当均等分割，必要时亦可不均等，有争议的，人民法院应依法判决。

在我国现有的《中华人民共和国婚姻法》所确定的夫妻财产制中，确立了夫妻共同财产法定制度以及夫妻共同财产的约定制度。根据我国夫妻财产制度的内容，我国夫妻共同财产由法定的夫妻共同财产、约定的夫妻共同财产两部分组成。具体内容如下：

（一）法定的夫妻共同财产，离婚时如何分割

《婚姻法》第十七条明确规定：“夫妻在婚姻关系存续期间所得的下列财

产，归夫妻共同所有：（1）工资、奖金；（2）生产、经营的收益；（3）知识产权的收益；（4）继承或赠与所得的财产，但本法第18条第3项规定的除外；（5）其他应当归共同所有的财产。”具体来说，夫妻共同财产的范围包括：

1. 工资、奖金。“工资”是指按照国家统计在职工资总额的各种劳动报酬，包括标准工资，有规定标准的各种奖金、津贴和补贴。“奖金”是除工资总额的劳动报酬外，由国家、政府等权威组织，对特殊贡献或取得优异成绩的特定主体，给予一定货币数量的奖赏，如运动员名次奖、科研成果奖等，这些奖金应当归入夫妻共同财产。

2. 生产、经营的收益。生产、经营的收益是指公民在法律允许的范围内，从事生产经营活动所取得的收益。新《婚姻法》加强了个人财产的保护，这就涉及夫妻个人财产的投资经营收益的归属问题。我国法定的夫妻财产制度是婚后所得共同制，那么，婚后所得（包括个人投资所得）如没有合法约定，理应为夫妻共同财产。

3. 知识产权的收益。知识产权是人们就其智力创造的成果所依法享有的专有权利。知识产权虽然无形，但它都是能够带来财富的“以权利为标的的物权”，所以在当前的离婚案件中，对所涉知识产权也可以作为夫妻共同财产来分割。但这并不是讲知识产权中的所有权利夫妻都能够共同享有。因为知识产权是基于人们的智力创造的成果，从公平原则出发，应该对付出劳动的一方权益给予照顾。另外从发挥知识产权的社会功效和经济效益，保护知识产权的完整性、知识产权领域中的有序性，以及有利于经济发展的角度来看，没有付出智力劳动的一方当事人在分割财产时只能享有分割依该知识产权所得的实际财产的权利。而对于其他诸如著作权中的人身权、表演权、播放展览权、发行权、改编权、翻译权、注释权等，专利权中的专利申请权、使用权、销售权，商标权中的使用权、禁止他人使用权等权利，是不能作为夫妻共同财产来分割的。并且在分割财产时对没有付出智力劳动的一方当事人的补偿应以一次性给付为宜。

4. 继承或赠与所得的财产。夫妻一方因继承或赠与所得财产为夫妻共同财产，但如果被继承人或赠与人可以明确只归一方，法律保护私有财产的处分权，这种特别指定有法律效力，受法律保护。

5. 一方以个人财产投资取得的收益。一方以个人财产投资取得的收益，指的是在夫妻关系存续期间，夫或妻一方以个人的财产进行投资所获取的物资利益。这里的收益应当指的是孳息。这里的个人财产，即指夫妻婚前属于夫或妻的个人财产，也指婚后夫妻约定属于夫或妻的个人财产。投资行为有可能发生在婚前，也有可能发生在婚后。一方以个人财产投资的收益，必须是在夫妻关系存续期间已实际取得的收益，而不包括预期收益。

6. 男女双方实际取得或者应当取得的住房补贴、住房公积金、养老保险金、破产安置补助费。从我国《劳动法》的角度来讲，上述几项都与劳动者的劳动关系、工资关系密切相关。有鉴于此，这四项都应当属于工资性的收入。它是对劳动者工资的一种补充形式。这里的“实际取得”和“应当取得”也是有时间限定的，即在夫妻关系存续期间所对应的权利即已“实际取得”和“应当取得”。即权利已经形成，至于何时支付则对权利不产生影响。

7. 对一方婚前所得的土地使用权的认定。土地使用权在法定条件下，可以依法出售、交换、赠与、租赁、抵押、继承等，土地和土地使用权中的各项权利在一定程度上已成为公民个人所拥有的重要物质财富。对一方婚前所得的土地使用权原则上应认定为个人财产 。在我国，房产和地产（指土地使用权）分属两个行政部门管理，其价值体现也是能够独立表现出来的。一方婚前所得的土地使用权，婚后在该土地上修建了房屋且年限不长，分割财产时应注意将土地使用权的价值和房屋价值分开进行处理。另外，一方婚前所得的土地使用权价值在离婚分割财产时增值了，这部分增值的价值应该认定为夫妻共同财产。理由是夫妻共同财产是随着夫妻身份关系的确立而形成的。夫妻关系存续期间一方或双方的劳动所得和购置的财物，一方或双方继承或受赠的财产以及其他合法收入都应算是夫妻共同财产。土地使用权价值在婚后增值部分可以看做是夫妻关系存续期间依该土地的价值而产生的一种利息，是一种合法的收入，所以应该认定为夫妻共同财产，为双方共同所有。

8. 在涉股案件中对夫妻共同财产认定。目前人民法院在审理离婚案件中涉及股票的所有权归属纠纷日渐增多。对这类纠纷的处理主要应从股票购买的资金来源和股票自身的性质来认定。如果是夫妻一方或共同出资购买的股票应当认定为夫妻共同财产。但在现实生活中很多情况是家庭成员共同出资购买股票这种情况如何认定股票的归属呢？我国目前发行的股票有两种：职工内部股和社会公众股。对于不向社会公开发行股票的股份制企业内部职工持有的股份，分割财产时可认定为夫妻共同财产，因为这不仅职工内部股采取记名方式，不得向企业以外的任何人转让，而且这类股票往往还带有低风险、高收益的福利性质。如果夫妻双方同他们家里其他成员就股票所有权产生纠纷，那他们之间关系可认定为借贷关系，另案处理。如果他们购买的是社会公众股，这种股票可以进行转让和交易，那么这种股票的性质应认定为家庭共同财产，各方按出资情况进行分割。

9. 其他应当归共同所有的财产。我国婚姻法对夫妻共同财产的规定，采用列举式与概括式相结合的方式，避免对夫妻共同财产规定的不周全。在处理离婚纠纷时，应对财产进行具体分析，充分考虑财产的来源，取得时间、婚姻法定财产制等因素综合确定，以维护夫妻双方的合法权利。

现将一些争议较多的夫妻共同财产的分割列举如下：

（1）股票、债券、投资基金等有价证券的分割。依据最高人民法院关于适用《中华人民共和国婚姻法》若干问题的解释（二）第15条的规定：夫妻双方分割共同财产中的股票、债券、投资基金份额等有价证券以及未上市股份有限公司股份时，协商不成或者按市价分配有困难的，人民法院可以根据数量按比例分配。实践中，比如对股票的分割，在《胡红卫诉黄燕明离婚及分割股票、中签股票抽签表纠纷案》的判决中，法院在分割股票时，判决依据是参考分割时的股市价，并结合该种股票在一个合理的期间内的股价涨落幅度，由当事人双方自行协商一个股价，或由法院判决确定一个股价，按此股价来计算所持该种股票的全部价值量，进行分割。

（2）以夫妻共同财产在有限责任公司出资的分割。人民法院审理离婚案件，涉及分割夫妻共同财产中以一方名义在有限责任公司的出资额，另一方不是该公司股东的，按以下情形分别处理：

第一，夫妻双方协商一致将出资额部分或者全部转让给该股东的配偶，过半数股东同意、其他股东明确表示放弃优先购买权的，该股东的配偶可以成为该公司股东；

第二，夫妻双方就出资额转让份额和转让价格等事项协商一致后，过半数股东不同意转让，但愿意以同等价格购买该出资额的，人民法院可以对转让出资所得财产进行分割。过半数股东不同意转让，也不愿意以同等价格购买该出资额的，视为其同意转让，该股东的配偶可以成为该公司股东。用于证明前款规定的过半数股东同意的证据，可以是股东会决议，也可以是当事人通过其他合法途径取得的股东的书面声明材料。

（3）以夫妻共同财产在合伙企业出资的分割。人民法院审理离婚案件，涉及分割夫妻共同财产中以一方名义在合伙企业中的出资，另一方不是该企业合伙人的，当夫妻双方协商一致，将其合伙企业中的财产份额全部或者部分转让给对方时，按以下情形分别处理：

①其他合伙人一致同意的，该配偶依法取得合伙人地位；

②其他合伙人不同意转让，在同等条件下行使优先受让权的，可以对转让所得的财产进行分割；

③其他合伙人不同意转让，也不行使优先受让权，但同意该合伙人退伙或者退还部分财产份额的，可以对退还的财产进行分割；

④其他合伙人既不同意转让，也不行使优先受让权，又不同意该合伙人退伙或者退还部分财产份额的，视为全体合伙人同意转让，该配偶依法取得合伙人地位。

（4）以夫妻共同财产投资设立独资企业的分割。夫妻以一方名义投资设立独资企业的，人民法院分割夫妻在该独资企业中的共同财产时，应当按照以下情形分别处理：

①一方主张经营该企业的，对企业资产进行评估后，由取得企业一方给予另一方相应的补偿；

②双方均主张经营该企业的，在双方竞价基础上，由取得企业的一方给予另一方相应的补偿；

③双方均不愿意经营该企业的，按照《中华人民共和国个人独资企业法》等有关规定办理。

（5）婚前承租公房，婚后房改购为产权房的处理。不论产权证记载是哪一方的名字，均作夫妻共同财产处理。

（6）对房屋现价有争议的处理。因房价上涨，离婚时不愿意按合同购买价格分割，则：

①双方均要房，法院组织竞价；

②一方得房一方得款，房价由双方协商，协商不成由相关部门对房屋作价评估。

③双方均不要房子的，由原告、被告共同申请拍卖或转让后，法院再处理。

（7）离婚时没有取得房产证或没有取得完全产权如何处理。如果离婚时，争议的房产的产权证还没有发放，人民法院要么告知当事人申请中止审理，待产权证发放下来再作处理；要么先判使用权归属，而后产权证下来，再由争议方另行起诉要法院处理。

（8）父母出资为夫妻购房该出资的认定。

①结婚登记前，父母为双方购置房屋的出资应认定是对自己子女的个人

赠与；

②结婚登记后，该出资视为对夫妻双方的赠与。

若相关当事人另有约定，从其约定。

（9）军人复员费的分割。最高人民法院关于适用《中华人民共和国婚姻法》若干问题的解释（二）第13条规定：军人的伤亡保险金、伤残补助金、医药生活补助费属于个人财产。第14条规定：人民法院审理离婚案件，涉及分割发放到军人名下的复员费、自主择业费等一次性费用的，以夫妻婚姻关系存续年限乘以年平均值，所得数额为夫妻共同财产。前款所称年平均值，是指将发放到军人名下的上述费用总额按具体年限均分得出的数额。其具体年限为人均寿命七十岁与军人入伍时实际年龄的差额。

①军人离婚时财产如何分配。军人由于履行特殊义务，他们除日常工资外，还包括伤亡保险金、伤残补助金、医药生活补助费、复员费、转业费等。

军人离婚时这些财产如何分配，必须先分清哪些财产属夫妻共同财产，哪些属个人财产。个人财产各自所有，共同财产一般平均分配。

②军人伤亡保险金等财产的分配。根据《最高人民法院关于适用〈中华人民共和国婚姻法〉若干问题的解释（二）》第13条规定：军人的伤亡保险金、伤残补助金、医药生活补助费属于个人财产。离婚时，应确定为军人个人所有。

（10）征地补偿款的分割。我国的法律法规并没有对征地补偿款做出具体的分割，在司法实践中认为，征地补偿款虽然是以被征地农民作为直接的补偿对象，但收益人往往包括补偿对象的配偶、子女等，其目的是为了解决征地对象及其家庭今后的生产和生活问题。这一点和养老保险金、破产安置补偿费的作用是相同的。因此，在判定征地补偿款归属的过程中应当类推适用养老保险金、破产安置补偿费的法律原则，在财产分割中应当依照夫妻共同财产进行分割。

（11）买断工龄款的分割。买断工龄款补偿费是职工与单位解除劳动合同的经济补偿金。在我国司法实践中，对买断工龄款属于个人财产还是夫妻共同财产尚有争议。一般认为，依照我国法律的性质，个人财产属于与个人人身性质密不可分的。夫妻关系存续期间取得的财产，是否属于夫妻共同财产，关键看该收入是否具有个人人身性质。买断工龄款则是基于工作，因此工龄款具有夫妻共同财产的性质，在财产分割中以夫妻共同财产处理。

山东省高级人民法院《全省民事审判工作座谈会纪要》认为：所谓买断

工龄款，即用人单位一次性对职工进行经济补偿，职工获得补偿离开工作单位，从此单位不再对职工负担经济责任所支付的款项。买断工龄款的结构构成比较复杂，主要是对职工放弃工作岗位后对职工今后生活所提供的一种基本保障，性质上类似养老保险金，这种款项是与特定人身密不可分的，应当视为一种个人财产，一般不宜作为共同财产分割。

（12）比赛奖金的分割。认定夫妻一方在体育竞赛中获得的奖金是否属于夫妻共同财产还是一方个人财产，与是婚前还是婚后取得没有绝对关系，主要在于奖金的荣誉性质，比赛奖金体现了国家和社会对个人的比赛成绩的一种肯定与评价，带有明显个人的荣誉性，有着人身权的性质。和比赛奖牌一样，比赛奖金也属于一方个人财产。

（13）陪送嫁妆的分割。在我国民间传统风俗中，嫁妆一般是女方为女儿出嫁而陪送的财物，也就意味着是对女儿个人的赠与，而非是对夫妻双方的赠与，在司法实践中，从我国传统的风俗的角度上，如果没有明确赠与给夫妻双方的意思表示，一般是将嫁妆作为个人财产来处理。

（14）保险金的分割。保险金的取得是基于保险合同而产生的风险收益，在婚姻关系存续期间，一方或双方以个人财产或夫妻共同财产进行人身投保或为其共同财产投保，在婚姻关系存续期间所得保险金应该按保险费和保险金各自分析：

首先，对于保单已缴纳保费，如果没有变更受益人，该权利属于保单的投保人兼受益人，但由于其中一部分保费是在夫妻关系续存期间缴纳的，这部分保费应当属于夫妻共有财产。因此，作为投保人的一方，应当给予对方相当于该部分已缴纳保费的权利。

其次，对于保单所载明的保险金，在保单持续有效的情况下，如果发生保险事故时，保单的受益人不变。如果发生保险事故前，投保人或者被保险人已申请变更了受益人，那么，该笔保险金就归变更后的受益人享有。

根据我国目前的法律规定，保单所载明的受益人对保险金的权利是预期的、不确定的，不应按夫妻共同财产处理。

（15）虚拟财产的分割。虚拟财产专属于游戏玩家或游戏营运商，能够被其所有者支配、管理和使用。虚拟财产是游戏者花费大量时间取得的结果，有的虚拟财产是玩家用现实中的金钱换取的，即有些游戏所谓的装备等。现实生活中，虚拟财产买卖的现象也很正常。由此可知，虚拟财产属于法律上财产的范畴，可以占有、使用、收益和处分，具有交换价值，可以使所有者获得经济收益，在现实中也可以按照夫妻共同财产进行分割。实际分割中如果难以确定其具体价值，可以参考其他取得财产的方式，一般可以采取竞价的方式，出价高的一方可以获得游戏账号，同时给予对方相应的补偿。

（16）夫妻分居期间各自所得财产的分割。分居，又称为别居，是指在不解除婚姻关系的情况下终止夫妻共同生活。

我国现行法上未规定分居制度，因而只存在事实上的分居。对于夫妻分居期间各自所得的财产是否仍然适用法定夫妻共同财产制，有不同的认识。目前学界通说及有关司法解释主张夫妻虽然在事实上处于分居生活的状态，但在法律上婚姻关系仍然存续，因而分居期间一方所得财产应认定为夫妻共同财产。最高人民法院《关于人民法院审理离婚案件处理财产分割问题的若干具体意见》第 4 条规定："夫妻分居两地分别管理、使用的婚后所得财产，应认定为夫妻共同财产。在分割财产时，各自分别管理、使用的财产归各自所有。双方所分财产相差悬殊的，差额部分，由多得财产的一方以与差额相当的财产抵偿另一方。"修正后的婚姻法对此没有明确规定，在实践中认定夫妻分居期间取得的财产，仍得适用该条司法解释的规定。

（二）约定的夫妻共同财产，离婚时如何分割

我国新的《婚姻法》首次确立了约定夫妻财产制。《婚姻法》第 19 条第 1 款规定：" 夫妻可以约定婚姻关系存续期间所得的财产以及婚前财产归各自所有、共同所有或部分各自所有、部分共同所有。约定应当采用书面形式．没有约定或者约定不明确的，适用本法第十七条、第十八条的规定 " 。由此可见，约定的夫妻共同财产有如下几个特征：

1. 约定财产的广泛性。既可以是婚前的个人财产，也可以是婚后所得的财产。在财产的种类上也没有任何限制。除了《婚姻法》第十七条、第十八条所涉及的财产种类外，还包括一切可以取得收益的财产和财产权利。

2. 约定时间的不特定性。夫妻约定财产，可以在婚前约定，也可以在婚后约定。甚至可以对财产进行重新约定。何时约定，是否需要重新约定，完全取决于夫妻二人的真实意思表示。

3. 约定形式的多样性。即约定为各自所有、共同所有、部分各自所有、部分共同所有等形式。

4. 契约优先性。在这里，对夫妻财产的约定，国家法律也采取的是契约优先的原则。即有契约依契约，无契约依法定。是夫妻共同财产，还是夫或妻

的个人财产首先取决于夫妻双方的意思表示。

5. 约定财产受法律保护。

《婚姻法》第十九条第二款规定“夫妻对婚姻关系存续期间所取得的财产以及婚前财产的约定，对双方具有约束力。”即如果财产一旦约定是夫妻共同所有，就具有法律效力，不能随意更改。

四、离婚财产分配原则

在夫妻离婚时，只要是属于夫妻共同财产，对共同财产的分割的权利是均等的，但这绝不意味着平均分配，那么，离婚时夫妻共同财产的分割应依据什么进行呢？

1. 依《婚姻法》第三十九条第一款的规定“离婚时，夫妻的共同财产由双方协商处理”，也就是说，离婚时夫妻对财产的分割，双方应在协商一致的原则下进行，不能由一方决定。

2. 依《婚姻法》第二条第一款的规定“男女平等”的原则，不能歧视妇女，认为妇女挣得少，应少分，在离婚分割夫妻共同财产时，应尊重妇女的权利，保护妇女权利。

3. 依《婚姻法》第三十九条第二款的规定协商不成时，由人民法院根据财产的具体情况，以照顾子女和女方权益的原则判决。

4. 给予补偿的原则。依《婚姻法》第四十条的规定“……一方因抚育子女、照料老人、协助另一方工作等付出较多的义务的，离婚时有权向另一方请求补偿，另一方应当予以补偿。”是指依法分割夫妻财产时，付出较多义务的一方，可向另一方要求补偿，补偿是从分割后的财产中支付，分割的财产不足支付的，从其个人财产中补足。

5. 照顾无过错方的原则。由一方的过错导致夫妻感情破裂而离婚的，无过错方有权提出婚姻损害赔偿。《婚姻法》第四十六条规定“有下列情形之一，导致离婚的，无过错方有权请求损害赔偿”：

（1）重婚的；

（2）有配偶者与他人同居的；

（3）实施家庭暴力的；

（4）虐待、遗弃家庭成员的。

分割夫妻共同财产，双方在协议时应同时对债权债务进行分割，不得因离婚而损害他人和国家、集体的利益，这不仅是法律的规定，也是道德的要求，每个公民都应自觉遵守。①

五、离婚后负债分割

（一）相关法条

第四十一条　离婚时，原为夫妻共同生活所负的债务，应当共同偿还。共同财产不足清偿的，或财产归各自所有的，由双方协议清偿；协议不成时，由人民法院判决。②

最高人民法院28日公布《最高人民法院关于适用〈中华人民共和国婚姻法〉若干问题的解释（二）的补充规定》

夫妻一方与第三人串通，虚构债务，第三人主张权利的，人民法院不予支持。

夫妻一方在从事赌博、吸毒等违法犯罪活动中所负债务，第三人主张权利的，人民法院不予支持。

最高人民法院关于审理涉及夫妻债务纠纷案件适用法律有关问题的解释》已于2018年1月8日由最高人民法院审判委员会第1731次会议通过，自2018年1月18日起施行。③

第一条　夫妻双方共同签字或者夫妻一方事后追认等共同意思表示所负的债务，应当认定为夫妻共同债务。

第二条　夫妻一方在婚姻关系存续期间以个人名义为家庭日常生活需要所负的债务，债权人以属于夫妻共同债务为由主张权利的，人民法院应予支持。

第三条　夫妻一方在婚姻关系存续期间以个人名义超出家庭日常生活需要所负的债务，债权人以属于夫妻共同债务为由主张权利的，人民法院不予支持，但债权人能够证明该债务用于夫妻共同生活、共同生产经营或者基于夫妻双方共同意思表示的除外。

---

① 《婚姻法》第17条到第19条，《最高人民法院关于适用〈中华人民共和国婚姻法〉若干问题的解释（二）》

② 《婚姻法》。

③ 最高人民法院关于审理涉及夫妻债务纠纷案件适用法律有关问题的解释。

（二）相关建议

程新文（最高人民法院民事审判第一庭庭长）认为：这一规定强调夫妻共同债务形成时的“共债共签”原则，意在引导债权人在形成债务尤其是大额债务时，为避免事后引发不必要的纷争，加强事前风险防范，尽可能要求夫妻共同签字。

这种制度安排，一方面有利于保障夫妻另一方的知情权和同意权，可以从债务形成源头上尽可能杜绝夫妻一方“被负债”现象发生；另一方面，也可以有效避免债权人因事后无法举证证明债务属于夫妻共同债务而遭受不必要的损失。

案例解析：

离婚后预期租金收益不属于夫妻共同财产①

刘某、邓某于2001年结婚，结婚期间，2002年3月刘某与某单位签订六间店面租赁合同，约定租期10年，租金每月2 800元。此后，刘某陆续将六间店面转租他人，每月租金8 750元。2008年7月，刘某与邓某被法院判决离婚并认定以刘某名义租赁店面所取得租金收入属于夫妻共同财产。11月，某单位以刘某未经同意转租他人盈利并因店面租金已大幅提高继续履行合同显失公平为由，诉至法院要求法院依法解除合同。经法院调解，刘某与某单位达成协议，某单位同意将店面仍租赁给刘某经营管理，但自2009年1月起调整租金为每月6000元，租期至2012年12月31日。双方重新订立了一份租赁合同。2009年起，刘某以原合同已被终止，新的店面租赁合同与邓某无关为由拒付转租收入的一半给邓某。邓某遂诉至法院，要求刘某支付租金收入的一半。对该案的处理有两种意见：

一种意见认为，新合同只是租金内容的变更，变更后的合同属原合同的存续，不能排除邓某对原合同的享有，租金应属于婚姻内的预期收入，只要刘某有收入，就应支付一半给邓某，故邓某的诉求应予以支持。

另一种意见认为，无论合同是否变更，其权利义务人仅为刘某，而与邓某无关。因原合同取得的收益作为夫妻共同财产予以分割应予以支持，但预期收益既无法律规定应当分割，且不可控制如果刘某解除与某单位的合同并无租金收入时，刘某是否也应该支付租金的一半给邓某？或者刘某因合同遭受损失

---

① http：//rmfyb. chinacourt. org/paper/html/2013-08/29/content_69903. htm？ div=-1。

时，邓某是否应共同承担？这显然是不合理的。故应驳回邓某的诉求。

法院经审理后认为本案刘某并无支付预期收益的给付义务，邓某的诉求无法律依据，裁定驳回其诉讼请求。

第十四章　家庭理财规划方案定制

理财规划旨在通过财务安排和合理运作来实现个人、家庭或企业财富的保值增值，最终使生活更加舒适、快乐。然而，为客户做综合理财规划时，需要整体考虑客户的需求与现实状况，协调各大规划之间的顺序与重要程度。在这一过程中需要注意遵循一定的基本原则，最终按一定的方式为客户编写理财规划建议书。本章结合具体的综合案例加深考生对综合理财规划应遵循的原则和理财规划建议书编写方法的理解，掌握理财规划应遵循的基本原则，并结合给出的综合案例，要求熟练使用理财规划全部的专项技能，完成专项规划，同时强调理财规划的整体性和系统性。

第一节　综合理财规划建议书

一、家庭综合理财规划建议书

综合理财规划建议书是在对客户的家庭状况、财务状况、理财目标及风险偏好等详尽了解的基础上，通过与客户的充分沟通，运用科学的方法，利用财务指标、统计资料、分析核算等多种手段，对客户的财务现状进行描述、分析和评议，并对客户财务规划提出方案和建议的书面报告。

综合理财规划建议书的内涵主要表现在它的目标指向性上。对客户家庭及财务状况的各方面，做大量的情况调查，分析充分、翔实的数据，得出理论上和实践上的评价，最后指出问题所在，进而提出改正方案和积极进取的建议。

二、综合理财规划建议书的作用

（1）认识当前财务状况。理财规划建议书能够帮助客户用科学的方法认识当前自身的财务状况。由于大多数客户很少审视自己的财务状况，因此，理财规划师通过条理清晰的分析，可以使客户认清自己的财务状况，便于将来进行调整。

（2）明确现有问题。理财规划建议书中的内容包含有对客户财务状况的分析及评价。理财规划师用专业的眼光分析评价客户的财务状况，帮助客户了解家庭财务中存在的问题。

（3）改进不足之处。理财规划师通过分析客户的财务问题，提出意见及建议，使客户能够尽快调整财务行为与财务计划，选择最优方案，最终实现理财规划效益最大化。

三、综合理财规划建议书的特点

（1）操作的专业化。综合理财规划建议书的撰写要求极强的专业能力，需要作者具备财务、金融、税务等多方面的专业知识，因此必须由经国家认证的职业理财规划师来进行操作。其专业性主要体现在如下几个方面：参与人员的专业要求；分析方法的专业要求；建议书行文语言的专业要求。

（2）分析的量化性。综合理财规划建议书需要对客户的资产状况、现金流状况、投资状况等多个指标进行量化，通过数字来分析和表述。数量化分析和数量化对比是理财规划的操作方法，同时也体现了理财规划建议书的专业性特点。

（3）目标的指向性。综合理财规划建议书写作的目标是指向未来的。分析客户一定时期的财务状况属于回顾，但这种回顾并不是它的目的，而是为了分析这一时期内的问题，以便得到及时的解决和改正，为今后更好地进行理财规划获得充分、真实的决策依据。

四、综合理财规划建议书的写作过程

综合理财规划建议书的写作过程，在很大程度上可以说是“按谱填词”，如果只就执笔行文的环节来说，最重要的工作是理顺材料本身的内在结构，在此基础上拟定写作提纲。对材料的梳理安排是行文顺利、流畅的关键。但是在执笔行文之前的准备工作是繁难而又费时的，甚至可以说真正体现理财规划建议书最本质的过程。综合理财规划建议书的写作准备，主要是指搜集材料、分析材料的研究过程。这一部分工作需要有条不紊、有计划地进行。当然下边所列各个步骤并不总是一成不变的。

（一）明确目的，制订计划

任何一次理财规划建议书的调研、分析和写作都是有着明确目的的，如果目的不明，下边工作就没有中心线索。理财规划建议书的写作目的，是根据客户当前财务状况中存在的问题，有针对性地确定调整方案。这里所制定的计划应该就是未来的行文写作计划，但是更重要的是它首先应该是整个调研工作的计划。这个从制订计划到材料搜集、分析完毕，执笔行文，往往要根据所搜集到的材料和所分析得出的结论，做适当的修改和调整。

（二）搜集材料，分类汇总

搜集材料时，要根据计划进行，宁多毋缺。但是有些情况是制订计划时未能考虑到的，如果没能及时搜集，事后还要返工补充。并不是所有搜集到的材料都必须运用到分析和写作中去，但如果缺乏材料，则会导致分析结论的错误。重点应该搜集如下几方面的材料：

1. 账面材料

一些家庭有记账的习惯，对其家庭的收支状况会有较为详细的记录。这类资料理财规划师可以直接取得，从而减少其工作量。

2. 现实材料

这是需要理财规划师通过与客户面对面交流才能得到的资料。如客户的风险偏好，客户的理财观念和习惯等。

3. 历史资料

历史资料可以提供纵向比较的参照。通过对客户过去几年中的各项资料的对比，对以后的理财规划有着重要意义。

4. 参照资料

通过与相似家庭各方面情况对比，归纳出目标家庭的一些问题，为进行正确的理财规划打下基础。

5. 市场状况资料

家庭的理财和市场状况是密切相关的，各个市场（金融、信贷、消费等）的“气候”对理财规划方案起着至关重要的作用。

6. 政策法规资料

政策法规对理财活动既有规定性、衡量性的标准，也有强制性的要求。搜集这方面的资料是为了在政策法规允许的范围内进行理财规划，让客户合理合法地享受到理财带来的益处。

（三）辨别真伪，梳理材料

1. 辨别真伪，精选材料

用来做分析基础的材料一定要真实、准确，否则分析的结果和理财规划的方案将失去意义。通过辨别真伪，剔除虚假含有水分的材料，选取具有典型价值的材料。

2. 梳理材料，系统分析

要根据分析目的和写作计划对材料进行分类整理，然后根据写作者的专业知识和经验，对各类材料进行系统深入的分析，得出理财规划的建议。系统分析要做到有条不紊，扎扎实实，充分体现出写作者的理财分析能力。

（四）一鼓作气，运思行文

分析结论一旦得出，行文就容易了。根据工作时拟定的计划和材料所反映出来的实际情况相结合，使整个文本围绕中心目的，平实、清晰地展开。

五、综合理财规划建议书写作的操作要求

（一）全面

涉及理财规划的家庭状况因素是多种多样的，要从复杂的诸多因素中找到相互的关系，并分析出前因后果，需要有广阔的视野，有总揽全局的视角。全面掌握客户的情况，是制定出最优理财规划的必要基础。

（二）细致

搜集和分析资料是一件很强专业性，要求细心从事的工作。在制订计划的

时候，要求细致考虑工作的每一个环节，设立架构时更要反复地考虑各种因素。在搜集资料阶段，要求细心发现有价值的典型，稍有疏忽，就可能导致下一步的分析出现偏差。分析工作更需细心，各种因素间的关系需要细致辨认，谨慎判断。

（三）有条理

条理性主要表现在整个工作步调的安排和行文表述两个方面。有条理地工作会取得事半功倍的效果，有条理地表述更是理财规划建议书的基本要求。无论前面的工作做得多么好，都必须通过条理清晰的建议书将理财规划师的分析思路和结论表达出来，使客户得以理解理财规划建议。

第二节 家庭理财方案制定要求和程序

一、家庭理财方案制定的要求

第一步：制作封面及前言。

（一）封面

理财规划建议书的封面一般包括三个方面：标题；执行该理财规划的单位；出具报告的日期。

标题通常包括理财规划的对象名称及文种名称两部分。比如，《××家庭理财规划建议书》。

单位名称为理财规划师所在单位的全称。由于依照《理财规划师工作要求》的规定，理财规划师不得单独从业，而必须以所在机构的名义接受客户的委托，因此封面上务必注明受托单位名称，也可注明具体设定该项理财规划的理财规划师的名字，但不可仅注明理财规划师姓名，而缺少单位名称。

日期应以最后定稿，并经由理财规划师所在机构决策人员审核并签章，同意向客户发布的日期为准。

(二) 前言

1. 致谢

通过撰写致谢辞对客户信任本公司并选择本公司的服务表示谢意。它应该写在建议书的开头部分。具体的写法是，抬头内容为敬语+客户的称谓，如“尊敬的××先生/女士”。接下来换行并空两格开始写致谢辞，在致谢辞中可简要介绍公司的概况，如执业年限与经历、下属的理财规划师的资历，表达对客户信任本公司的感谢，最后可以提出与客户保持长期合作关系的愿望。

2. 理财规划建议书的由来

这部分内容需写明接受客户委托的时间，并简要告知客户本建议书的作用。

3. 建议书所用资料的来源

由于理财规划师在制定理财规划的过程中，必然会采集各种资料，包括客户自己提供的资料、理财规划师通过其他途径搜集到的客户的资料（如直接通过银行得到的资料）以及相关的市场、政策资料，因此需列举出这些资料的来源，以使客户知晓理财规划的最终方案是可信的，而并非规划师凭空创造出来的。

4. 公司义务

在建议书的前言里，有必要写明公司的义务。明确公司与客户双方的权利和义务，有利于在将来遇到矛盾或争端时，能够准确划分双方的责任。

在这部分内容中，需要讲明诸如公司指定的理财规划师具有相应的胜任能力，公司及指定的理财规划师将勤勉尽责地处理客户委托的事务，保证对在业务过程中知悉的客户的隐私或商业秘密不向任何个人或机构披露等内容。具体内容可根据各公司的相应情况增加或删减。

5. 客户义务

为了保证理财规划建议书的顺利制定，且制定出的建议书真实可信，达到预期的效果，在前言里也需说明客户的义务。客户的义务一般包括：按照合同的约定及时交纳理财服务费；向理财规划师及其所属公司提供与理财规划的制定相关的一切信息；提供的全部信息内容须真实准确；如在理财规划的制定及执行过程中，客户的家庭或财务状况发生重大变化，有义务及时告知理财规划师及其公司，便于调整方案；公司对制定的理财规划建议书拥有知识产权，未经本公司许可，客户不得许可给任何第三方使用，或在报刊、杂志、网络或其他载体予以发表或披露；客户需为协助理财规划师执行理财规划提供必要的便利。

6. 免责条款

免责条款是指双方当事人事前约定的，为免除或者限制一方或者双方当事人未来责任的条款。在免责条款的制定中，理财规划师需周密考虑可能发生的各种情况，并划分己方与客户方的责任。比如，“理财规划的制定是基于客户提供的资料和通常可接受的假设、合理的估计的，因此推算出的结果可能与真实情况存有一定的误差，这一误差并非理财规划师过错导致，如导致了不良后果，不应由理财规划师承担；如因客户方隐瞒真实情况、提供虚假或错误信息而造成损失，公司和理财规划师均不承担任何责任；由于客户的家庭情况发生变化，且客户未及时告知公司而造成的损失，公司不承担任何责任；公司不对实现理财目标做任何保证，且对客户投资任何金融或实业工具也不做任何收益保证”。

7. 费用标准

这部分需写明公司各项理财规划的收费情况，让顾客做到心中有数，从而能够及时缴纳足额的费用。往往各种理财产品的收费是根据客户金融或实物资产的多少为依据的，因此会有不同数量级别的划分。在这部分的内容中，应清晰告诉客户每一级相对应的费用是多少。除了写明不同的费用档次，还应具体说明各品种的服务年限及服务内容，比如一些理财产品是仅提供一年的服务，因此需要在建议书中说明，以免客户误解。

第二步：提出理财规划方案的假设前提。

理财规划方案是基于多个假设前提的，包括未来平均每年通货膨胀率、客户收入的年增长率、定期及活期存款的年利率、股票型基金投资平均年回报率、债券型基金投资平均年回报率、货币型基金投资平均年回报率、投资连结型保险投资平均年回报率、债券投资平均年回报率、房产的市场价值、汽车的市场价值、子女教育费的年增长率、个人所得税及其他税率、人民币对美元的汇率升值幅度等。理财规划师需在充分分析市场状况的基础上，一一列出这些项目的预期数值，便于在接下来的具体理财规划中运用。

第三步：开始编写正文，完成财务分析部分。

在进行必要的解释和说明后，接下来就进入理财规划建议书正文写作的阶段。正文部分是整个理财规划建议书的核心部分，它记录了理财规划师的调查与分析结果，这部分最能反映出理财规划师的业务水平。且这部分也是客户最关心的部分，任何数据都可能会给客户未来的决策和行为产生影响。因此，这部分的写作必须要考虑周全，且在写作过程中切忌粗枝大叶，一定要保证内容的准确性。

正文部分主要分为六大部分，包括客户家庭基本情况和财务状况分析、客户的理财目标、分项理财规划、调整后的财务状况、理财规划的执行与调整和附件及相关资料。本节主要介绍如何做客户的财务状况分析，这是形成客户目标并完成各分项理财规划的基础。在这一部分的写作当中，可应用比率分析、图表分析、图形分析等方式，具体说明客户家庭的各种情况。该部分需包括如下内容：

1. 家庭成员基本情况及分析

（1）基本情况介绍。首先应对家庭成员加以介绍，需具体到家庭每一个成员的姓名、年龄、职业、收入，可用文字或表格的形式进行说明。家庭成员只需包括共同生活的全部人员，这些成员往往可以看做一个整体，他们不会对各方的收入和支出进行清晰划分。现代家庭成员往往会赡养多位老人，诸如定期给付一定的赡养费的情况，被赡养的老人不必算为家庭成员之一，而如果是和老人同住同消费，则需将其视为家庭成员。

（2）客户本人的性格分析。客户本人往往是家庭中的决策者，他（她）的决策和行为直接影响整个家庭的财务状况，因此对他（她）的性格分析就显得至关重要。对该部分信息的获取，可以通过制定一张调查问卷，总结出客户在日常生活中的性格表现，特别是对理财方面的性格表现，将结果列示于此部分。性格可以分为乐观型、主导型、谨慎型、自我型、成就型、协调型等。分析出客户的性格，可以得知他（她）在理财活动中的态度。

（3）客户投资偏好分析。对待风险的态度把人们分为风险偏好型、风险中立型和风险规避型三种。通过调查问卷的形式分析出客户对待风险的态度，对于理财规划师制定理财规划有相当大的参考价值。在这一部分里，使客户知晓自己所属的风险类型，利于其选择合适的投资理财渠道。

（4）家庭重要成员性格分析。家庭重要成员对于一个家庭收入和支出的决策同样起着相当重要的作用。通过分析客户本人性格的方式，即问卷调查形式，能够得出重要成员的性格特征，了解其对待理财的态度，并将结果记录于此部分。

（5）家庭重要成员投资偏好分析。同样，作为一个重要的影响因素，家庭重要成员的投资偏好分析也是必不可少的。通过事先设计好的调查问卷能够得出客户家庭重要成员对待风险的态度。这一结果对理财规划方案的制定也有着重要的作用。

（6）客户及家庭理财观念、习惯分析。理财规划师可以从客户及其家庭成员的工作性质、投资行为（投资于高、中、低风险资产的比例情况）、对金融产品的日常使用状况、处理日常财务的行为、对财务的计划等方面了解客户的理财观念及习惯，了解途径可以是通过客户提供的书面资料、与客户的面谈或者其他渠道搜集到的资料。这一部分的写作需要包括理财规划师所搜集到的全部相关资料的内容及得出的结论。

2. 家庭资产负债表

借鉴企业的资产负债表，可以制定出家庭资产负债表。其格式可以采用报告式，也可以采用账户式。报告式即将资产项目放在上方，负债项目在下方。账户式即将表分为左右两个部分，左边是资产项目，右边是负债项目。在资产项目下，需包括家庭现有的金融资产、实物资产。金融资产项目应具体到现金及银行存款、股票、债券、基金等的市场价值。实物资产项目应具体到房产、汽车、首饰、收藏品等的市场价值。负债项目应包括房贷、车贷及其他负债。编制好资产负债表后，应对其各项目数值进行具体分析，并提出修改建议。资产负债表如表14-1所示。

表14-1 **资产负债表**

日期		姓名	
资产			金额
金融资产	现金与现金等价物	现金	
		活期存款	
		定期存款	
		其他类型银行存款	
		货币市场基金	
		人寿保险现金收入	
	现金与现金等价物小计		

续表

日期		姓名	
金融资产	其他金融资产	债券	
		股票及权证	
		基金	
		期货	
		外汇实盘投资	
		人民币（美元、港币）理财产品	
		保险理财产品	
		证券理财产品	
		信托理财产品	
		其他	
	其他金融资产小计		
金融资产小计			
实物资产	自住房		
	投资的房地产		
	机动车		
	家具和家用电器类		
	珠宝和收藏品类		
	其他个人资产		
实物资产小计			
资产总计			
负债			
负债	信用卡透支		
	消费贷款(含助学贷款)		
	创业贷款		
	汽车贷款		
	住房贷款		
	其他贷款		
负债总计			
净资产（总资产-总负债）			

家庭资产负债表制表与分析的具体要求：

（1）表头项目："时间"：填写制表时间。"姓名"：填写客户本人的姓名。

（2）金融资产项目：

①现金与现金等价物项目。

"现金"：汇总现金数额。

"活期存款"：填列客户在各家银行的活期存款总额。

"定期存款"：填列客户在各家银行的定期存款总额。

"其他类型银行存款"：填列客户除活期与定期的所有其他类型银行存款，如通知存款等。

"货币市场基金"：填列客户已购买的货币市场基金当前市场价值。

"人寿保险现金收入"：填列客户人寿保险中个人账户可提取的现金数额。

"现金与现金等价物小计"：上述所有流动性资产的总额填列于此。

②其他金融资产项目。

"债券"：填列客户所有债券的市场价值。

"股票及权证"：填列所有股票及各类权证（现为股票认购、认沽权证）的市场价值。

"基金"：填列持有的除货币市场基金以外的基金的市场价值。

"期货"：填列客户所有期货产品的市场价值。

"外汇实盘投资"：填列外汇实盘投资各币种长头寸的总额（以人民币计）。

"人民币（美元、港币）理财产品"：汇总在各家银行购买的理财产品价值总额（区分不同期限子类别）。

"保险理财产品"：填列所有本类保险公司设计的理财产品的价值总额，以不同保险公司为子类别。

"证券理财产品"：填列所有本类证券公司设计的理财产品的价值总额，以不同证券公司为子类别。

"信托理财产品"：填列所有类型信托产品的市场价值，注意区分不同项目、不同期限。

"其他"：上述以外的所有其他金融资产。

"其他金融资产小计"：汇总上述其他金融资产价值。

"金融资产小计"：汇总现金与现金等价物和其他金融资产价值。

（3）实物资产项目：

“自住房”：填列客户自住房产的市场价值。

“投资的房地产”：填列客户用于投资的房产市场价值。

“机动车”：填列客户的机动车的现值。

“家具和家用电器类”：填列客户的家具和家用电器等耐用消费品价值总额。

“珠宝和收藏品类”：填列客户的金银珠宝首饰、投资和其他收藏品价值总额。

“其他个人资产”：除上述实物资产之外的有必要填列的其他资产。

“实物资产小计”：汇总上述实物资产的价值填列于此。

（4）负债项目：

“信用卡透支”：填列客户现利用信用卡透支的数额。

“消费贷款（含助学贷款）”：填列购买耐用消费品时发生的消费信贷数额，包括教育消费信贷（即助学贷款）数额。

“创业贷款”：填列客户的创业贷款数额。

“汽车贷款”：填列客户用于购车所贷款项的数额。

“住房贷款”：填列客户购房所贷款项的数额。

“其他贷款”：填列除上述贷款外的贷款的数额。

“负债总计”：汇总上述负债项目的数额。

“净资产（总资产-总负债）”：计算填列客户的净资产数额，即用总资产数额减去总负债数额。

在填列完资产负债表的各项目后，还应在此处注明以下情况并进行分析：

（1）金融资产具体情况。在这一部分里，需按不同金融资产的类型列明除具体数额之外的情况。

对于现金与现金等价物，如银行存款，需罗列出客户在各开户银行的存款数额、利率，注明存款种类（定期或是活期），如为定期，需注明到期期限。且需分别汇总人民币与外币存款的数额，使存款情况一目了然。理财规划师应根据客户的自身情况，对其银行账户的情况做出分析诊断，将诊断结果和建议条理清晰地记录下来，供客户进行改进参考。

对于其他金融资产，如股票、基金等，就需列明股票或基金名称、买入价、持有数量、现行市价、已持有期限等。对于债券则应列明名称、发行日期、利率、到期日等。根据客户的风险承受能力、资金富余程度并综合其他方面情况，分析得出其现有投资型金融资产结构所存在的问题，并提出合理的建议。

（2）实物资产具体情况。分别列示客户所拥有的实物资产，如房、车、首饰、收藏品等。对于客户的住房来说，需列明现行市场总价格、面积、每平方米价格、地段等相关因素。对于汽车则需说明其车况以及现行市场价。对于首饰和收藏品也需明确其现行市价。理财规划师需对客户的实物资产结构及持有状况提出自己的意见或建议。

（3）负债情况。这部分内容应包括客户家庭全部负债的情况。即房贷、车贷、消费贷款等的月供金额，剩余还款期限及年利率。信用卡透支的额度、已透支金额、还款时限、免息期、利率等。其他负债，如向朋友或家人借入的款项的金额及还款日期。理财规划师同样需要分析客户的负债结构是否合理，并将其建议写入本部分。

3. 家庭收入支出表

同样可借鉴企业的收入支出表制定出客户的家庭收入支出表，按照客户家庭的收入和支出所产生的现金流量进行编制。这张表便于客户明确在不同性质的活动中，现金流入流出的信息。对于不经常发生的特殊项目，如意外损失、保险赔款、对外捐赠等，应在收入支出表中归并到相关类别中，并单独反映。理财规划师需分析客户家庭收入支出表的合理性，给出适当的建议。

收入支出表通常没有固定格式，具体的项目名称根据不同客户的情况会有所不同（如表 14-2 所示）。

表 14-2 **收入支出表**

时间		
		金额
工资和薪金	姓名	
	姓名	
自雇收入（稿费及其他非薪金收入）		
奖金和佣金		
养老金和年金		
投资收入	利息和分红	
	资本利得	
	租金收入	

续表

	其他	
其他收入		
(I) 总收入		
		金额
房子	①租金/抵押贷款支付	
	②修理、维护和装饰	
家电、家具和其他大件消费	购买和维修	
汽车	①贷款支付	
	②汽油及维护费用	
	③保险费、养路费、车船税等	
	④过路与停车费	
日常生活开支	①水电气等费用	
	②通讯费	
	③交通费	
	④日常生活用品	
	⑤外出就餐	
	⑥其他	
购买衣物开支	衣服、鞋子及附件	
个人护理支出	化妆品、头发护理、美容、健身	
休闲和娱乐	①度假	
	②其他娱乐和休闲	
商业保险费用	①人身保险	
	②财产保险	
	③责任保险	
医疗费用	医疗费用	
其他项目		
(Ⅱ) 总支出		
现金结余(或超支)[(Ⅰ)-(Ⅱ)]		

具体填列方法：

(1) 表头项目："时间"：填写制表时间。"姓名"：填写客户本人的姓名。

(2) 收入项目：

"工资和薪金"：按家庭成员的姓名填列其各自的工资薪金总额。

"自雇收入（稿费及其他非薪金收入）"：填列家庭成员的劳动报酬所得、个体工商户的生产经营所得及对企事业单位承包承租经营所得等。

"奖金和佣金"：填列各成员的奖金收入及非工资的佣金收入。

"养老金和年金"：如客户家庭中有成员已退休，则需填列其养老金和年金收入。

"投资收入"：分别按"利息和分红"、"资本利得"、"租金收入"和"其他"四个项目填列客户所得的利息、股息、出租等收入。

"其他收入"：除上述收入外的其他收入，包括偶然性所得等。

"（Ⅰ）总收入"：汇总上述各项目的数额。

(3) 支出项目：

"房子"：分别填列"租金/抵押贷款支付"、"修理、维护和装饰"等费用数额。

"家电、家具和其他大件消费"：填列对该类耐用消费品的购买和维修费用数额。

"汽车"：分别填列"贷款支付"、"汽油及维护费用"、"保险费、养路费、车船税"、"过路与停车费"等项目的数额。

"日常生活开支"：其中，"通讯费"通常包括电话——固定电话和手机话费、有线电视费用和电脑上网费等通讯方面的费用；"交通费"是指家庭除自驾车以外其他的和交通相关的费用；"日常生活用品"包括家庭的食品开支和其他日常家居小件物品的花销；"其他"根据具体家庭情况而定。

"购买衣物开支"：填列客户购买服装和其他附件如帽子、鞋袜等的支出总额。

"个人护理支出"：包括化妆品、头发及皮肤护理、健身等项目的支出数额。

"休闲和娱乐"：按照"度假"、"其他娱乐和休闲"两项目分别汇总客户外出度假及平时在KTV、迪厅、酒吧、游乐场、保龄球场、高尔夫球场等娱乐场所消费的数额。

“商业保险费用”：按人身保险、财产保险、责任保险三个不同类型险种分别填列所缴保费。“医疗费用”：填列客户的日常医疗费用，家庭成员的大病支出费用也填列于此。

“其他项目”：填列除上述各项目外的其他支出数额。

“（Ⅱ）总支出”：汇总上述各项目的数额。

“现金结余（超支）〔（Ⅰ）－（Ⅱ）〕”：总收入减去总支出得到的数额填列于此。

同样，填列完收入支出表后，还应对以下情况进行必要的说明及分析：

（1）收入情况。应区分全部家庭成员的经常性收入和偶然性收入。可同时按月汇总全体成员的收入，使客户和理财规划师能清楚看到家庭每月的收入状况。可以利用各种图表，如饼状图、柱状图等分析收入的来源渠道，使客户对家庭的收入来源有个直观的了解。对收入情况的诊断主要是分析客户收入来源情况，从“开源”的角度帮助客户追求更高的收入水平。

（2）支出情况。对支出情况的说明可以比照上述收入情况的写作方法，同样也需区分经常性支出和偶然支出。详细的支出情况也可通过表格或图标的形式说明，让客户对自己的消费情况做到心中有数。对支出情况进行诊断是非常重要的一项工作。除了日常生活所必需的开支外，其他支出主要是由客户的消费、理财等习惯决定的。可以通过改变资金用途或支出数量，帮助客户将钱花在刀刃上，使资金发挥最大的效用。因此在这部分内容中，应包括理财规划师对客户支出情况的诊断结果，及从“节流”的角度对客户合理支出提出的建议。值得说明的是，收入和支出情况中，有些项目是一年才发生一次或者几次的，如客户所在单位发给的年终奖、客户按年或季度支付的保费、客户子女的按年或半年一付的学杂费等。这些支出应归并到相关项目中，并做出注释。

4. 财务比率分析

在这部分中，理财规划师应对客户家庭的财务比率数值，如资产负债率、负债收入比率、结余比率、流动性比率等进行计算和列示，并列明通用的数值范围，并进行比较，从而分析客户现有财务状况是否合理，及对不合理的状况应怎样改进，并对客户的财务状况作出预测和总体评价。

二、家庭理财方案制定的案例及解析

马先生为某外企高层管理人员，税后年工资收入约 30 万元，今年 40 岁；

马太太为国企职员，税后月工资收入约6 000元，年终奖5万元，今年36岁。家中有一个8岁男孩（马某）。2017年夫妇俩购买了一套总价为90万元的复式住宅，该房产还剩10万元左右的贷款未还，因当初买房时采用等额本息还款法，马先生没有提前还贷的打算。夫妇俩在股市的投资约为70万（现值）。银行存款25万元左右；另外，马先生在鼓楼大街有一处50平方米的出租住房，每月租金收入2 000元（含房租税120元），房产的市场价值为60万元。每月用于补贴双方父母约为2 000元（双方父母均有养老和医疗保障）；每月房屋按揭还贷2 000元，家庭日常开销在4 000元/月左右，孩子教育费用平均每月1 000元左右。为提高生活情趣，马先生有每年举家外出旅行的习惯，花费约12 000元。

夫妇俩对保险不了解，分别买了一份人身意外伤害综合保险（吉祥卡），给孩子买了一份两全分红型保险，保险理财产品目前现金价值为8 280元，希望得到专家帮助。马太太有在未来5年购买第三套住房的家庭计划（总价格预计为80万元）。此外，为接送孩子读书与自己出行方便，夫妇俩有购车的想法，目前看好的车辆总价约在30万元。夫妇俩想在10年后（2027年）送孩子出国念书，综合考虑各种因素，预计各种支出每年需要10万元，共6年（本科加硕士）。

马先生家庭理财规划建议书

××公司

×年×月×日

前言

尊敬的马先生：

××公司是专业从事理财规划、财经咨询、金融培训的服务性机构。我们拥有国内金融理财领域的众多资深专业人士和国内一流的金融理财专家与顾问团队。非常荣幸能为您和您的家庭设计一套完整的理财规划方案。对您给予我们的信任和支持，我们表示十分感谢，并衷心希望我们能长期保持良好的合作关系。

一、本建议书的由来

本建议书是根据您2017年1月6日的委托，由我公司为您量身定制的理财规划建议书。

本建议书能够协助您全面了解自己的财务状况，明确财务需求及目标，并提供充分利用您财务资源的建议，是一份指导您达成理财目标的手册，供您在管理资产的决策中有所参考，但并不能代替其他专业分析报告。

二、本建议书所用资料的来源

本建议书的资料来源包括以下几个方面：

1. 您提供给我们的有关您的财务状况及家庭情况的相关资料文件，包括您近期和过去几年的财务资料；

2. 您通过与我们电话交流和网络交流所提供的信息；

3. 您接受我们所进行的相关调查问卷的资料；

4. 我们通过相关机构搜集到的各种政策资料；

5. 我们通过广泛调查研究搜集到的各种市场状况资料；

6. 我们在进行过去的理财业务中积累的相关资料。

三、本公司义务

根据理财规划师工作要求及职业道德要求，本公司具有如下义务：

1. 本公司为您指定的具体承办理财规划事务的理财规划师具有相应的胜任能力，已经通过国家理财规划师职业资格考试，取得执业证书，并具有一定的工作经验；

2. 本公司及指定的理财规划师将勤勉尽责，合理谨慎地处理您委托的各种事务；

3. 本公司及指派的理财规划师保证对在业务过程中知悉的您的隐私或商业秘密不向任何个人或机构披露，且您的一切相关资料我们将由专人负责保管；

4. 若涉及某项专项产品需要将您的资料转介于其他专业人士，如律师、会计师等，我们将以专函的形式取得您的书面授权后才会转介他人。

5. 本公司及指派的理财规划师与在理财计划中所推荐的金融产品或服务的提供机构无雇佣关系或其他任何具有经济利益的合作关系，且我们所推荐的金融产品或服务您有权选择是否进行购买。

四、客户方义务

为了保证我们能顺利地为您制定出合适的理财规划建议书，您需要承诺以下几点：

1. 按照合同的约定及时交纳理财服务费；

2. 您需要向我们提供与理财规划的制定有关的一切信息；

3. 您提供给我们的信息包括书面资料文件、口头信息及所填写的问卷调查的内容须真实准确；

4. 在理财规划的制定及执行过程中，若您的家庭或财务状况发生重大变化，您有义务及时告知我们，便于我们调整方案；

5. 本公司对制定的理财规划建议书拥有知识产权，除您自己使用外，未经本公司许可，不得许可给任何第三方使用，或在报刊、杂志、网络或其他载体予以发表或披露；

6. 如果您选择我们来执行您的理财规划，您需为协助我们执行理财规划提供必要的便利。

五、免责条款

1. 本理财规划建议书是在您提供的资料基础上，并基于通常可接受的假设、合理的估计，综合考虑您的资产负债状况、理财目标、现金收支以及理财对策而制订的。推算出的结果可能与您真实情况存有一定的误差，您提供信息的完整性、真实性将有利于我们为您更好地量身定制个人理财计划，提供更好的个人理财服务。

2. 您需承诺向理财规划师如实陈述事实，如因隐瞒真实情况、提供虚假或错误信息而造成损失，本公司及指派的理财规划师本人均不承担任何责任。

3. 由于本理财规划建议书所采用您的家庭情况是有可能发生变化的，并且这些变化会对您的理财产生重要影响，所以我们强烈建议您定期（特别是您的收支情况和家庭成员发生变化时）检查并重新评估您的理财规划，并及时告知我们，以便适时地作出调整。如由于您未及时通知我们而造成的损失，本公司不承担任何责任。

4. 本公司的理财规划为参考性质的，它仅为您提供一般性的理财指引，不代表我们对实现理财目标的保证。

5. 本公司系理财规划咨询服务机构，提供的仅仅是咨询服务，对您投资任何金融或实业工具均不做任何收益保证，对本理财报告中涉及的金融产品，提供产品的金融机构享有对这些产品的最终解释权。如理财规划师作出收益保证或承诺，均非本公司的意思表示，您不宜信赖其保证或承诺，凡信赖理财规划师的该种保证或承诺而造成损失，我们不承担任何责任。本文件非常重要，其内容严格遵守法律相关规定。理财规划建议书内容需要随您本人状况和其他因素的定期变化进行修改和完善。您如果有任何疑问，欢迎您随时致电我公司。我们期待着与您共同完善和执行本建议。

理财规划建议书的假设前提

本理财规划建议书的计算均基于以下假设条件：

示例：假设年通货膨胀率为3%

通货膨胀是指社会上一般物价水平持续普遍上升的现象，通货膨胀将导致您手中货币的实际购买力下降。反映通货膨胀水平的指标称为通货膨胀率。我国使用居民消费价格指数作为通货膨胀率的重要参考指标。80年代后期和90年代初我国的通货膨胀率曾达到10%~20%，之后有几年的时间我国的通胀率几乎为0，经过了大起大落之后，我国的通货膨胀率才逐渐稳定下来。经济学家们分析认为，到2017年，考虑到各地区通货膨胀情况不尽相同，为了您的财务安全，我们在完成此理财规划建议书时保守假设通货膨胀率为3%。

三、客户财务状况分析

（一）资产负债分析

根据您给我们提供的个人和家庭财务数据，我们通过整理形成了以下的属于您的家庭资产负债表与收入支出表，并在此基础上我们做了财务分析评价，如表14-3、表14-4所示。

表14-3 **家庭资产负债表**

客户：马先生与马太太家庭　　日期：2017年12月31日　　单位：元

资产	金额	负债与净资产	金额
金融资产		负债	
现金与现金等价物		信用卡透支	0
现金		住房贷款	100 000
活期存款	250 000	负债合计	100 000
现金与现金等价物小计	250 000		
其他金融资产			
股票	700 000		
保险理财产品	8 280		
其他金融资产小计	708 280		
金融资产小计	958 280	净资产	2 358 280
实物资产			

续表

资产	金额	负债与净资产	金额
自住房	900 000		
投资的房地产	600 000		
实物资产小计	1 500 000		
资产总计	2458 280	负债与净资产总计	2 458 280

表 14-4 **家庭收入支出表**

客户：马先生与马太太家庭 日期：2017 年 1 月 1 日至 2017 年 12 月 31 日 单位：元

年收入	金额	年支出	金额
工资和薪金		房屋按揭还贷	24 000
马先生	300 000	日常生活支出	60 000
马太太	72 000	商业保险费用	4 500
奖金和佣金	42 625	休闲和娱乐	12 000
投资收入		其他	
租金收入	22 560		
		其他支出	24 000
收入总计	437 185	支出总计	124 500
年结余			

（二）家庭收入分析（如图 14-1 所示）

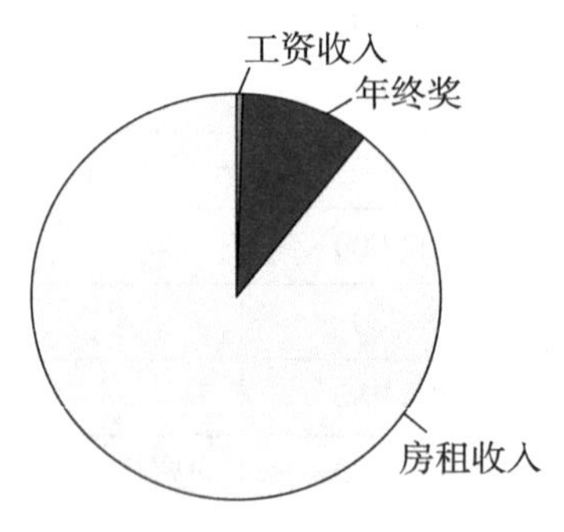

图 14-1 家庭收入比例表

我们认为您的家庭收入主要来自于税后工资，收入过于单一。万一出现失业或意外，您的家庭抗风险的能力较低，将会对您的家庭产生不良影响。

（三）家庭开支分析（如图 14-2 所示）

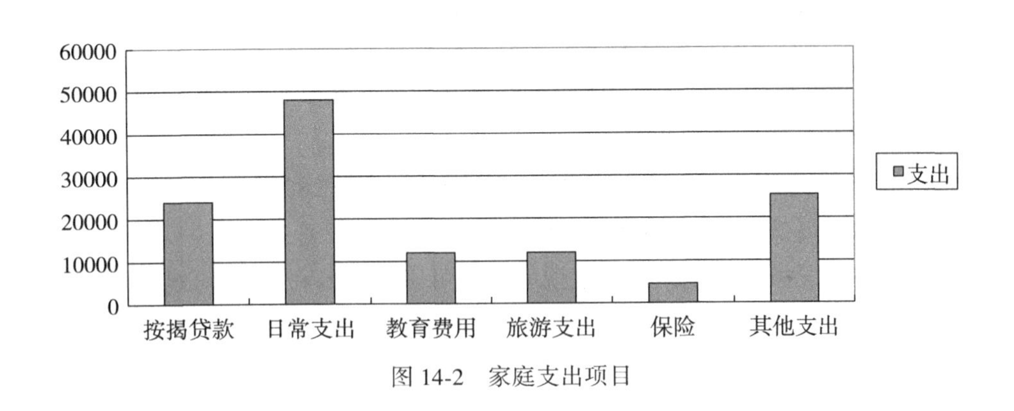

图 14-2　家庭支出项目

您目前提供的家庭开支中，家庭的日常消费开支确实不是很大，这说明您的家庭生活非常传统，储蓄意识也很强。但是您的日常支出并没有具体罗列各项开支，您的支出水平相比较于北京市同等消费支出水平偏低。

（四）客户财务状况的比率分析（如表 14-5 所示）

表 14-5　**客户财务比率表**

项目	参考值	实际数值
结余比率	30%	71.52%
投资与净资产比率	50%	55%
清偿比率	50%	96%
负债比率	50%	4%
即付比率	70%	2.5
负债收入比率	40%	5.49%
流动性比率	3	24.1

通过对您给我们的财务资料的分析，我们得出了以上的财务指标。其中有些数据不是非常详细，所以会存在一些的偏差。从这些指标上来看，您的资产结构不尽合理，在一些指标上需要进行改进。具体分析如下：

（1）结余比率=年结余/年税后收入=312 685/437 185=71.52%。本指标主要反映客户提高其净资产水平的能力，参考值为30%，您的这一比率已经超过71%，反映出您有非常强的储蓄和投资意识。

（2）投资与净资产比率=投资资产/净资产=1 308 280/2 358 280=55%。参考值为50%，说明您有很强的投资意识。

（3）清偿比率=净资产/总资产=2 358 280/2 458 280=96%。反映客户综合偿债能力的高低，常值保持在50%以上，您已经达到96%，一方面说明您的资产负债情况极其安全，同时也说明您还可以更好地利用杠杆效应以提高资产的整体收益率。

（4）负债比率=负债总额/总资产=100 000/2 458 280=4%。反映客户的综合偿债能力的指标之一，通常控制在50%以下，您的这一指标过低，与清偿比率反映了相同的问题。

（5）负债收入比率=年负债/年税后收入=（2 000×12）/437 185=5.49%。反映客户支出能力的强弱，临界值为40%，说明客户的短期偿债能力可以得到保证。

（6）流动性比率=流动性资产/每月支出=250 000/9 120=27.41。反映客户支出能力的强弱，常值为3左右，您的指标已经达到24，说明您的流动性资产可以支付未来24个月的支出。

总体分析您的各项指标，说明您的财务结构不尽合理。您很关注资产的流动性，流动性资产完全可以应付负债，结余比率过高，应适当增加投资，充分利用杠杆效应提高资产的整体收益性。

（五）客户财务状况预测

客户现在处于事业的黄金阶段，预期收入会有稳定的增长，投资收入的比例会逐渐加大。同时，现有的支出也会增加，随着年龄的增长，保险医疗的费用会有所增加。另外，购车后，每年会有一笔较大的开销。目前按揭贷款是唯一的负债，随着时间的推移，这笔负债会越来越小。

（六）客户财务状况总体评价

总体看来，客户偿债能力较强，结余比例较高，财务状况较好。其缺陷在于活期存款占总资产的比例过高，投资结构不太合理。该客户的资产投资和消费结构可进一步提高。

第三节　家庭理财专项方案制定

家庭理财专项方案，主要包括确定客户理财目标、制定各分项理财规划方案、调整后的财务状况、理财方案的执行和调整、附件及相关资料。

一、家庭理财专项规划的制定程序

第一步：确定客户的理财目标。

由于理财规划可以分为全面理财规划和专项理财规划两种，因此不同品种的理财规划其目标也是不同的。在撰写理财规划建议书的过程中，理财规划师应根据不同类型的理财规划制定不同指向的理财目标。

（一）全面理财规划目标

在全面理财规划中，由于客户关心的是家庭整体财务状况达到最优水平，因此制定的理财目标需包含诸如养老、保险、子女教育、投资、遗产等多方面因素。在这种规划中，理财目标可以分为几个阶段性目标，通过与客户的充分沟通，理财规划师可辅助其得出合理的各阶段分期目标，并在这一部分充分说明。首先是短期目标，如 5 年内的目标，应写明 5 年内客户希望实现的财务任务，如购买新房、新车、出国旅游等。接下来是中期目标，10 年或 20 年内希望实现的任务，如子女教育计划、双方父母的养老安排、双方自身后续教育计划、旅游安排、家庭固定资产置换计划等。长期目标大约为 20～30 年内考虑的理财任务，如夫妻双方的养老计划、对金融资产及实物资产的投资、出国旅游等。

（二）专项理财规划目标

对于专项理财规划，由于客户只关心在某一特定方面实现最优，因此只需考虑与该专项理财规划相关的因素即可，不要求全面分析。专项理财目标应从两方面来制定。首先应制定规划目标，理财规划师通过与客户的充分交流，总结出客户通过专项理财规划，所希望实现的规划目标。这些目标应包括，足够的意外现金储备、充足的保险保障、双方父母的养老储备基金、双方亲友特殊大项开支的支援储备基金、夫妻双方的未来养老储备基金、子女的教育储备基金等。其次应制定具体目标，包括家庭储蓄率应达到的比重、各金融产品所应达到的比重、保险保障覆盖程度、家庭现金流数量、非工资性收入比重和家庭净资产值等。

另外，专项理财规划只是独立地进行规划，并没有从整体的角度去考察。因此很可能出现看似每个计划都能实现，都不需要花很多的钱，但将全部专项规划所需费用加总就发现，现有资金不够用了。因此我们不得不有所取舍，先实施最重要的，不是必须要实现的规划就可能放弃。理财规划师需要和客户进行沟通，将得到的规划的先后次序记录下来，并对这样排序给出合适的理由。如保险规划往往处于较为优先的地位，则对这样排序的分析可以从“保险对家庭成员起着非常重要的保障作用，人有旦夕祸福，意外是不可预测的，需作好保障，因此必须首先对它进行资金支持”这一方面进行。对养老计划的分析则可以从“政府救济和子女供养是靠不住的，所以必须将该计划的实施放在较为优先的位置上”进行说明。而对购房计划，可能会排在较靠后的位置，即优先程度较低，则可从其“迫切性相对较小，可以暂缓实施”的角度入手进行详细分析。

第二步：完成分项理财规划。

当假设前提、预期目标、优先次序三个条件都设计完成后，就可以分项设计分项理财规划方案了。

（一）现金规划

首先应列举出家庭现金储备的种类，即可能用到现金的各方面。一般包括：日常生活开支、意外事项开支等。接着应详细列明现金储备的来源，如定期存款、股票套现、信用卡额度等。然后就需说明现金储备的使用和管理，如将其转化为诸如活期存款、期限较短的定期存款和货币市场基金等。

（二）消费支出规划

这部分内容包括购房规划、购车规划、信用卡与个人信贷消费规划三大块。

购房规划部分中，应首先分析购买一套新房所需的费用，并需注明如面积、地域、每平方米价格、装修费用等因素。接下来考虑申请何种类型的银行贷款，需写明贷款总额、贷款期限、贷款利率、月供金额等，这里理财规划师可以建议客户向某家银行贷款，并给出适当的理由。如客户在搬进新房后，将旧房出租，则需列示旧房的月租金、租金回报率、空租期等因素。理财规划师还可根据现行的楼盘状况，并综合考虑环境、交通等多方面因素，在本部分给出对客户购买某处及适当大小住房的合理建议。

购车规划部分和购房规划部分有类似的地方，即首先分析车所需的费用，及其车型、牌照费、车辆购置税、耗油量、养路费、车位费、配件价格、保养维修费等。然后考虑申请的贷款类型，注明贷款总额、贷款期限、贷款利率、月供金额等，同样，理财规划师可以建议客户向某家银行贷款并说明理由。理财规划师可根据目前的汽车市场状况，并综合考虑各方面因素，给出购买某一特定车型的合理建议。

（三）教育规划

教育规划是指在收集客户的教育需求信息、分析教育费用的变动趋势并估算教育费用的基础上，为客户选择适当的教育费用准备方式及工具，制定并根据因素变化调整教育规划方案。在制定教育规划时需列明客户子女将来所需的各项教育费用。如希望送子女出国留学，则应列示国外学校每年的学费、生活费、学费的年上涨率、汇率风险等项目。如希望子女在国内深造，则应写明国内学校每年的学费、生活费以及学费的年上涨率等项目。分别汇总出每种方案的不同支出总额，设定教育储备计划。教育储备计划的写作，应包括储备基金的投向及数额、收益率、投资年限等。这一部分还应涉及不同地域学校选择的问题。由于不同地区的消费水平不同，因此所需学费、生活费也有不同。理财规划师应分析不同地区学校的教育水平及费用情况，给客户以合理的建议。

（四）风险管理和保险规划

首先将客户家庭已有的保险种类列举出来，接下来就需要对每个家庭成员所需的保险种类进行具体分析，比如家庭的支柱成员应拥有什么样的保险，子女所需保险品种应如何设计，应该给老人们购买哪些保险。与现有的保险品种进行对比，得出应补充购买的保险品种。在本部分中还应告诉客户如何节约保险保障中的财务成本，以及如何控制保险保障规划中的风险，便于在将来的执行过程中，达到较好的效果。对于不能用商业保险进行风险保障的家庭成员，应进行其他如风险自保等风险管理规划。

（五）税收筹划

可先说明税收筹划的作用，例如“在日常生活中能涉及各种税收，进行合理的税收规划能够有效降低成本，实现收益最大化”。然后分析客户在日常生活、投资活动等行为中涉及的税种，如个人所得税、消费税、营业税、关税、印花税、房产税及车辆购置税等。可用表格的形式按各税种的税率、征税范围、计算方法、税收优惠等列示。接下来可分别从金融投资、实物投资、退休养老计划、其他投资等方面说明不同活动中涉及的税种，并分析在此类活动中的合理避税空间及方法。

（六）投资规划

这部分内容包括金融资产规划和实物资产规划两方面。需分别说明金融资产和实物资产包括哪些内容，对包括股票、债券、基金在内的金融产品，住房、首饰、收藏品等实物资产的风险和收益进行评估，并给出合理的投资组合计划。由于客户家庭已拥有一定数量的金融资产和实物资产，理财规划师应对其结构进行分析，并提出调整意见。

（七）退休养老规划

养老规划部分中，首先需列示客户的预计退休年龄，退休后每月的退休金数额，每年的生活开支、医疗费用等条件，理财规划师通过计算得出客户退休后的支出总额及可从社保基金处得到的退休金总额，二者差额则是客户从现在开始需建立的养老储备基金。为了帮助客户储备足额的养老基金，理财规划师需通过计算分析得出一个投资方案，并应写明这一投资方案的月供款、年回报率、投资时限等，便于客户充分掌握并较好操作。

（八）财产分配与传承规划

财产分配规划是指为了家庭财产在家庭成员之间进行合理分配而制定的财

务规划。理财规划师要协助客户对财产进行合理分配，以满足家庭成员在家庭发展的不同阶段产生的各种需要。财产传承规划是指当事人在其健在时通过选择遗产管理工具和制定遗产分配方案，将拥有或控制的各种资产或负债进行安排，确保在自己去世或丧失行为能力时能够实现家庭财产的代际相传或安全让渡等特定的目标。理财规划师在进行财产传承规划时，主要是帮助客户设计遗产传承的方式，以及在必要时帮助客户管理遗产，并将遗产顺利地传承到受益人的手中。

由于很多人对“遗产”这一名称在思想上较为抵触，但是财产传承规划在理财规划中又是一个必不可少的项目，因此应首先向客户简要说明进行财产分配与传承规划的重要性，例如“如果客户拥有一笔较大的财产，则他（她）去世后，怎样才能在开征遗产税的情况下，让子女获得全部或大部分遗产以及怎样才可以保证子女合理分配与使用这笔遗产，这就需要进行财产分配与传承规划”。通过比较现金形式、基金形式、保险形式等几种可能采用的方式，分别写出在这几种形式下，子女能够得到的遗产数额，及其对子女的影响程度。从中选出最优方案，并针对客户当前具体财产情况，给出合理建议。

第三步：分析理财方案预期效果。

将按照调整后的财务状况编制的资产负债表、收入支出表列示于该部分，此表中可同时列示调整前的数字，使客户能够直观地看到理财规划给其财务状况带来的巨大改进。

在此部分中，还应给出调整后的财务比率数值，如资产负债率、负债收入比率、储蓄比率、流动性比率等，并同时列出国际通用的这些比率的合理数值范围以及调整前的比率，使客户得知通过调整，自身财务状况将达到怎样的水平。

第四步：完成理财规划方案的执行与调整部分。

方案的执行与调整是理财规划活动中重要的一部分。在此，理财规划师应对具体执行工作按照轻重缓急进行排序，即编制一个具体执行的时间计划，明确各项工作的前后顺序，以提高方案实施的效率，节约客户的实施成本。并应一一列明参加方案实施的人员。如对于一个积极成长型方案，应当配备证券、信托、不动产等方面的投资专家；对于一个退休客户的方案，则可能需要配备保险专家或者税收专家。对于某些外部事务，可能还需要客户律师与会计师的参与配合。

在理财规划建议书中还需向客户说明：公司将如何对执行人员进行分工和协作；如何依照设计好的理财规划方案，协助其购买合适的理财产品；当出现新产品时理财规划师承诺将主动提醒客户关注；理财规划师具有监督客户执行理财规划的义务；如果客户的家庭及财务状况出现变动，影响理财规划方案的正确性，则应按怎样的程序进行方案调整；方案调整的注意事项；在理财规划方案的具体实施过程中所产生的文件的存档管理；理财计划实施中的争端处理，如协商、调解、诉讼或仲裁等。

第五步：完备附件及相关资料。

（一）投资风险偏好测试卷及表格

此处应附上公司自行设计、经客户填写的调查问卷。

（二）配套理财产品的详细介绍

此处可附上各大银行、基金公司、保险公司、证券公司等金融机构推出的适合本理财规划方案的理财产品目录及详细介绍。

继续前文的案例，根据客户的期望和我们之间的多次协商，我们认为您与您太太的理财目标是：

1. 现金规划：保持家庭资产适当的流动性。
2. 保险规划：增加适当的保险投入进行风险管理。（短期）
3. 消费支出规划——购车：近期内购买一辆总价为 30 万元的车。（短期）
4. 消费支出规划——购房：在未来 5 年购买第三套住房的家庭计划（总价格预计为 80 万元）。（中期）
5. 子女教育规划：十年后（2027 年）送孩子出国念书，每年需要 10 万元各种支出，大约 6 年（本科加硕士研究生），共需 60 万元。（长期）
6. 马先生和马太太夫妇的退休养老规划。（长期）

二、家庭理财专项方案具体内容

（一）现金规划

您目前的流动资金有 250 000 元，占到您总资产 10%。您目前平均每月的生活费大约为 10375 元左右，现金/活期存款额度偏高，对于马先生马太太夫妇这样收入比较稳定的家庭来说，保持 3 个月的消费支出额度即可，建议保留 30 000 元的家庭备用金，以保障家庭资产适当的流动性。这 30 000 元的家庭备用金从现有活期存款中提取，其中 10 000 元可续存活期，另外，20 000 元购买货币市场基金。货币市场基金本身流动性很强，同时收益高于活期存款，大约为年 1.9%左右，免征利息税，是理想的现金规划工具。

另外您需要注意的是在买车后，每月现金支出会增加 1 900 元左右，每年的汽车花费为 30 000 元（含保险）。家庭备用金需要增加至 3.6 万元，其中 1.2 万元可续存活期，剩余的用来购买货币市场基金。

（二）消费支出规划

从数据可以看出，您和您的太太很会勤俭持家，您的消费支出已经规划得非常好。从您的理财目标可以看出，您的家庭还打算近期购买一辆汽车，5 年内购买另一套住房。我们分别对您的购车和购房计划进行规划。

1. 购车规划

由于您已看好要购买的车型，我们直接计算您购车后的消费。但需要提醒您的是由于消费税的改革，将对小排量的汽车实行优惠；对大排量的汽车征收重税，这最终会转嫁到消费者身上。这里我们假定您购买的是 1.8L 或 2.4L 的车。

首先来看买车的费用：购车费：250 000 元；购置税 25 000 元左右；保险费（全险）7 000 元左右；养路费：110 元/月；车船税 200 元；上牌等杂费 500 元；这样总共是 284 020 元。

从您的家庭经济状况看，我们建议您在半年内买车，可以从存款中支取 220 000 元，另外 70 000 元从半年的收入结余中支取。

买车对马先生不成问题，那么养车会不会给马先生的家庭生活带来负担呢？一般汽车是每行驶 5 000 公里保养一次，预计每年保养 3 次，500 元/次。表 14-6 列出了用车的费用。

表 14-6　**汽车使用费用**　单位：元

项目	费用
平均油耗（L/100km）	10
预计年行驶里程（km）	15 000
油费	7 035
保养费	1 500
月均过路费、停车费	4 800

续表

平均油耗（L/100km）	10
保险费	7 000
车船税	200
养路费	1 320
年均使用费合计	21 855
月均使用费	1 821.25

从表 14-6 可以看出，马先生家庭的养车费用较高，和您家庭的其他开支合计，每月的平均开支约 12000 元左右，但考虑到马先生家庭平均每月有 33 000元的收入，同时，孩子刚刚上小学，家里的经济负担不重，养车费用还是可以负担的。基本不会造成任何财务负担。

做了如上的购车规划，马先生就可以放心地把爱车开回家，从此尽享"有车一族"的潇洒生活了。

2. 购房规划

由于您每年结余较大，我们建议 5 年半后一次性付清第二套房的房款 80 万元。如何筹备这 80 万元的资金，我们建议您每年在基金上投入一笔资金。假定投资收益率 3%，半年后开始，根据财务计算器计算，5 年内每年需投入约 15 万元用于短期债券市场基金。

（三）教育规划

您为您的儿子投保了××险种，该险种的保险责任中明确，在您儿子 18、19、20、21 岁四年每年给付教育资金 10 000 元。您的意向是送孩子出国读大学和硕士，这样看来，孩子的教育保险更多的还是对孩子健康、平安的一个保障，6 年的教育基金预留为 60 万元。但是经过我们的精确测算，出国读书每年的费用基本在 18 万元左右，您的教育基金预留额估计过低。我们按每年 18 万元进行测算，静态计算 6 年为 108 万元。对于您的家庭来说，教育基金的筹集还是要靠投资来完成。同时，考虑到保险的教育金给付，到孩子 18 岁时，您的教育基金缺口为 104 万元。目前距离他 18 岁成人还有 10 年，假设年投资收益率为 10%，您需要每年为他投资约 6.5 万元（根据财务计算器计算得出），10 年后，即可得到 104 万元的留学基金。建议您对教育资金进行××基金管理公司的××平稳股票基金投资，每年操作1~2次，年收益率在5%~15%之间。

（四）风险管理与保险规划

根据理财规划行业著名的“双十原则”，保险规划中保额的设计为10倍的家庭年结余，保费则不宜超过家庭年结余的10%，这样保险的保障程度比较完备，保费的支出也不会构成家庭过度的财务负担。

马先生家庭的财产和成员都缺少风险保障。马先生本人以及马太太和儿子马某的风险保障可以通过商业保险完成。考虑到马先生家庭的收入水平，其家庭各项风险保障费用加总不宜超过31 000元，即家庭年度节余的10%，这样在形成家庭保障的同时不会造成家庭过重的财务负担。具体风险保障规划现按家庭各成员和家庭财产分别陈述如下：

1. 首先我们对马先生您个人的保险规划提出以下建议

保险规划通常由三部分构成，人身保险、财产保险和责任保险，其复杂程度按照由前向后的顺序递减。人身保险最为重要，而马先生您作为家庭绝对主要收入来源（您家庭每年收入的结余约312 685元，其中绝大部分是由您创造的），您的人身保险设计则为重中之重。由于您目前只是投保了基本的社会保险，这与您的收入是严重不符的，假如您出现失能或其他严重意外或疾病时，将严重影响家庭的生活水平。考虑到您作为家庭的生活支柱，我们认为将您的保额做到200万元基本可以保证若您出现严重的意外或疾病时家庭不会出现财务危机（资不抵债），并且可以基本保障您太太和儿子维持现在的生活水平。

（1）人寿保险建议——针对您的生命风险进行的规划。考虑到您的经济状况，我们觉得首先应该为您投保一份生存死亡两全保险，它可以使您无论是生存到一定年龄还是万一不幸发生意外或疾病去世均可获得保险金的给付。

综合比较万能寿险品种，我们认为性价比最高的为××保险公司的××两全保险（万能型）。它的保险责任是：①满期给付：被保险人生存至保险期满，保险人给付满期保险金，金额为满期日个人账户余额的全数，本合同终止。②身故或全残保障：被保险人在本合同生效180天内因疾病身故或全残，保险人给付身故或全残保险金，给付金额为即时保险金额的10%与保险事故发生日个人账户余额之和，本合同终止；被保险人因意外伤害身故或全残，或者于合同生效 180 天后因疾病身故或全残，保险人给付身故或全残保险金，给付金额为即时保险金额与保险事故发生日个人账户余额之和，本合同终止；保额增加后，被保险人于下一季首日起 180 天内疾病身故或全残，保险人对该次增加部分的保额按 10%承担身故或全残保险金责任。另外，该险种可以将满期保险金转换成养老金保险合同，并可享受 5%的优惠。

您可以购入这个险种，并一次性将保额做到 200 万元，您今年 40 岁承担的保费是 3 440 元，明年 41 岁，保费为 3 680 元，以后每年都有递增（增幅会随着您年龄的增大而逐渐增大，但总的增幅不会太大）。该险种比较适合 45 岁以下的中高收入人群使用。同时我们不建议您采用趸交的方式，因为对于带有意外和疾病责任的保险品种，趸交虽然整期内费用得到降低，但从利用资金的保障功能角度则不甚合适。

（2）健康保险建议——针对您的身体健康进行的规划。人到中年身体状况已不胜年轻时，身体抵抗力、免疫能力等均有所下降。而此时又是上有老下有小，是家庭的支柱，如果您发生重大疾病的时候，医疗费用会让您陷入流动性危机。因此，重大疾病险对于保障您舒适的生活具有重要的意义。

我们建议您购买××保险公司的××重大疾病保险，该保险主要保障的范围是罹患重大疾病和意外伤害导致死亡，属于终身健康险类别。该险种的亮点是保障的重大疾病种类非常多，保障程度也比较高。它的保险责任是：（1）被保险人于本合同生效之日起一年内初次发生本合同约定的重大疾病，本公司按所交保险费（不计利息）给付重大疾病保险金，本合同终止；被保险人于本合同生效之日起一年后初次发生本合同约定的重大疾病，本公司按保险单载明的保险金额给付重大疾病保险金，本合同终止；（2）被保险人于本合同生效之日起一年内因疾病身故，本公司按所交保险费（不计利息）给付身故保险金，本合同终止；被保险人因意外伤害身故或于本合同生效之日起 1 年后因疾病身故，本公司按保险单载明的保险金额给付身故保险金，本合同终止。

如果您购买 30 万保额的保险，分 20 年缴清保费，每年只需缴纳 14 400 元您就可以获得 30 万元终身的重大疾病和意外伤害保障。

2. 意外伤害保险建议

您已经买了××保险公司的人身意外伤害综合保险，100 元/份，保额 40 万，每人限购两张。我们建议您购买两份，除 40 万保额外，每年还有 1 万元的意外医疗保险。

您也可以考虑购买××保险公司的人身意外伤害综合保险，其保障功能与前一种保险大致相同，其亮点是可以为全家购买，儿童的是 78 元/份，这样全年 278 元，可以为全家将保额最高做到 150 万元。

3. 我们对马太太的保险规划提出以下建议

您太太并非家庭收入的主要来源，但是她所面临的风险仍然是您所不能忽视的。根据“双十原则”，现对您太太的保险规划提出以下建议：马太太年收入约 10 万元，我们把其保险的保额做到 20 万~30 万元；

首先考虑的是重大疾病险，我们建议您选择××保险公司的××重大疾病保险，保额做到 10 万元，年交保费 3 900 元；

另外，可以为马太太购买两份××保险公司的人身意外伤害综合保险，以保证另外的 10 万元保额。

4. 我们对马某的保险规划提出以下建议

您原来为马某购买的××保险属于定期返还一定金额的生死两全险，从保额和保险结构来看是比较合理的。在一般情况下少儿面临重大疾病的危险并不大，因此不必为马某购买重大疾病保险。

但是这里要提请马先生注意：小孩容易发生意外事故，因此需要为马腾购买一份意外伤害险。这有两种方式，一种是前面提到的购买一份××保险；另外一种，我们向您推荐一个产品，即××保险的××综合保障计划中的×计划，由少儿意外伤害保险、附加意外伤害医疗保险、附加住院津贴医疗保险、附加手术津贴医疗保险、附加少儿住院医疗费补偿医疗保险、附加豁免保险费意外伤害保险等产品组合而成。其中包含意外残疾及烧伤 30 000 元，意外伤害医疗 3 000 元；住院津贴 25 元；手术津贴 2 000 元；住院医疗费用补偿 3 000元；基本保险金额为所选计划包含的主合同及附加合同之保险费。这项产品保障期为一年，可以续保至 22 周岁，保费低廉，保障全面，性价比较优。这样的话（马腾今年 8 岁）缴纳的保费在 300 元以内，而且每年的保费是递减的。

5. 对您不动产的保险规划建议

对于您的不动产，特别是您自用以及出租房产（没有负债），我们建议您购买保险对其加以保障。

现在针对您自用的不动产（即您自己居住的房屋）作以下保险规划：

（1）比较家庭财产保险品种，我们觉得性价比比较高的是××财产保险公司的××家庭财产综合保险；

（2）它提供家庭财产的综合责任保险，并可以附加盗抢险、家用电器用电安全保险、管道破裂及水渍险、现金首饰盗抢险和第三者责任险。它有几种不同的保障程度，我们把比较适合您的险种列出来，如表 14-7、表 14-8 所示：

表 14-7 **家庭财产综合保险费率表——××险**

注：保险费每份 180 元

<table>
<tr><th colspan="2">保险名称</th><th>保险金额</th><th>保险内容</th></tr>
<tr><td colspan="2" rowspan="2">综合险责任</td><td>100 000</td><td>房屋（楼房）及附属设备</td></tr>
<tr><td>30 000</td><td>室内财产及室内装潢</td></tr>
<tr><td rowspan="4">附加险</td><td>盗抢保险</td><td>20 000</td><td>室内财产</td></tr>
<tr><td>管道破裂及水渍保险</td><td>30 000</td><td>室内约定承保的管道突然破裂造成保险财产的损失</td></tr>
<tr><td>家用电器用电安全保险</td><td>12 000</td><td>家用电器</td></tr>
<tr><td>现金、首饰盗抢保险</td><td>2 000</td><td>现金、首饰、有价证券</td></tr>
<tr><td></td><td>第三者责任保险（赔偿限额）</td><td>10 000</td><td>在保单载明住所被保险人依法应承担的民事损害赔偿责任</td></tr>
<tr><td colspan="2">合计</td><td>204 000</td><td></td></tr>
</table>

表 14-8 **家庭财产综合保险费率表——××险**

注：保险费每份 100 元

<table>
<tr><th colspan="2">保险名称</th><th>保险金额</th><th>保险内容</th></tr>
<tr><td colspan="2">综合险责任</td><td>30 000</td><td>室内财产及室内装潢</td></tr>
<tr><td rowspan="4">附加险</td><td>盗抢保险</td><td>10 000</td><td>室内财产</td></tr>
<tr><td>管道破裂及水渍保险</td><td>30 000</td><td>室内约定承保的管道突然破裂造成保险财产的损失</td></tr>
<tr><td>家用电器用电安全保险</td><td>12 000</td><td>家用电器</td></tr>
<tr><td>现金、首饰盗抢保险</td><td>1 000</td><td>现金、首饰、有价证券</td></tr>
<tr><td></td><td>第三者责任保险（赔偿限额）</td><td>50 000</td><td>在保单载明住所被保险人依法应承担的民事损害赔偿责任</td></tr>
<tr><td colspan="2">合计</td><td>133 000</td><td></td></tr>
</table>

（3）根据您的家庭财产状况，我们建议您购买 2 到 3 份该保险。但是有一点您必须注意，任何家财险对于现金、首饰和有价证券的保额都很低，您应该采用您认为合适的方式保管它们（比如您可以考虑银行提供的保管箱服务），而不应该把它们的安全寄予保险之上！

马先生您全家三名家庭成员的人身保险和房产的财产险以及汽车的责任险（由于此种保险为强制保险，形式简单，故没有专门分析）加总的保费不宜超过 30 000 元。按照我们上面介绍的险种，27 240 元可以给您和您的家人提供非常完备的保障，让您的家庭生活高枕无忧！

（五）投资规划（如表 14-9 所示）

表 14-9　家庭投资比例

项目	金额（元）	资金比例
房产投资	600 000	38.5%
银行存款	250 000	16.04%
国内股票	700 000	44.92%
保险理财产品	8 280	0.53%
投资总计	1 558 280	100%

1. 房产投资分析。您的投资中房产投资占到了一半以上，而您唯一的负债也来自于房贷，一共 10 万元。

近年来，北京市人均生产总值已经超过 3 000 美元，城镇居民人均可支配收入超过 15 000 元，90%以上的家庭进入小康型消费层次，消费结构正发生深刻变化，居民住宅需求不断增长。最近几年北京保持了较低的人口自然增长率。但北京市常住人口一直保持了较快的增长，这对北京的买房和租房市场形成一个巨大的需求。根据我国一些学者的研究结果，我国房地产业供给收入弹性远远小于需求收入弹性，同时北京居民收入的快速增长将增加房价的支撑力量。而且北京房地产业的一个显著特点是区位的异质性，即级差地租的存在，形成了区位垄断格局。房地产的不可移动性所决定的房地产区位垄断问题，虽然在世界各地普遍存在，但在北京尤为明显。市中心与四环路附近区域、北城和南城在交通便利程度、环境质量等方面都有较大差异。根据中国人民银行营业管理部课题组的《北京市房地产市场研究》分析，各类商品房屋供求变化动态趋势表现各异，总体看经济适用房和普通住宅需求增长相对较快；办公类、别墅和高档公寓等类型房屋存在供过于求的风险，价格有向下的压力。

因此我们建议您购买的第三套房产是经济适用房型或者普通住宅型。这样投资的风险相对较小，用于出租，资金回收会相对稳定。

2. 股票投资分析。股票投资基本占据了您的家庭投资的30%，说明您的投资意识比较强。但是股票风险相对较高，有媒体做过统计，在资本市场里，多数投资者都是赔钱，只有1%的人赚钱。作为一项对投资技能、经验要求很高的投资工具，建议您可以适当比例参与，如10%左右为宜，降低您的持股数量，不要把股票投资作为主要的投资收入来源。另外，如果您投资经验有限的话，最好采取长期投资，选择较好的时机介入，然后长期持有。

尽管长期来看股市向好，但建议您在投资过程中对投资风险多加关注。

个股分析主要选择公司业绩优良的股票，特别是经过了前几年的熊市之后，大多数的基金公司，包括投资者已经越来越青睐选择质地优良的上市公司进行投资，投资者正在从过去疯狂炒作垃圾股转为投资业绩优良的绩优股，在这两年的股市中，如苏宁电器、上海机场、五粮液等优良个股，已经显现出公司业绩为基础的优势。

操作建议：您目前的持股情况如表14-10所示。

表14-10 **目前持股情况表**

股票名称	市盈率	每股净资产	股票评价
****	34.6倍	0.77元	年内市盈率最高为40倍，业绩亏损，处于底部
****	55.1倍	0.92元	年内市盈率最高为48倍，业绩亏损，处于底部
****	34.84倍	1.68元	年内市盈率最高为50.6倍，业绩一般，处于底部

您购买的个股都有共同的特点，就是业绩较差，市盈率偏高。当然，现在您应该处于套牢状态，如果亏损比较大的话，建议您还是继续持有。当然，您也可以选择在目前的情况下换股，把手中相对质地较差的股票卖掉，换到质地优良的股票中去，也不失为一种好的投资选择。

经过我们对上市公司的分析和调查，帮助您选出以下股票，如表14-11所示：

表 14-11　　选股情况表

股票名称	市盈率	每股净资产	股票评价
****	14.6 倍	3.17 元	年内市盈率最高为 20 倍，业绩优良，处于底部，电力行业龙头
****	15.1 倍	3.99 元	年内市盈率最高为 15 倍，业绩良好，处于底部，超市行业龙头
****	4.84 倍	4.68 元	年内市盈率最高为 5.6 倍，业绩良好，处于底部，石油行业

（六）基金投资分析

基金作为一种新兴的投资制度安排、一种新的投资工具，具有组合投资、专家管理、共同投资、选择范围广、流动性好的特点。在选择投资基金的时候要注意风险的组合。货币型基金通常没有风险，适合短期投资，因为它不收申购和赎回的费用，但缺点是收益相对较低。债券型基金通常收益居中，但受到债券市场价格波动的影响，有一定的风险，但不是很大，同时，债券型基金有申购和赎回费用，所以要尽量长期投资，降低费用。偏股型基金风险相对较大，直接受证券市场的影响，收益也最高，有申购和赎回费用，适合长期投资，可以降低赎回费用。我们建议您购买××基金管理公司的××基金和××基金管理公司的××基金。

（七）税收筹划

1. 关于物业税的政策

所谓“物业税”，是针对土地、房屋等不动产，要求其承租人或所有者每年都要缴纳一定税款，而应缴纳的税款会随着不动产市场价值的升高而提高，这个市值是由专业评估机构评估出来的。物业税以土地、房屋为征税对象，是一种财产税。物业税即指房地产税或不动产税。

在不同国家、地区其名称不尽相同，有的称“房地产税”，有的称“不动产税”，有的则称“物业税”。

在加拿大，所征不动产税税率是 3 年内不动产平均值的 0.5%。在美国，各州都会对公司或个人的不动产进行估价征税，年税率在该年度该不动产市场价值的 1%~2%之间。此外，每一个县或市也会额外要求不动产所有人缴纳

0.25%~0.5%的不动产税。美国还规定百姓在购买第一套自住房时可以免除物业税。香港的物业税是向拥有坐落在香港任何地区的土地或建筑物或土地连同建筑物的拥有人征收的税，税额是按实际所收租金减去20%作为维修、保养费，再按标准税率15%计算。

对已购房的物业税缴纳问题，目前财税专家已经提出了几种解决方案，方案充分考虑已购房屋人的利益，会对老的房地产采取过渡措施。其中方案之一是对新房和旧房采取不同的税率和征税办法。按照已购住房实际缴纳的税负水平，抵缴应纳的物业税，全部抵缴完之后，再按物业税的制度规定，缴纳物业税。

2. 关于物业税的开征对具体房地产项目的影响

对于自用住房：在购房时，由于旧房房价中已包含土地出让金等相关税费，因此预计：在物业税开征之后，如果采取上述的过渡措施，已购住房实际缴纳的税负会抵缴应纳的物业税，全部抵缴完之后，再按物业税的制度规定，缴纳物业税。由于所购住房包含的土地出让金占房款的较大部分，因此抵缴的时间应为几十年，也就是说自用住房在几十年内不会缴纳物业税。

对于50平方米的出租住房：鉴于国家目前对房屋出租征收房产税等税，预计物业税开征后也会对50平方米住房的出租所得征收物业税，由于已购的50平方米住房价格中包含土地出让金等税费，同时考虑到税收负担水平的衔接，估计开征后的物业税仅会对相当于现行政策下对出租住房征收的房产税水平进行征收。预计开征后，50平方米出租住房的物业税的纳税人会和现在房产税的纳税人相同。

对于拟购进的住房：由于房产的价格不含土地出让金等房地产开发商在开发时需要缴纳的大额税费，因此，新房价格不会太高；但是，在您购买房产后持有期间，税费会有所加重。

3. 年终5万元奖金的税收筹划方法

按照《国家税务总局关于调整个人取得全年一次性奖金等计算征收个人所得税方法问题的通知》(国税发［2005］9号)：

将年终5万元奖金一次性发放，在计算年终奖应缴纳个人所得税时，将全年一次性奖金除以12个月，按其商数确定适用税率和速算扣除数，在当月工资薪金所得高于税法规定的费用扣除额，则奖金适用的所得税税率为15%，速算扣除数为125元。5万元奖金的应纳所得税税额为：50 000×15%－125＝7 375元。

若可以和工作单位商量，将年终 5 万元奖金分月发放，则每月发放 4 167 元，每月发放的奖金并入当月工资。分月发放奖金的应缴纳所得税税额为：4 167×20%＝833 元。则在这种方法下，这笔奖金的全年纳税额为：833×12＝9 996元。

若将这部分奖金的 24 000 元年终一次性发放，26 000 元分月发放。则

（1）24 000 元奖金适用的所得税税率为 10%，速算扣除数为 25 元，年终就 24 000 元奖金缴纳的所得税税额为：24 000×10%－25＝2 375（元）

（2）26 000 元分月发放，每月发放2 167元，计入当月工资，每月发放 2 167元奖金的应纳税所得为：2 167×20%＝433（元）全年应纳税：433×12＝5 196（元）

（3）将以上所得加总得：2 375+5 196＝7 571（元）

综合这三种方法，可以得出结论：将年终 5 万元奖金一次性发放缴税最少。

（八）退休养老规划

以您目前的经济状况来看，我们判断您在 50 岁退休。按照我们的规划，这个年龄退休，您的压力会很小，您可以很好地享受您前期投入的回报了。

以目前的生活水平，且每年通货膨胀率为 5%计算，你的目标是退休后前 20 年，日常消费和旅游费用年 9 万元，后 15 年，年消费 6 万元，这需要准备多少钱呢？

根据财务计算器计算，您 55 岁退休前要准备 174 万元生活费。

您未来工作 10 年间可以为退休前准备多少钱呢？在接下来的 5 年半里，除最初的半年付购车款外，每年会有 45 850 元现金结余，如果选择偏股型基金进行长期投资，则期初的 700 000 元金融资产及每年的 45 000 元持续投入在 10 年之后会有 2 000 740 元的资金（预期未来 10 年股票类资产的收益率为 7%），5 年后，按揭贷款付清，第三套住房已买入，每年会有 174 000 元闲置资金，可以将它再投资于平衡型基金（预期收益率为 5%），在 5 年后会有 961 460元的资金。那么 10 年后，您退休时可以拥有 2 962 200 元资产。

根据财务计算器计算，您 50 岁退休时约有 296 万元资产。其中并未包括您拟购房后产生的房租收入，由于您以后的每年结余用于投资已足够您养老生活费，建议您用房租的收入用来提高现有的生活水平或者退休后的生活水平。建议您将退休基金部分投资于信托产品和股票型基金，信托产品具有收益稳

定，大约每年5%~6%（无税），但是起点一般较高，大约100万元以上，且发行不定期，适合您今后进行投资。股票型基金建议您投资××开放式基金的××基金或者××开放式基金的××平稳股票基金投资，每年操作1~2次，年收益在10%~15%之间。我们到时会给您提供具体的投资建议。

（九）财产分配与传承规划

这在国内可能比较避讳，但在国外是非常普遍的事情，一旦出现意外，避免出现没有必要的家庭纷争。使用的主要工具将为遗嘱和个人信托。这方面您如果有进一步的需求，请您在后续服务中跟我们联系，我们可以安排您在相关法律人士和信托专家的帮助下设立个人遗嘱或遗嘱信托。

三、理财方案的预期效果分析（如表14-12、表14-13所示）

表14-12 **资产负债表**

客户：马先生与马太太家庭 单位：元 日期：2017年12月31日

资产	金额（元）	负债与净资产	金额（元）
金融资产		负债	
现金及现金等价物		信用卡透支	0
现金		住房贷款	76 000
活期存款	10 000	负债总计	76 000
货币市场基金	20 000		
现金及现金等价物小计	30 000		
其他金融资产		净资产	2 667 350
股票	765 000		
其他资金投资	150 000		
保险理财产品	8 350		
其他金融资产小计	923 350		
实物资产			
自住房	900 000		
投资的房地长	600 000		
机动车	290 000		

续表

资产	金额（元）	负债与净资产	金额（元）
实物资产小计	1 790 000		
资产总计	2 743 350	负债与净资产总计	2 743 350

表 14-13　**2017 年收入支出表**

客户：马先生　　日期：2017 年 1 月 1 日至 2017 年 12 月 31 日

年收入	金额（元）	年支出	金额（元）
工资和薪金		房屋按揭还贷	24 000
马先生	300 000	日常生活支出	60 000
马太太	72 000	商业保险费用	27 240
奖金	42 625	购车支出	70 000
投资收入		休闲娱乐	12 000
租金收入	22 560	其他	
		其他支出	24 000
		个人所得税（奖金）	7 375
			65 000+150 000
收入总计	437 185	支出总计	217 240
年结余（元）	219 945		

注：第一年从结余中取出 7 万用于买车。

财务状况的综合评价：

通过以上规划的执行，客户的理财目标基本可以得到实现，财务安全得到保障的同时，整体资产的收益率在客户的风险承受范围内也比较理想。如果客户财务状况稳定，客户可于一年后对本理财规划建议进行调整。

参考文献

1. 著作：

[1] 中国就业培训技术指导中心编写组：《理财规划师基础知识（第五版）》，中国财政经济出版社 2013 年版，第 4~9 页。

[2] 中国就业培训技术指导中心编写组：《理财规划师专业能力二级（第五版）》，中国财政经济出版社 2013 年版，第 59~62 页。

[3] 中国就业培训技术指导中心编写组：《理财规划师专业能力三级（第五版）》，中国财政经济出版社 2013 年版，第 94~104 页。

[4] 黄祝华、韦耀莹主编：《个人理财》，东北财经大学出版社 2016 年版，第 199~205 页。

[5] 张颖编著：《个人理财教程》，对外经济贸易大学出版社 2007 年版，第 236~242 页。

[6] 张颖编著：《个人理财教程》，对外经济贸易大学出版社 2007 年版，第 310~319 页。

[7] 朱菲菲编著：《家庭理财一本通》，中国铁道出版社 2017 年版，第 10~25 页。

[8] 安佳理财编著：《家庭理财》，清华大学出版社 2017 年版，第 2~7 页。

[9] [美] 赖瑞·巴克（Larry Burkett）著，张海云 译：《家庭理财手册/好管家丛书》[The Family Woryk Book]，中国商业出版社 2011 年版，第 21~36 页。

[10] 龙飞著：《玩的就是信用卡》，人民邮电出版社 2016 年版，第 24 页。

[11] [美] 戴浩华（Howard L. Dayton，Jr，赖瑞·巴克（Larry Burkett）著：《金钱与婚姻/好管家丛书》[The Family Woryk Book]，甘肃人民美术出版社 2011 年版，第 120 页。

[14] 杨婧编著:《你不理财财不理你——中国必备的家庭理财工具书》，中国华侨出版社 2018 年版，第 23 页。
[15] 郑秀编著:《一生的理财计划》，中国华侨出版社 2013 年版，第 190~198 页。
[16] 宋擎著:《理解金融常识玩转家庭理财》，电子工业出版社 2017 年版，第 21 页。
[17] 宋擎著:《理解金融常识玩转家庭理财》，电子工业出版社 2017 年版，第 21 页。
[18] [美] 伊恩·艾尔斯 (Ian Ayres)，巴里·纳莱巴夫 (Barry Nalebuff) 著，陈丽芳译:《生命周期投资法：让你退休无忧的理财智慧》，机械工业出版社 2011 年版，第 67 页。
[19] 宁琦编著:《家庭理财一本全》，中国华侨出版社 2012 年版，第 25 页。
[20] 大众理财顾问杂志社著:《家庭理财技法精选》，机械工业出版社 2014 年版，第 48~50 页。
[20] 夜语编著:《家庭投资理财一本通》，北方妇女儿童出版社 2015 年版，第 98~106 页。
[21] [美] Elwood Lloyd, IV 著作 胡彧译:《家庭理财经》，东方出版社 2014 年版，第 9~15 页。
[22] 郑健著:《小家庭大理财》，百花洲文艺出版社 2014 年版，第 66 页。
[23] 林鸿钧著:《家庭理财必读》，机械工业出版社 2013 年版，第 123~129 页。
[24] 白燕琴著:《家庭理财红宝书》，中国纺织出版社 2007 版，第 160~166 页。
[25] 王娟编著:《家庭及个人理财指导》，西北工业大学出版社 2014 年版，第 89 页。
[26] 胡旭洲著:《我的一本家庭理财书》，中国纺织出版社 2011 年版，第 40 页。
[27] 兹维·博迪、亚历克斯·凯恩、艾伦·J·马科斯 著，汪昌云、张永翼编译，《投资学》(原书第 9 版·精要版)，机械工业出版社 2015 年版，第 6 页。
[28] 威廉·F·夏普，戈登·J·亚历山大，杰费里·V·贝利，《投资学》(第五版，上下)，赵锡军等译，中国人民大学出版社 2013 年版，第

79 页。
[29] 曹凤岐、刘力、姚长辉 编著,《证券投资学》(第三版),北京大学出版社 2013 年版,第 45 页。
[30]《金融理财原理》(上、下册),中信出版社 2014 年版,第 66~70 页。
[31] [加] 万克·霍、罗宾逊著,陈晓燕、徐克恩译:《个人理财策划》,中国金融出版社 2003 年版,第 10 页。

2. 论文

[1] 张展:《中国城镇中产阶层家庭理财研究》,西南财经大学 2012 年博士论文。
[2] 杨桂丽、黎敬涛:《基于 PHP 的一个家庭理财系统的设计与实现》,载《计算机应用与软件》2013 年第 2 期,第 259~262 页。
[3] 何伟:《基于家庭生命周期的 AJ 公司家庭理财产品优化设计研究》,广西师范大学 2017 年博士论文。
[4] 何锦旭、胡显东:《对我国普通家庭金融投资理财现状及趋势的几点探讨》,载《时代金融》2015 第 18 期,第 174~185 页。
[5] 汪连新:《家庭理财财务健康诊断指标体系解析》,载《中华女子学院学报》2016 年第 2 期,第 118~122 页。
[6] 余学斌、张唯:《我国城镇居民家庭理财模式及投资心理探讨》,载《统计与决策》2014 年第 21 期,第 168~170 页。
[7] 汪连新:《浅论家庭保险规划策略》,载《统计与管理》2010 第 2 期,第 46~50 页。
[8] 欧阳红兵、雷原:《我国家庭理财规划浅议》,载《武汉金融》2017 年第 4 期,第 68~70 页。
[9] 贺东:《浅谈家庭理财策略》,载《现代商业》2010 年第 12 期,第 282~283 页。
[10] 袁娟:《关于我国"421"家庭理财规划的研究》,首都经济贸易大学 2014 年博士论文。
[11] 殷菌:《基于生命周期理论的 CQ 银行个人理财产品营销策略研究》,重庆理工大学 2014 年博士论文。
[12] 邹亚生、张颖:《个人理财:基于生命周期理论和现代理财理论的分

析》，载《国际商务（对外经济贸易大学学报）》2007 年第 4 期，第 48~51 页。

[13] 汪连新：《基于生命周期理论视角的女性保险探析》，载《中华女子学院学报》2014 年第 6 期，第 115~119 页。

[14] 姚青：《我国高收入家庭理财税收筹划研究》，云南财经大学 2015 年博士论文。

[15] 吴卫星、丘艳春、张琳琬：《中国居民家庭投资组合有效性：基于夏普率的研究》，载《世界经济》2015 年第 1 期，第 154~172 页。

[16] 张号栋、尹志超：《金融知识和中国家庭的金融排斥——基于 CHFS 数据的实证研究》，载《金融研究》2016 年第 7 期，第 80~95 页。

[17] 施喜容、孟德锋：《金融知识、风险承受能力与退休养老规划选择》，载《金融教育研究》2018 年第 2 期，第 14~20 页。

[18] 马琳琳：《人寿保险信托在遗产规划中的应用研究》，西南财经大学 2013 年博士论文。

[19] 任渝、苏静、刘倩：《信贷约束、投资与城乡住房跨期消费——基于信贷需求的城乡住房消费方式差异研究》，载《消费经济》2016 年第 3 期，第 31~36 页。

[20] 李璇：《商业银行个人理财业务现状、问题及对策》，载《财经问题研究》2014 年第 1 期，第 56~59 页。

[21] 宋爽：《互联网理财冲击下商业银行个人理财业务的发展对策》，对外经济贸易大学 2017 年博士论文。

[22] 李中南：《工商银行 CC 分行个人理财产品创新研究》，贵州财经大学 2017 年博士论文。

[23] 邹亚生、张颖：《个人理财：基于生命周期理论和现代理财理论的分析》，载《国际商务（对外经济贸易大学学报）》2007 年第 4 期，第 48~51 页。

[24] 唐姣合：《互联网金融背景下建行 A 分行个人理财业务发展研究》，广西大学 2017 年博士论文。

[25] 曹凤岐：《互联网金融对传统金融的挑战》，载《金融论坛》2015 年第 1 期，第 3~65 页。

[26] 傅智辉：《中国市政债券市场监管制度研究》，财政部财政科学研究所 2014 年博士论文。

[27] 何士青、翟凯：《论完善我国典当业的法律监管》，载《河北法学》2015年第1期，第34~42页。

[28] 张春丽：《我国养老基金投资的审慎投资人规则》，载《中国法学》2016年第5期，第239~259页。

[29] 李涛、张文韬：《人格特征与股票投资》，载《经济研究》2015年第6期，第103~116页。

[30] 尹志超、宋全云、吴雨：《金融知识、投资经验与家庭资产选择》，载《经济研究》2014年第4期，第62~75页。

[32] 曾志耕、何青、吴雨、尹志超：《金融知识与家庭投资组合多样性》，载《经济学家》2015年第6期，第86~94页。

[33] 方先明、余丁洋、杨波：《商业银行理财产品：规模、结构及其收益的不确定性》，载《经济问题》2015年第6期，第69~74页。

[34] 王越：《理财产品“飞单”的刑法学分析》，载《法学》2017年第1期，第178~191页。